세상이 변해도
배움의 즐거움은
변함없도록

시대는 빠르게 변해도
배움의 즐거움은
변함없어야 하기에

어제의 비상은
남다른 교재부터
결이 다른 콘텐츠
전에 없던 교육 플랫폼까지

변함없는 혁신으로
교육 문화 환경의 새로운 전형을
실현해왔습니다.

비상은 오늘, 다시 한번
새로운 교육 문화 환경을 실현하기 위한
또 하나의 혁신을 시작합니다.

오늘의 내가 어제의 나를 초월하고
오늘의 교육이 어제의 교육을 초월하여
배움의 즐거움을 지속하는 혁신,

바로, 메타인지 기반 완전 학습을.

**상상을 실현하는 교육 문화 기업 비상**

**메타인지 기반 완전 학습**

초월을 뜻하는 meta와 생각을 뜻하는 인지가 결합한 메타인지는
자신이 알고 모르는 것을 스스로 구분하고 학습계획을 세우도록 하는
궁극의 학습 능력입니다. 비상의 메타인지 기반 완전 학습 시스템은
잠들어 있는 메타인지를 깨워 공부를 100% 내 것으로 만들도록 합니다.

개념+유형

유형편

기초탄탄 LITE

중등 수학

2·1

# Q&A

## How

### 어떻게 만들어졌나요?

유형편 라이트는 수학에 왠지 어려움이 느껴지고 자신감이 부족한 학생들을 위해 만들어졌습니다.

## When

### 언제 활용할까요?

개념편 진도를 나간 후 한 번 더 정리하고 싶을 때! 앞으로 배울 내용의 문제를 확인하고 싶을 때!
부족한 유형 문제를 반복 연습하고 싶을 때! 시험에 자주 출제되는 문제를 알고 싶을 때!

## Why

### 왜 유형편 라이트를 보아야 하나요?

다양한 유형의 문제를 기초부터 반복하여 연습할 수 있도록 구성하였으므로 앞으로 배울 내용을 예습하거나
부족한 유형을 학습하려는 친구라면 누구나 꼭 갖고 있어야 할 교재입니다.
아무리 기초가 부족하더라도 이 한 권만 내 것으로 만든다면 상위권으로 도약할 수 있습니다.

## 유형편 라이트 의 구성

문제 풀이의 비법을 담은
내용 정리

부족한 유형은
한 번 더 연습

자주 출제되는 문제를
두 번씩 보는
쌍둥이 기출문제

쌍둥이 기출문제 중
핵심 문제만을 모아
단원 마무리

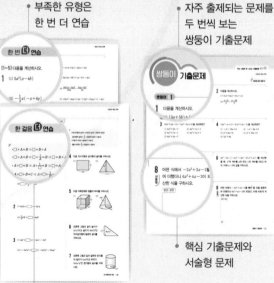

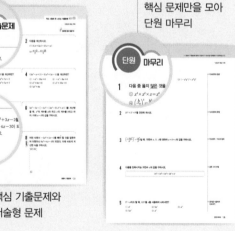

꼼꼼하게 짚어주는
단계별 연습 문제

발전된 유형은
한 걸음 더 연습

핵심 기출문제와
서술형 문제

차례 ・・・ # CONTENTS

# 1

I
수와 식의 계산

## 유리수와
## 순환소수

# 1. 유리수와 순환소수

## 유리수와 순환소수

**유형 1** | 소수의 분류 / 순환소수

개념편 8~9쪽

**(1) 소수의 분류**

① **유한소수**: 소수점 아래에 0이 아닌 숫자가 유한 번 나타나는 소수  예 0.4, 0.125, −2.15

② **무한소수**: 소수점 아래에 0이 아닌 숫자가 무한 번 나타나는 소수  예 0.272727···, −0.333···, π=3.141592···

**(2) 순환소수**

① **순환소수**: 무한소수 중에서 소수점 아래의 어떤 자리에서부터 일정한 숫자의 배열이 한없이 되풀이되는 소수

② **순환마디**: 순환소수의 소수점 아래에서 일정한 숫자의 배열이 되풀이되는 한 부분

③ **순환소수의 표현**: 순환마디의 양 끝의 숫자 위에 점을 찍어 간단히 나타낸다.

예

| 순환소수 | 순환마디 | 순환소수의 표현 |
|---|---|---|
| 0.666··· | 6 | $0.\dot{6}$ |
| 0.323232··· | 32 | $0.\dot{3}\dot{2}$ |
| 2.6501501501··· | 501 | $2.6\dot{5}0\dot{1}$ |

**1** 다음 분수를 소수로 나타내고, 유한소수인지 무한소수인지 말하시오.

(1) $\dfrac{7}{6}=7\div\square=$ _____  _____

(2) $\dfrac{9}{10}=$ _____  _____

(3) $\dfrac{7}{16}=$ _____  _____

(4) $\dfrac{5}{22}=$ _____  _____

(5) $\dfrac{2}{33}=$ _____  _____

**2** 다음 순환소수의 순환마디를 구하고, 이를 이용하여 순환소수를 간단히 나타내시오.

| | 순환마디 | 표현 |
|---|---|---|

(1) 0.444···  _____  _____

(2) 2.707070···  _____  _____

(3) 3.0121212···  _____  _____

(4) 0.010010010···  _____  _____

(5) 5.2125125125···  _____  _____

**3** 다음은 분수 $\dfrac{8}{37}$ 을 소수로 나타낼 때, 소수점 아래 50번째 자리의 숫자를 구하는 과정이다. □ 안에 알맞은 수를 쓰시오.

$\dfrac{8}{37}$ 을 순환소수로 나타내면 □□□이므로 순환마디를 이루는 숫자의 개수는 □개이다.

이때 50=□×16+□이므로 소수점 아래 50번째 자리의 숫자는 순환마디의 □번째 숫자인 □이다.

**4** 다음 분수를 순환소수로 나타내고, 그 수의 소수점 아래 70번째 자리의 숫자를 구하시오.

(1) $\dfrac{3}{11}=$ _____  _____

(2) $\dfrac{8}{27}=$ _____  _____

(3) $\dfrac{2}{13}=$ _____  _____

## 유형 **2** 유한소수로 나타낼 수 있는 분수

개념편 11쪽

정수가 아닌 유리수를 기약분수로 나타낸 후, 그 분모를 소인수분해했을 때
(1) 분모의 소인수가 2 또는 5뿐이면 ➡ 그 유리수는 유한소수로 나타낼 수 있다.
(2) 분모에 2 또는 5 이외의 소인수가 있으면 ➡ 그 유리수는 순환소수로 나타낼 수 있다. → 유한소수로 나타낼 수 없다.

예 · $\dfrac{21}{30}$ ──기약분수로 나타내면── $\dfrac{7}{10}$ ──분모를 소인수분해하면── $\dfrac{7}{2\times5}$ ➡ 소수로 나타내면 유한소수

· $\dfrac{10}{36}$ ──기약분수로 나타내면── $\dfrac{5}{18}$ ──분모를 소인수분해하면── $\dfrac{5}{2\times3^2}$ ➡ 소수로 나타내면 순환소수

---

**1** 다음 기약분수를 분모가 10의 거듭제곱인 분수로 고친 후, 유한소수로 나타내려고 한다. ☐ 안에 알맞은 수를 쓰시오.

(1) $\dfrac{3}{5}=\dfrac{3\times\boxed{\phantom{x}}}{5\times\boxed{\phantom{x}}}=\dfrac{\boxed{\phantom{x}}}{10}=\boxed{\phantom{x}}$

(2) $\dfrac{1}{4}=\dfrac{1}{2^2}=\dfrac{1\times\boxed{\phantom{x}}}{2^2\times\boxed{\phantom{x}}}=\dfrac{\boxed{\phantom{x}}}{10^2}=\boxed{\phantom{x}}$

(3) $\dfrac{5}{8}=\dfrac{5}{2^3}=\dfrac{5\times\boxed{\phantom{x}}}{2^3\times\boxed{\phantom{x}}}=\dfrac{\boxed{\phantom{x}}}{10^3}=\boxed{\phantom{x}}$

(4) $\dfrac{17}{20}=\dfrac{17}{2^2\times5}=\dfrac{17\times\boxed{\phantom{x}}}{2^2\times5\times\boxed{\phantom{x}}}=\dfrac{\boxed{\phantom{x}}}{10^2}=\boxed{\phantom{x}}$

**2** 다음 ☐ 안에 알맞은 수를 쓰고, 옳은 것에 ○표를 하시오.

(1) $\dfrac{6}{100}=\dfrac{3}{\boxed{\phantom{x}}}=\dfrac{3}{\boxed{\phantom{x}}\times\boxed{\phantom{x}}^2}$

➡ 기약분수의 분모의 소인수가 ☐, ☐이므로 유한소수로 나타낼 수 ( 있다, 없다 ).

(2) $\dfrac{18}{28}=\dfrac{9}{\boxed{\phantom{x}}}=\dfrac{9}{2\times\boxed{\phantom{x}}}$

➡ 기약분수의 분모의 소인수가 2, ☐이므로 유한소수로 나타낼 수 ( 있다, 없다 ).

**3** 다음 보기의 분수 중 유한소수로 나타낼 수 있는 것을 모두 고르시오.

┌ 보기 ┐
ㄱ. $\dfrac{3}{4}$   ㄴ. $\dfrac{2^2\times7}{3\times5^2}$   ㄷ. $\dfrac{3\times11}{2^3\times5}$

ㄹ. $\dfrac{31}{70}$   ㅁ. $\dfrac{46}{375}$   ㅂ. $\dfrac{15}{16}$

---

**4** 다음 표에서 순환소수로만 나타낼 수 있는 분수가 있는 칸을 색칠하면 어떤 수가 보이는지 말하시오.

| $\dfrac{15}{3\times5^2\times13}$ | $\dfrac{42}{280}$ | $\dfrac{3}{45}$ | $\dfrac{35}{65}$ | $\dfrac{15}{45}$ |
|---|---|---|---|---|
| $\dfrac{3\times7}{2\times3^2\times5}$ | $\dfrac{33}{12}$ | $\dfrac{21}{2^2\times5\times7}$ | $\dfrac{9}{125}$ | $\dfrac{34}{18\times17}$ |
| $\dfrac{16}{30}$ | $\dfrac{39}{2\times13}$ | $\dfrac{2\times7^2}{3\times5\times7^2}$ | $\dfrac{5}{6}$ | $\dfrac{3}{63}$ |
| $\dfrac{26}{24}$ | $\dfrac{6}{2\times3\times5^2}$ | $\dfrac{10}{110}$ | $\dfrac{9}{2\times3\times5}$ | $\dfrac{51}{102}$ |
| $\dfrac{48}{2^2\times5^3\times7}$ | $\dfrac{22}{5^2\times11}$ | $\dfrac{24}{33}$ | $\dfrac{10}{75}$ | $\dfrac{12}{52}$ |

기약분수로 나타냈을 때, 어떤 수를 곱해야 분모의 소인수가 2 또는 5만 남는지 생각해 보자.

**5** 다음과 같이 분수에 어떤 자연수 ☐를 곱하면 유한소수로 나타낼 수 있을 때, ☐ 안에 들어갈 수 있는 가장 작은 자연수를 구하시오.

(1) $\dfrac{1}{2\times3}\times\boxed{\phantom{x}}$

(2) $\dfrac{1}{5\times11}\times\boxed{\phantom{x}}$

(3) $\dfrac{23}{3\times5\times11}\times\boxed{\phantom{x}}$

(4) $\dfrac{7}{2^2\times3^2\times7}\times\boxed{\phantom{x}}$

# 쌍둥이 기출문제

## 쌍둥이 01

**1** 다음 중 분수를 소수로 나타냈을 때, 무한소수인 것은?

① $\dfrac{3}{8}$      ② $\dfrac{7}{5}$      ③ $\dfrac{5}{16}$

④ $\dfrac{13}{25}$      ⑤ $\dfrac{11}{12}$

**2** 다음 중 분수를 소수로 나타냈을 때, 유한소수인 것을 모두 고르면? (정답 2개)

① $-\dfrac{9}{4}$      ② $\dfrac{7}{30}$      ③ $\dfrac{14}{45}$

④ $\dfrac{21}{40}$      ⑤ $\dfrac{15}{22}$

## 쌍둥이 02

**3** 다음 표는 각 순환소수에 대하여 순환마디를 구하고, 이를 이용하여 간단히 나타낸 것이다. 옳지 <u>않은</u> 것은?

| 순환소수 | 순환마디 | 간단히 나타내기 |
|---|---|---|
| $0.333\cdots$ | ① $3$ | $0.\dot{3}$ |
| $1.7040404\cdots$ | ② $704$ | ③ $1.7\dot{0}\dot{4}$ |
| $-6.257257257\cdots$ | ④ $257$ | ⑤ $-6.\dot{2}5\dot{7}$ |

**4** 다음 중 순환소수의 표현으로 옳은 것은?

① $8.222\cdots = 8.2\dot{2}$
② $2.452452452\cdots = \dot{2}.4\dot{5}$
③ $0.2737373\cdots = 0.27\dot{3}$
④ $1.333\cdots = 1.\dot{3}3\dot{3}$
⑤ $0.123123123\cdots = 0.\dot{1}2\dot{3}$

## 쌍둥이 03

**5** (서술형) 분수 $\dfrac{2}{37}$ 를 소수로 나타낼 때, 소수점 아래 80번째 자리의 숫자를 구하시오.

[풀이 과정]

[답]

**6** 분수 $\dfrac{2}{11}$ 를 소수로 나타낼 때, 소수점 아래 37번째 자리의 숫자를 구하시오.

## 쌍둥이 04

**7** 다음은 분수 $\dfrac{3}{40}$ 을 분모가 10의 거듭제곱인 분수가 되도록 분자, 분모에 가능한 가장 작은 자연수를 곱하여 유한소수로 나타내는 과정이다. 이때 $A$, $B$, $C$ 의 값을 각각 구하시오.

$$\frac{3}{40} = \frac{3}{2^3 \times 5} = \frac{3 \times A}{2^3 \times 5 \times A} = \frac{75}{B} = C$$

**8** 다음은 분수 $\dfrac{9}{2^2 \times 5^3}$ 를 유한소수로 나타내는 과정이다. 이때 $a+bc$ 의 값을 구하시오.

$$\frac{9}{2^2 \times 5^3} = \frac{9 \times a}{2^2 \times 5^3 \times a} = \frac{18}{b} = c$$

**쌍둥이 05**

**9** 다음 중 유한소수로 나타낼 수 있는 분수는?

① $\dfrac{2}{9}$  　② $\dfrac{15}{21}$  　③ $\dfrac{12}{2^2 \times 3^2}$

④ $\dfrac{6}{2 \times 3 \times 5}$  　⑤ $\dfrac{22}{2^2 \times 7 \times 11}$

**10** 다음 보기의 분수 중 유한소수로 나타낼 수 있는 것을 모두 고르시오.

┤ 보기 ├
ㄱ. $\dfrac{5}{16}$  　ㄴ. $\dfrac{9}{2^2 \times 5}$  　ㄷ. $\dfrac{1}{2 \times 3 \times 5}$

ㄹ. $\dfrac{21}{3^2 \times 5^2 \times 7}$  　ㅁ. $\dfrac{35}{56}$  　ㅂ. $\dfrac{12}{45}$

**쌍둥이 06**

**11** 분수 $\dfrac{a}{2 \times 3 \times 5 \times 7}$ 를 소수로 나타내면 유한소수가 될 때, 다음 중 $a$의 값이 될 수 있는 것은?

① 3  　② 6  　③ 12
④ 15  　⑤ 21

**12** $\dfrac{7}{126} \times a$를 소수로 나타내면 유한소수가 될 때, $a$의 값이 될 수 있는 가장 작은 자연수를 구하시오.

**쌍둥이 07**

**13** 두 분수 $\dfrac{5}{96}$와 $\dfrac{3}{26}$에 어떤 자연수 $N$을 곱하면 모두 유한소수로 나타낼 수 있을 때, $N$의 값이 될 수 있는 가장 작은 자연수는?

① 6  　② 13  　③ 18
④ 27  　⑤ 39

**14** 두 분수 $\dfrac{13}{14}$과 $\dfrac{6}{88}$에 어떤 자연수 $N$을 곱하여 소수로 나타내면 모두 유한소수가 된다. 이때 $N$의 값이 될 수 있는 가장 작은 자연수를 구하시오.

서술형

풀이 과정

답

**쌍둥이 08**

**15** 분수 $\dfrac{1}{x}$을 소수로 나타내면 유한소수가 될 때, 1보다 큰 한 자리의 자연수 $x$의 개수는?

① 2개  　② 3개  　③ 4개
④ 5개  　⑤ 6개

**16** 분수 $\dfrac{7}{x}$을 소수로 나타내면 유한소수가 될 때, 다음 중 $x$의 값이 될 수 없는 것은?

① 5  　② 8  　③ 10
④ 14  　⑤ 21

## 유형 3 순환소수를 분수로 나타내기 (1)

개념편 12쪽

**순환소수를 분수로 나타내기 – 10의 거듭제곱 이용하기**

| 소수점 아래 바로 순환마디가 오는 경우 | 소수점 아래 바로 순환마디가 오지 않는 경우 |
|---|---|
| 순환소수 $0.\dot{7}$을 분수로 나타내면<br><br>$x=0.\dot{7}=0.777\cdots$ ← ❶ 순환소수를 $x$로 놓기<br><br>$10x=7.777\cdots$<br>$-)\quad x=0.777\cdots$ ← ❷ 소수점 아래의 부분이 같은 두 식 만들기<br><br>$\quad 9x=7$<br><br>$\therefore x=\dfrac{7}{9}$ ← ❸ $x$의 값 구하기 | 순환소수 $0.1\dot{4}$를 분수로 나타내면<br><br>$x=0.1\dot{4}=0.1444\cdots$ ← ❶ 순환소수를 $x$로 놓기<br><br>$100x=14.444\cdots$<br>$-)\quad 10x=\ 1.444\cdots$ ← ❷ 소수점 아래의 부분이 같은 두 식 만들기<br><br>$\quad 90x=13$<br><br>$\therefore x=\dfrac{13}{90}$ ← ❸ $x$의 값 구하기 |

**1** 다음은 순환소수 $0.\dot{3}\dot{4}$를 분수로 나타내는 과정이다. ☐ 안에 알맞은 수를 쓰시오.

$0.\dot{3}\dot{4}$를 $x$라고 하면

$x=0.343434\cdots$이므로

$\boxed{\phantom{00}}x=34.343434\cdots$

$-)\quad\quad x=\ 0.343434\cdots$

$\boxed{\phantom{0}}x=\boxed{\phantom{00}}$

$\therefore x=\dfrac{34}{\boxed{\phantom{0}}}$

**2** 다음 순환소수를 분수로 나타내시오.

(1) $0.\dot{6}$ _____

(2) $0.\dot{4}\dot{0}$ _____

(3) $2.\dot{3}$ _____

(4) $3.\dot{1}\dot{6}$ _____

(5) $0.\dot{1}2\dot{5}$ _____

**3** 다음은 순환소수 $0.1\dot{2}\dot{3}$을 분수로 나타내는 과정이다. ☐ 안에 알맞은 수를 쓰시오.

$0.1\dot{2}\dot{3}$을 $x$라고 하면

$x=0.1232323\cdots$이므로

$\boxed{\phantom{00}}x=123.232323\cdots$

$-)\quad 10x=\ 1.232323\cdots$

$\boxed{\phantom{0}}x=\boxed{\phantom{00}}$

$\therefore x=\dfrac{122}{\boxed{\phantom{0}}}=\dfrac{61}{\boxed{\phantom{0}}}$

**4** 다음 순환소수를 분수로 나타내시오.

(1) $0.3\dot{5}$ _____

(2) $1.1\dot{5}$ _____

(3) $0.10\dot{7}$ _____

(4) $0.2\dot{1}\dot{3}$ _____

(5) $3.1\dot{4}\dot{2}$ _____

## 유형 4  순환소수를 분수로 나타내기 (2) / 유리수와 소수의 관계

개념편 13쪽

(1) 순환소수를 분수로 나타내기 – 공식 이용하기

| 소수점 아래 바로 순환마디가 오는 경우 | 소수점 아래 바로 순환마디가 오지 않는 경우 |
|---|---|
| 순환소수 $2.\dot{7}$을 분수로 나타내면 $$2.\dot{7} = \frac{27-2}{9} = \frac{25}{9}$$ ← (전체의 수)−(순환하지 않는 부분의 수) ← 순환마디를 이루는 숫자 1개 | 순환소수 $0.1\dot{4}$를 분수로 나타내면 $$0.1\dot{4} = \frac{14-1}{90} = \frac{13}{90}$$ ← (전체의 수)−(순환하지 않는 부분의 수) ← 순환마디를 이루는 숫자 1개, 순환하지 않는 숫자 1개 |

(2) 유리수와 소수의 관계: 유한소수와 순환소수는 모두 유리수이다.

소수 ─┬─ 유한소수 ──────────────┐
　　　└─ 무한소수 ─┬─ 순환소수 ──────┘─ 유리수
　　　　　　　　　　└─ 순환소수가 아닌 무한소수 – 유리수가 아니다.

**1** 다음 순환소수를 분수로 나타낼 때, □ 안에 알맞은 수를 쓰시오.

(1) $0.\dot{8} = \dfrac{\square}{9}$

(2) $1.\dot{7} = \dfrac{17-1}{\square} = \dfrac{16}{\square}$

(3) $0.\dot{2}5\dot{8} = \dfrac{\square}{999} = \dfrac{\square}{333}$

(4) $2.\dot{4}\dot{7} = \dfrac{\square-\square}{99} = \dfrac{\square}{99}$

**2** 다음 순환소수를 분수로 나타낼 때, □ 안에 알맞은 수를 쓰시오.

(1) $0.2\dot{5} = \dfrac{\square-2}{90} = \dfrac{\square}{90}$

(2) $1.0\dot{4} = \dfrac{104-\square}{\square} = \dfrac{47}{\square}$

(3) $0.01\dot{3} = \dfrac{\square-\square}{900} = \dfrac{1}{\square}$

(4) $3.0\dot{3}\dot{2} = \dfrac{\square-\square}{990} = \dfrac{\square}{495}$

**3** 다음 순환소수를 분수로 나타내시오.

(1) $0.\dot{4}\dot{3}$ _____

(2) $1.\dot{5}1\dot{2}$ _____

(3) $0.8\dot{7}\dot{4}$ _____

(4) $1.02\dot{7}$ _____

(5) $2.4\dot{3}\dot{5}$ _____

(6) $3.2\dot{7}\dot{4}$ _____

**4** 다음 중 유리수와 소수에 대한 설명으로 옳은 것은 ○표, 옳지 않은 것은 ×표를 ( ) 안에 쓰시오.

(1) 모든 유한소수는 유리수이다. (　　)

(2) 모든 순환소수는 유리수이다. (　　)

(3) 모든 무한소수는 유리수이다. (　　)

(4) 무한소수 중에는 유리수가 아닌 것도 있다. (　　)

(5) 순환소수를 기약분수로 나타내면 분모의 소인수가 2 또는 5뿐이다. (　　)

# 쌍둥이 기출문제

## 쌍둥이 01

**1** 다음은 순환소수 $0.4\dot{2}$를 분수로 나타내는 과정이다. □ 안에 알맞은 수를 차례로 나열한 것은?

> 순환소수 $0.4\dot{2}$를 $x$라고 하면
> $x=0.424242\cdots$ $\cdots$ ㉠
> ㉠의 양변에 □을(를) 곱하면
> □$x=42.424242\cdots$ $\cdots$ ㉡
> ㉡에서 ㉠을 변끼리 빼면
> □$x=$□
> $\therefore x=\dfrac{14}{□}$

① 10, 10, 9, 42, 3
② 10, 10, 99, 42, 11
③ 100, 100, 9, 42, 33
④ 100, 100, 90, 42, 11
⑤ 100, 100, 99, 42, 33

**2** 다음은 순환소수 $1.3\dot{7}$을 분수로 나타내는 과정이다. □ 안에 알맞은 수를 쓰시오.

> 순환소수 $1.3\dot{7}$을 $x$라고 하면
> $x=1.3777\cdots$ $\cdots$ ㉠
> ㉠의 양변에 □을(를) 곱하면
> □$x=137.777\cdots$ $\cdots$ ㉡
> ㉠의 양변에 10을 곱하면
> $10x=$□ $\cdots$ ㉢
> ㉡에서 ㉢을 변끼리 빼면
> □$x=$□
> $\therefore x=$□

## 쌍둥이 02

**3** 다음 중 순환소수 $x=0.6\dot{7}$을 분수로 나타낼 때, 가장 편리한 식은?

① $10x-x$
② $100x-x$
③ $100x-10x$
④ $1000x-x$
⑤ $10000x-x$

**4** 다음 중 순환소수 $x=2.5\dot{8}\dot{3}$을 분수로 나타낼 때, 가장 편리한 식은?

① $10x-x$
② $100x-10x$
③ $1000x-x$
④ $1000x-10x$
⑤ $1000x-100x$

## 쌍둥이 03

**5** 다음 중 순환소수를 분수로 나타내는 과정으로 옳은 것은?

① $0.\dot{3}\dot{1}=\dfrac{31-1}{99}$
② $1.\dot{5}\dot{4}=\dfrac{154}{99}$
③ $0.9\dot{1}=\dfrac{91-9}{90}$
④ $1.7\dot{4}=\dfrac{174-7}{90}$
⑤ $0.8\dot{3}\dot{9}=\dfrac{839-8}{999}$

**6** 다음 중 순환소수를 분수로 나타낸 것으로 옳지 않은 것은?

① $0.\dot{3}\dot{0}=\dfrac{10}{33}$
② $8.0\dot{3}=\dfrac{241}{30}$
③ $2.\dot{3}\dot{4}=\dfrac{232}{99}$
④ $0.4\dot{8}=\dfrac{22}{45}$
⑤ $2.1\dot{5}=\dfrac{98}{45}$

**7** 보라와 혜리가 기약분수 $\dfrac{b}{a}(a \neq 0)$를 각각 소수로 나타내는데 보라는 분자 $b$를 잘못 보아서 $0.3\dot{4}$로 나타내고, 혜리는 분모 $a$를 잘못 보아서 $0.4\dot{5}$로 나타냈다. 두 사람이 잘못 본 분수도 모두 기약분수일 때, 다음 물음에 답하시오.

(1) 보라가 제대로 본 분모 $a$의 값을 구하시오.

(2) 혜리가 제대로 본 분자 $b$의 값을 구하시오.

(3) $\dfrac{b}{a}$를 순환소수로 나타내시오.

**8** 어떤 기약분수를 소수로 나타내는데 태수는 분자를 잘못 보아서 $0.2\dot{6}$으로 나타내고, 민호는 분모를 잘못 보아서 $0.7\dot{4}$로 나타냈다. 두 사람이 잘못 본 분수도 모두 기약분수일 때, 처음 기약분수를 순환소수로 나타내시오.

서술형

풀이 과정

답

**9** $0.\dot{2}\dot{1} = 21 \times \square$일 때, $\square$ 안에 알맞은 수를 순환소수로 나타내면?

① $0.\dot{1}$　　② $0.0\dot{1}$　　③ $0.\dot{0}\dot{1}$

④ $0.00\dot{1}$　　⑤ $0.0\dot{1}\dot{1}$

**10** $0.\dot{2}0\dot{3} = 203 \times a$일 때, $a$의 값을 순환소수로 나타내면?

① $0.\dot{0}0\dot{1}$　　② $0.00\dot{1}$　　③ $0.0\dot{0}\dot{1}$

④ $0.\dot{1}\dot{0}$　　⑤ $0.\dot{1}0\dot{1}$

**11** 다음 중 옳은 것은?

① 모든 유리수는 유한소수이다.

② 순환소수는 유리수가 아니다.

③ 모든 무한소수는 순환소수이다.

④ 순환소수는 모두 $\dfrac{(정수)}{(0이 \ 아닌 \ 정수)}$ 꼴로 나타낼 수 있다.

⑤ 기약분수를 소수로 나타내면 순환소수 또는 무한소수가 된다.

**12** 다음 중 옳은 것을 모두 고르면? (정답 2개)

① 유한소수 중에는 유리수가 아닌 수도 있다.

② 유한소수는 모두 유리수이다.

③ 무한소수 중에는 유리수가 아닌 것도 있다.

④ 순환소수는 분수로 나타낼 수 없다.

⑤ 정수가 아닌 유리수는 모두 유한소수로 나타낼 수 있다.

▶ 쌍둥이 기출문제 중에서 연습이 더 필요한 문제들로 구성하였습니다.

# 단원 마무리

**1** 다음 중 순환소수의 표현이 옳지 <u>않은</u> 것을 모두 고르면? (정답 2개)

① $5.8444\cdots = 5.8\dot{4}$

② $6.060606\cdots = \dot{6}.\dot{0}$

③ $2.2656565\cdots = 2.2\dot{6}\dot{5}$

④ $3.715715715\cdots = 3.\dot{7}1\dot{5}$

⑤ $7.10343434\cdots = 7.10\dot{3}\dot{4}\dot{3}$

▶ 순환소수와 순환마디

**2** 분수 $\dfrac{2}{7}$를 소수로 나타낼 때, 소수점 아래 50번째 자리의 숫자를 $a$, 소수점 아래 70번째 자리의 숫자를 $b$라고 하자. 이때 $a+b$의 값을 구하시오.

▶ 소수점 아래 $n$번째 자리의 숫자 구하기

**3** 다음 보기의 분수 중 유한소수로 나타낼 수 <u>없는</u> 것을 모두 고르시오.

┌ 보기 ┐

ㄱ. $\dfrac{7}{8}$ 　　　ㄴ. $\dfrac{2}{11}$ 　　　ㄷ. $\dfrac{3}{20}$

ㄹ. $\dfrac{18}{72}$ 　　　ㅁ. $\dfrac{28}{132}$ 　　　ㅂ. $\dfrac{84}{210}$

▶ 유한소수로 나타낼 수 있는 분수

**4** $\dfrac{15}{72} \times x$를 유한소수로 나타낼 수 있을 때, 다음 중 $x$의 값이 될 수 있는 것을 모두 고르면?

(정답 2개)

① 2 　　　② 3 　　　③ 4 　　　④ 6 　　　⑤ 8

▶ $\dfrac{B}{A} \times x$를 유한소수가 되도록 하는 $x$의 값 구하기

**5** 두 분수 $\dfrac{n}{28}$과 $\dfrac{n}{90}$을 소수로 나타내면 모두 유한소수로 나타낼 수 있을 때, $n$의 값이 될 수 있는 가장 작은 자연수를 구하시오.

▶ 두 분수를 모두 유한소수가 되도록 하는 미지수의 값 구하기

순환소수를 분수로
나타내기 (1)

**서술형**

**6** 순환소수를 $x$라 하고, 10의 거듭제곱을 적당히 곱하면 그 차가 정수인 두 식을 만들 수 있다. 이를 이용하여 순환소수 $1.5\dot{2}\dot{4}$를 기약분수로 나타내시오.

**풀이 과정**

**답**

순환소수를 분수로
나타내기 (2)

**7** 다음 중 순환소수를 분수로 나타낸 것으로 옳은 것은?

① $0.\dot{3} = \dfrac{3}{10}$   ② $0.4\dot{7} = \dfrac{47}{90}$   ③ $0.\dot{3}4\dot{5} = \dfrac{115}{303}$

④ $1.0\dot{6} = \dfrac{7}{6}$   ⑤ $1.\dot{8}\dot{7} = \dfrac{62}{33}$

분수를 소수로 바르게
나타내기

**8** 어떤 기약분수를 소수로 나타내는데 민석이는 분모를 잘못 보아서 $1.1\dot{4}$로 나타내고, 준기는 분자를 잘못 보아서 $0.\dot{2}\dot{3}$으로 나타냈다. 두 사람이 잘못 본 분수도 모두 기약분수일 때, 처음 기약분수를 순환소수로 나타내시오.

유리수와 소수의 관계

**9** 다음 중 옳지 <u>않은</u> 것은?

① 순환소수가 아닌 무한소수는 유리수가 아니다.
② 모든 유한소수는 분모가 10의 거듭제곱인 분수로 나타낼 수 있다.
③ 유한소수와 순환소수는 모두 유리수이다.
④ 유한소수로 나타낼 수 없는 수는 유리수가 아니다.
⑤ 유한소수로 나타낼 수 없는 정수가 아닌 유리수는 반드시 순환소수로 나타낼 수 있다.

# 2 식의 계산

# 1 지수법칙

2. 식의 계산

개념편 24~25쪽

유형 **1** 지수법칙 – 지수의 합, 곱

## (1) 지수의 합

$m$, $n$이 자연수일 때

$a^m \times a^n = a^{m+n}$ ← 지수끼리 더한다.

예 $\underline{2^2 \times 2^3} = 2^{2+3} = 2^5$
$\phantom{예} \hookrightarrow (2 \times 2) \times (2 \times 2 \times 2) = 2^5$

## (2) 지수의 곱

$m$, $n$이 자연수일 때

$(a^m)^n = a^{mn}$ ← 지수끼리 곱한다.

예 $\underline{(2^2)^3} = 2^{2 \times 3} = 2^6$
$\phantom{예} \hookrightarrow 2^2 \times 2^2 \times 2^2 = 2^{2+2+2} = 2^{2 \times 3}$

[1~7] 다음 식을 간단히 하시오.

**1** (1) $a^3 \times a^6$

(2) $a^{10} \times a^4$

(3) $x \times x^5$

(4) $2^8 \times 2^{15}$

**2** (1) $a^4 \times a \times a^3$

(2) $x^{10} \times x^3 \times x^5$

(3) $x \times x^2 \times x^3 \times x^4$

(4) $3^2 \times 3^3 \times 3^{10}$

지수법칙은 밑이 서로 같을 때만 이용할 수 있어!
밑이 다를 때는 밑이 같은 것끼리 모아서 간단히 하자.

**3** (1) $x^2 \times x^8 \times y^5 \times y^7$

(2) $a^4 \times b^2 \times a^2 \times b^6$

(3) $x^6 \times y^2 \times x^3 \times y^4$

(4) $a \times b^4 \times a^2 \times b \times a^3$

**4** (1) $(x^3)^2$

(2) $(a^4)^5$

(3) $(2^5)^3$

(4) $(5^2)^7$

**5** (1) $\{(a^2)^3\}^4$

(2) $\{(x^5)^2\}^2$

**6** (1) $a^4 \times (a^2)^3$

(2) $(x^5)^2 \times x^3$

(3) $(x^2)^4 \times x^{10}$

(4) $(5^2)^6 \times (5^3)^5$

**7** (1) $x^5 \times (y^5)^2 \times (y^3)^2$

(2) $a^2 \times (b^3)^3 \times (a^4)^4 \times (b^2)^5$

(3) $(2^6)^2 \times a^2 \times (a^3)^7$

(4) $x^3 \times (3^5)^3 \times (x^2)^2$

유형 **2** 지수법칙 – 지수의 차, 분배 개념편 26~27 쪽

(1) 지수의 차

$a\neq0$이고, $m$, $n$이 자연수일 때

$$a^m \div a^n = \begin{cases} a^{m-n} & (m>n) \quad \leftarrow \text{지수끼리 뺀다.} \\ 1 & (m=n) \\ \dfrac{1}{a^{n-m}} & (m<n) \end{cases}$$

예 • $2^4 \div 2^2 = 2^{4-2} = 2^2$    $\leftarrow \dfrac{2^4}{2^2} = \dfrac{2 \times 2 \times 2 \times 2}{2 \times 2}$

• $2^2 \div 2^2 = 1$

• $2^2 \div 2^4 = \dfrac{1}{2^{4-2}} = \dfrac{1}{2^2}$    $\leftarrow \dfrac{2^2}{2^4} = \dfrac{2 \times 2}{2 \times 2 \times 2 \times 2}$

(2) 지수의 분배

$n$이 자연수일 때

$$(ab)^n = a^n b^n$$

$$\left(\frac{b}{a}\right)^n = \frac{b^n}{a^n} \text{ (단, } a \neq 0)$$

예 • $(2x)^2 = 2^2 x^2 = 4x^2$   $\leftarrow 2x \times 2x = (2 \times 2) \times (x \times x)$

• $\left(\dfrac{2}{x}\right)^2 = \dfrac{2^2}{x^2} = \dfrac{4}{x^2}$   $\leftarrow \dfrac{2}{x} \times \dfrac{2}{x} = \dfrac{2 \times 2}{x \times x}$

**[1~7]** 다음 식을 간단히 하시오.

**1**   (1) $\dfrac{x^6}{x}$

    (2) $x^{10} \div x^4$

    (3) $a^8 \div a^5$

    (4) $5^9 \div 5^3$

**2**   (1) $\dfrac{a^5}{a^{10}}$

    (2) $x^3 \div x^{12}$

    (3) $x^6 \div x^6$

    (4) $2^7 \div 2^{14}$

**3**   (1) $(a^3)^4 \div a^6$

    (2) $a^{10} \div (a^5)^2$

    (3) $(x^2)^6 \div (x^4)^4$

**4**   (1) $a^7 \div a^2 \div a^3$

    (2) $x^{16} \div (x^2)^4 \div x^3$

    (3) $y^5 \div (y^9 \div y^2)$

**5**   (1) $(xy^2)^2$

    (2) $(a^2 b^3)^6$

    (3) $(x^3 y^4 z)^5$

> 괄호 안의 숫자에도 지수법칙을 빠짐없이 적용해야 해!

**6**   (1) $(2a^4)^3$

    (2) $(5^3 a^2)^3$

    (3) $(-x^4)^4$

    (4) $(-3x^2)^3$

    (5) $(-5x^3 y^5)^2$

**7**   (1) $\left(\dfrac{y}{x^2}\right)^3$

    (2) $\left(\dfrac{b^3}{a}\right)^2$

    (3) $\left(-\dfrac{x}{3}\right)^3$

    (4) $\left(-\dfrac{b^5}{a^2}\right)^4$

    (5) $\left(\dfrac{3y}{2x^3}\right)^2$

## 한 걸음 더 연습   유형 1~2

**[1~2]** 다음 ☐ 안에 알맞은 자연수를 쓰시오.

**1**
(1) $a^2 \times a^{\square} = a^{10}$

(2) $x \times x^3 \times x^{\square} = x^8$

(3) $(a^{\square})^5 = a^{20}$

**2**
(1) $(a^3)^{\square} \div a^4 = a^5$

(2) $x^9 \div x^{\square} \div x^3 = 1$

(3) $a^5 \times a^2 \div a^{\square} = a$

**3** 다음을 만족시키는 자연수 $a$, $b$, $c$의 값을 각각 구하시오.

(1) $(x^a y^4)^b = x^6 y^{12}$ _____

(2) $(-3xy^2)^a = bx^4 y^c$ _____

(3) $\left(\dfrac{x^a}{y}\right)^2 = \dfrac{x^6}{y^b}$ _____

(4) $\left(-\dfrac{y}{2x^4}\right)^a = -\dfrac{y^3}{bx^c}$ _____

**4** 다음을 만족시키는 자연수 $x$의 값을 구하시오.

(1) $2^3 \times 2^x = 64$ _____

(2) $3^x \div 3^5 = \dfrac{1}{27}$ _____

같은 수를 계속 더한 것은 곱셈으로 나타낼 수 있어!

**5** 다음 식을 간단히 하시오.

(1) $2^2 + 2^2 = \square \times 2^2 = 2^{\square+2} = 2^{\square}$

(2) $3^4 + 3^4 + 3^4$ _____

(3) $5^3 + 5^3 + 5^3 + 5^3 + 5^3$ _____

주어진 수를 $(2^2)^{\square}$ 꼴로 나타내자.

**6** $2^2 = A$라고 할 때, 다음 수를 $A$를 사용하여 $A^n$ 꼴로 나타내시오. (단, $n$은 자연수)

(1) $64 = 2^{\square} = (2^2)^{\square} = A^{\square}$

(2) $4^5$ _____

(3) $8^4$ _____

자릿수를 구할 때는 주어진 수를 $a \times 10^n (a, n$은 자연수$)$ 꼴로 나타내자.

**7** 다음 수가 몇 자리의 자연수인지 구하시오.

(1) $\underline{2^8} \times 5^5 = 2^{\square} \times 2^5 \times 5^5$  ← 2와 5의 지수가 같아지도록 지수가 큰 쪽을 작은 쪽에 맞추어 변형한다.
$= 2^{\square} \times (2 \times 5)^5$
$= \square \times 10^5$
$= \boxed{\phantom{xxxxx}}$
⇨ $2^8 \times 5^5$은 ☐자리의 자연수이다.

(2) $2^6 \times 5^8$ _____

(3) $3 \times 2^{10} \times 5^9$ _____

## 쌍둥이 기출문제

• 정답과 해설 21쪽

형광펜 들고 밑줄 좍~

**쌍둥이 01**

**1** 다음 중 옳은 것은?

① $x^3 \times x^3 = x^9$  ② $(x^2)^4 = x^6$

③ $x^2 \div x^2 = 0$  ④ $\left(\dfrac{y}{x^2}\right)^2 = \dfrac{y^2}{x^2}$

⑤ $(3x^2y)^3 = 27x^6y^3$

**2** 다음 중 옳은 것을 모두 고르면? (정답 2개)

① $3^2 \times 3^4 = 3^8$  ② $a^3 \div a^6 = a^3$

③ $\left(\dfrac{b^2}{2a}\right)^3 = \dfrac{b^6}{8a^3}$  ④ $(x^3)^4 = x^7$

⑤ $(-x^5y)^3 = -x^{15}y^3$

**쌍둥이 02**

**3** 다음 식을 간단히 하시오.

(1) $a^6 \div a^3 \times a$

(2) $(x^4)^2 \div x^4 \div x^2$

(3) $3^2 \times (3^2)^2 \div 3^3$

**4** 다음 식을 간단히 하시오.

(1) $5^{10} \times 5^5 \div 5^3$

(2) $(a^3)^2 \div a \times (a^2)^5$

(3) $x^4 \div (x^2 \div x)$

**쌍둥이 03**

**5** $16^8 \div 32^4$을 2의 거듭제곱으로 나타내시오.

**6** $27 \times 81^2 \div 9^4 = 3^{\square}$일 때, $\square$ 안에 알맞은 자연수를 구하시오.

**쌍둥이 04**

**7** $3^2 \times 3^n = 243$일 때, 자연수 $n$의 값은?

① 2  ② 3  ③ 4

④ 5  ⑤ 6

**8** 다음을 만족시키는 자연수 $a$, $b$에 대하여 $a+b$의 값을 구하시오.

$$2^a \times 2^4 = 64, \qquad x^6 \div x^b \div x^2 = x$$

**쌍둥이 기출문제**

---

**9** $(3x^a)^3=bx^{12}$을 만족시키는 자연수 $a$, $b$에 대하여 $a+b$의 값은?

① 23　　② 25　　③ 27

④ 29　　⑤ 31

---

**10** $\left(\dfrac{2^a}{3^5}\right)^4=\dfrac{2^{12}}{3^b}$일 때, 자연수 $a$, $b$에 대하여 $b-a$의 값을 구하시오.

서술형

풀이 과정

답

---

**11** $3^3+3^3+3^3$을 3의 거듭제곱으로 나타내면?

① $3^4$　　② $3^5$　　③ $3^6$

④ $3^7$　　⑤ $3^8$

---

**12** $5^4+5^4+5^4+5^4+5^4=5^a$일 때, 자연수 $a$의 값을 구하시오.

---

**13** $3^3=A$라고 할 때, $9^3$을 $A$를 사용하여 나타내면?

① $3A$　　② $9A$　　③ $A^2$

④ $3A^2$　　⑤ $A^3$

---

**14** $2^5=a$라고 할 때, $16^{10}$을 $a$를 사용하여 나타내면?

① $a^8$　　② $2a^8$　　③ $a^9$

④ $a^{10}$　　⑤ $4a^{10}$

---

**15** $2^5\times5^3$은 몇 자리의 자연수인지 구하시오.

---

**16** $2^7\times3\times5^9$이 $n$자리의 자연수일 때, $n$의 값은?

① 7　　② 8　　③ 9

④ 10　　⑤ 12

# 2

## 2. 식의 계산
## 단항식의 계산

### 유형 3 | 단항식의 곱셈과 나눗셈

개념편 30~31쪽

**(1) 단항식의 곱셈**

계수는 계수끼리, 문자는 문자끼리 곱한다.

➡ $2x^2 \times 3x^3$
$= 2 \times x^2 \times 3 \times x^3$
$= (2 \times 3) \times (x^2 \times x^3)$
$= 6x^5$

[참고] 곱셈에서의 부호는 
- ─가 짝수 개이면 ➡ $+$
- ─가 홀수 개이면 ➡ $-$

**(2) 단항식의 나눗셈**

[방법 1] 분수 꼴로 바꾸어 계산한다.

➡ $2x^2 \div 5x^3 = \dfrac{2x^2}{5x^3} = \dfrac{2}{5x}$

[방법 2] 역수를 이용하여 나눗셈을 곱셈으로 고쳐서 계산한다.

$$\overset{\text{곱셈으로}}{\text{➡}\ 2x^2 \div \dfrac{2}{3}x^3 = 2x^2 \times \dfrac{3}{2x^3} = \dfrac{3}{x}}$$
역수로

---

**[1~3] 다음을 계산하시오.**

**1**
(1) $6x \times 2x^2$

(2) $(-2a) \times 5b$

(3) $\dfrac{1}{2}x^4y \times (-2x^2)$

(4) $(-5ab) \times (-3ab^2)$

**2**
(1) $(-x)^3 \times 2x^2$

(2) $(-2a^2) \times (-a^3)^3$

(3) $(4x^3y)^2 \times (-x^2)^4$

(4) $(ab^2)^2 \times (2a^3b)^3$

**3**
(1) $a \times (-2a^2) \times (-3a^3)$

(2) $(-x^2y) \times (-4x) \times (-2xy^5)$

(3) $\dfrac{2}{3}a^2 \times 4ab \times \dfrac{9}{2}b^3$

역수를 구할 때는 분자와 분모를 먼저 구분하자.

**4** 다음 식의 역수를 구하시오.

(1) $\dfrac{x}{9}$  (2) $-3a^2$

(3) $-\dfrac{1}{2}x$  (4) $\dfrac{3}{4}xy^2$

---

**[5~7] 다음을 계산하시오.**

**5**
(1) $10x^2 \div 5x = \dfrac{10x^2}{\boxed{\phantom{0}}} = \boxed{\phantom{0}}$

(2) $6a^3b \div 3ab$

(3) $4x^2y \div (-6xy)$

(4) $(-4a^5)^2 \div 2a^8$

(5) $27x^6y^2 \div (3x^2y)^3$

**6**
(1) $3a^3 \div \dfrac{3}{4}a = 3a^3 \times \boxed{\phantom{0}} = \boxed{\phantom{0}}$

(2) $2x^9 \div \dfrac{x^2}{2}$

(3) $14x^4y \div \left(-\dfrac{2}{3}x^2y\right)$

(4) $(-3a)^3 \div \left(-\dfrac{9}{2}a^3\right)$

(5) $\dfrac{1}{5}a^6b^2 \div \left(\dfrac{2}{5}ab^4\right)^2$

나눗셈이 2개 이상이면 [방법 2]를 이용하는 것이 편리해!

**7**
(1) $16a^2b \div (-2ab) \div 4a^2$

(2) $2xy^2 \div \left(-\dfrac{1}{2}xy\right) \div (-3x^2)$

## 유형 4 단항식의 곱셈과 나눗셈의 혼합 계산

개념편 32쪽

$(3x)^2 \times (-5x) \div 15x^2$

$= 9x^2 \times (-5x) \div 15x^2$     ❶ 괄호의 거듭제곱 계산하기

$= 9x^2 \times (-5x) \times \dfrac{1}{15x^2}$     ❷ 역수를 이용하여 나눗셈을 곱셈으로 고치기

$= \left\{ 9 \times (-5) \times \dfrac{1}{15} \right\} \times \left( x^2 \times x \times \dfrac{1}{x^2} \right)$     ❸ 계수는 계수끼리, 문자는 문자끼리 곱하기

$= -3x$

참고 곱셈과 나눗셈이 혼합된 식은 앞에서부터 차례로 계산한다.

---

**[1~4]** 다음을 계산하시오.

**1** (1) $A \times B \div C = A \times B \times \boxed{\phantom{xx}} = \boxed{\phantom{xx}}$

    (2) $A \div B \times C$

    (3) $A \div B \div C$

괄호가 있으면 괄호 안을 먼저 계산해야 해!

**2** (1) $A \times (B \div C) = A \times \boxed{\phantom{xx}} = \boxed{\phantom{xx}}$

    (2) $A \div (B \times C)$

    (3) $A \div (B \div C)$

부호는 음수의 개수에 따라 먼저 결정하는 것이 편리해!

**3** (1) $9xy \times 4x^2 \div 3xy$

    (2) $3ab \times (-8b) \div 4a^2 b$

    (3) $8a^3 b^2 \times 16a^2 b^3 \div (-2ab)$

(4) $6x^2 y \div 12xy^3 \times \dfrac{3}{2} y$

(5) $(-2xy^3) \div 5x^3 y \times (-3x^2 y^5)$

(6) $\dfrac{1}{14} a^4 b^2 \div a^5 b \times 7a^3 b^3$

**4** (1) $(-3a)^2 \times \dfrac{5}{3} a \div (-5a)$

(2) $8xy \div 2x^2 y \times (-2xy)^2$

(3) $(3a^2)^2 \times 2b \div (-3a^2 b^3)^2$

(4) $(-2x^2 y)^3 \div \left( \dfrac{y}{3} \right)^2 \times \left( \dfrac{x^2}{2} \right)^3$

(5) $(-a^2 b)^2 \div (-a^5 b^2) \times (-4a^2 b)$

(6) $(5x^3 y^4)^2 \times \dfrac{3}{5} x^3 y \div (-3xy)^2$

## 한 걸음 더 연습 유형 3~4

• $\square \times A = B \Rightarrow \square = B \div A$

• $\square \div A = B \Rightarrow \square \times \dfrac{1}{A} = B \Rightarrow \square = B \times A$

• $A \div \square = B \Rightarrow A \times \dfrac{1}{\square} = B \Rightarrow \square = A \div B$

• $A \times \square \div B = C \Rightarrow A \times \square \times \dfrac{1}{B} = C \Rightarrow \square = C \div A \times B$

**[1~3]** 다음 $\square$ 안에 알맞은 식을 구하시오.

**1** (1) $\boxed{\phantom{xx}} \times 2xy = 6x^3y$

(2) $(-4x^2y) \times \boxed{\phantom{xx}} = 8x^4y^3$

(3) $\boxed{\phantom{xx}} \div \dfrac{a}{3} = -18b$

**2** (1) $6x^3y \div \boxed{\phantom{xx}} = -2x^2y$

(2) $\dfrac{3}{2}a^2b^4 \div \boxed{\phantom{xx}} = 4ab^3$

**3** (1) $4a^2 \times \boxed{\phantom{xx}} \div (-5a) = -2a^2$

(2) $(-3x^2y^2) \times \boxed{\phantom{xx}} \div (-8x^8y^2) = 18xy^3$

**4** 다음 직사각형과 삼각형의 넓이를 구하시오.

(1)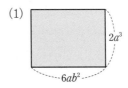

(2)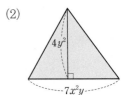

**5** 다음 직육면체와 원뿔의 부피를 구하시오.

(1)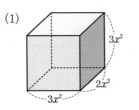

(2)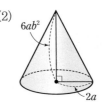

**6** 오른쪽 그림과 같이 높이가 $3x^4y^2$이고 넓이가 $48x^8y^9$인 직각삼각형의 밑변의 길이를 구하시오.

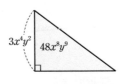

**7** 오른쪽 그림과 같이 밑면의 반지름의 길이가 $3xy^2$이고 부피가 $18\pi x^5y^5$인 원기둥의 높이를 구하시오.

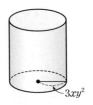

## 쌍둥이 기출문제

형광펜 들고 밑줄 쫙~

**쌍둥이 01**

**1** 다음을 계산하시오.

(1) $4a \times (-2ab)$

(2) $(-3x^2y)^2 \times 5xy^3$

**2** $(2x)^2 \times 6xy \times \left(-\dfrac{1}{4}y\right)$를 계산하시오.

**쌍둥이 02**

**3** $12a^2b \div 6ab$를 계산하면?

① $2a$      ② $2b$      ③ $-6ab$

④ $6ab$      ⑤ $72a^2b$

**4** $72x^5y^2 \div (-3xy^2)^2 \div 4x^3$을 계산하시오.

서술형

풀이 과정

답

**쌍둥이 03**

**5** $x^8y^3 \div x^ay^7 = \dfrac{x^5}{y^b}$일 때, 자연수 $a$, $b$의 값을 각각 구하시오.

**6** 다음을 만족시키는 자연수 $p$, $q$에 대하여 $p-q$의 값을 구하시오.

$$(2x^2y^p)^2 \div (x^qy^3)^5 = \frac{4}{x^6y^{11}}$$

**쌍둥이 04**

**7** 다음은 식을 계산하는 과정이다. ( ) 안에 알맞은 식을 차례로 쓰시오.

$$(x^2y^3)^2 \times 6x^4y \div (-x^3y)^4$$
$$=(\quad) \times 6x^4y \div (\quad)$$
$$=(\quad) \times 6x^4y \times (\quad)$$
$$=(\quad)$$

**8** $(-3a^3)^3 \div 9a^2b^3 \times \left(\dfrac{1}{3}b^4\right)^2$을 계산하면?

① $-3a^7b^5$      ② $-\dfrac{1}{3}a^4b^3$      ③ $-\dfrac{1}{3}a^7b^5$

④ $3a^4b^3$      ⑤ $3a^7b^5$

쌍둥이 05

**9** $a=1$, $b=3$일 때, $6ab^2 \times 2a^2b \div 4ab$의 값을 구하시오.

**10** $a=-2$, $b=-1$일 때, $8a^4b^2 \div \dfrac{4}{3}a^2b \times (-ab^3)$의 값을 구하시오.

쌍둥이 06

**11** $(-2ab^2)^3 \times \boxed{\phantom{xx}} = -8a^7b^8$일 때, $\boxed{\phantom{x}}$ 안에 알맞은 식을 구하시오.

**12** $6a^3b$를 어떤 식 $A$로 나누었더니 $\dfrac{3}{2}b$가 되었다. 이때 어떤 식 $A$를 구하시오.

쌍둥이 07

**13** $a^2b^2 \times \boxed{\phantom{xx}} \div 2ab^2 = a^2b^3$일 때, $\boxed{\phantom{x}}$ 안에 알맞은 식은?

① $ab^3$  ② $a^3b$  ③ $a^3b^2$
④ $2ab^3$  ⑤ $2a^3b$

**14** 다음 $\boxed{\phantom{x}}$ 안에 알맞은 식을 구하시오.

$$x^4y \div 3x^2y^2 \times \boxed{\phantom{xx}} = x^2y^2$$

쌍둥이 08

**15** 오른쪽 그림과 같이 세로의 길이가 $2xy^4$이고, 넓이가 $8x^5y^7$인 직사각형의 가로의 길이를 구하시오.

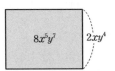

**16** 오른쪽 그림과 같이 밑면의 가로, 세로의 길이가 각각 $2a^2b$, $3ab^2$인 직육면체의 부피가 $30a^4b^3$일 때, 이 직육면체의 높이를 구하시오.

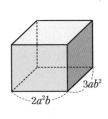

# 3

2. 식의 계산

## 다항식의 계산

개념편 34쪽

**유형 5** **다항식의 덧셈과 뺄셈**

(1) 다항식의 덧셈

$(3a+5b)+(4a-b)$   ❶ 괄호 풀기

$=3a+5b+4a-b$   ❷ 동류항끼리 모으기

$=3a+4a+5b-b$   ❸ 간단히 하기

$=7a+4b$

(2) 다항식의 뺄셈

$(3a-5b)-(5a-b)$   ❶ 빼는 식의 각 항의 부호를 바꾸어 괄호 풀기

$=3a-5b-5a+b$   ❷ 동류항끼리 모으기

$=3a-5a-5b+b$   ❸ 간단히 하기

$=-2a-4b$

---

**1** 다음 식을 괄호를 풀어 간단히 하시오.

(1) $-(x+y-z)$

(2) $-2(3a-b)$

(3) $-\dfrac{1}{3}(-6x-y+2)$

**[2~5]** 다음을 계산하시오.

**2** (1) $(5x-7y)+(3x+2y)$

(2) $(-2x+8y-3)+(6x-7y+1)$

(3) $(3x+2y)-(x-2y)$

(4) $(x+6y+5)-(4x+y-2)$

**3** (1) $4(a-b)+2(-3a+2b)$

(2) $(2x+3y+5)+5(-x+2y-1)$

(3) $(a+3b)-3(3a-4b)$

(4) $3(-x+y+6)-\dfrac{1}{2}(4x+2y-6)$

**4** (1) $\left(\dfrac{2}{3}a+4b\right)+\left(-\dfrac{5}{6}a+b\right)$

(2) $\dfrac{a+b}{3}+\dfrac{a-2b}{4}$

(3) $\dfrac{x-y}{4}-\dfrac{3x+y}{2}$

> 여러 가지 괄호가 있는 식은
> ( 소괄호 ) → { 중괄호 } → [ 대괄호 ]의 순서로 괄호를 풀어 계산하자.

**5** (1) $a-[b-\{a-(b+a)\}]$

(2) $(3x+2y)-\{x-(4x-y)\}$

(3) $2x-[3y-\{x-(2x+y)\}]$

> $\square-A=B \Rightarrow \square=B+A$
> $\square+A=B \Rightarrow \square=B-A$

**6** 다음 $\square$ 안에 알맞은 식을 구하시오.

(1) $\boxed{\phantom{xx}}-(a-6b-5)=6a+9$

(2) $(3x+4y-8)+\boxed{\phantom{xx}}=4x-3y-7$

(3) $(4x-2y+1)-\boxed{\phantom{xx}}=-x+5y+3$

## 유형 6 이차식의 덧셈과 뺄셈

개념편 35쪽

**(1) 이차식**

다항식의 각 항의 차수 중에서 가장 큰 차수가 2인 다항식

예 $3x^2+x-1$ ➡ $x$에 대한 이차식

$2y-3$ ➡ $y$에 대한 일차식

**(2) 이차식의 덧셈과 뺄셈** ← '다항식의 덧셈, 뺄셈'과 계산 방법이 같다.

괄호를 풀고, 동류항끼리 모아서 간단히 한다.

예 $(2x^2+x-1)-(x^2-3x)=2x^2+x-1-x^2+3x$
$=2x^2-x^2+x+3x-1$
$=x^2+4x-1$

---

**1** 다음 중 이차식인 것은 ○표, 이차식이 <u>아닌</u> 것은 ×표를 ( ) 안에 쓰시오.

(1) $3x+5y-4$ ( )

(2) $-5a^2+3$ ( )

(3) $x^3-2x$ ( )

(4) $\dfrac{2}{x^2}+1$ ( )

(5) $a^3+2a^2+3-a^3$ ( )

**[2~4]** 다음을 계산하시오.

**2** (1) $(a^2+6a+4)+(4a^2-a+3)$

(2) $(-3x^2+2x-5)-(-4x^2-8x+5)$

(3) $2(3x^2+x+2)+(-5x^2+6x-9)$

(4) $(-8a^2+3a-4)+4(a^2-3a+2)$

(5) $3(-2a^2-4a+1)-(2a^2-9a-8)$

(6) $(-3x^2+15x-6)-2(x^2-x+2)$

**3** (1) $\left(\dfrac{1}{4}a^2-5a-\dfrac{7}{3}\right)-\left(\dfrac{3}{8}a^2+3a-\dfrac{1}{3}\right)$

(2) $\dfrac{3x^2+x-2}{3}+\dfrac{x^2+6}{5}$

(3) $\dfrac{a^2-2a+1}{2}-\dfrac{2a^2-3a+1}{3}$

**4** (1) $5x^2-\{2x^2+2x-(3x+1)\}$

(2) $-2x^2-\{-x^2+3(2x+5)-4x\}+8$

(3) $x^2-3x-[2x-1-\{3x^2-(4x-5)\}]$

**5** 다음 ☐ 안에 알맞은 식을 구하시오.

(1) $\boxed{\phantom{xx}}+(-2a^2+3a)=5a^2-a+2$

(2) $(-5a^2+7)-\boxed{\phantom{xx}}=2a^2+3a+9$

## 유형 **7** 다항식과 단항식의 곱셈과 나눗셈

(1) (단항식)×(다항식)

분배법칙을 이용하여 단항식을 다항식의 각 항에 곱한다.

① $2a(3a+b)$ $\xrightarrow{\text{전개}}$ $=2a\times 3a+2a\times b$
$=6a^2+2ab$ ← 전개식

② $(3a+b)(-2b)=3a\times(-2b)+b\times(-2b)$
$=-6ab-2b^2$

참고 단항식과 다항식의 곱을 분배법칙을 이용하여 하나의 다항식으로 나타내는 것을 전개한다고 한다.

(2) (다항식)÷(단항식)

방법1 분수 꼴로 바꾸어 계산한다.

➡ $(6a^2+3a)\div 3a=\dfrac{6a^2+3a}{3a}$
$=\dfrac{6a^2}{3a}+\dfrac{3a}{3a}=2a+1$

방법2 역수를 이용하여 나눗셈을 곱셈으로 고쳐서 계산한다.

➡ $(6a^2+3a)\div\dfrac{3}{2}a=(6a^2+3a)\times\dfrac{2}{3a}$
$=6a^2\times\dfrac{2}{3a}+3a\times\dfrac{2}{3a}$
$=4a+2$

---

**1** 다음을 전개하시오.

(1) $3a(a-5)$

(2) $(2a-3)(-4a)$

(3) $-5ab(2a-b)$

(4) $\dfrac{y}{4}(6x^2-12x-16)$

(5) $(2a^2b+8ab^2)\times\dfrac{ab}{2}$

(6) $-\dfrac{1}{3}xy(2x-3y\quad 6)$

**[2~4]** 다음을 계산하시오.

**2** (1) $\dfrac{ab^3-a^4b^2}{ab^2}$

(2) $\dfrac{14a^2b+10ab^2-8ab}{2ab}$

(3) $\dfrac{x^3y^2-x^2y^2+3xy^3}{-xy^2}$

**3** (1) $(6a^2-4a)\div 2a=\dfrac{6a^2-4a}{\boxed{\phantom{00}}}=\boxed{\phantom{000}}$

(2) $(x^2y+xy^3)\div(-xy)$

(3) $(4a^5b^4+8a^4b^2)\div(-2a^2b)^2$

(4) $(-9x^2y+12xy^2-4y^3)\div 3xy$

**4** (1) $(xy-3x)\div\dfrac{x}{3}=(xy-3x)\times\boxed{\phantom{00}}=\boxed{\phantom{000}}$

(2) $(x^2y+2xy^2)\div\dfrac{3}{4}xy$

(3) $(-2a^5b^3+3a^3b^4)\div\left(-\dfrac{1}{2}ab\right)^3$

(4) $(10a^2-5ab^2+15ab)\div\dfrac{5}{2}a$

## 유형 **8** 덧셈, 뺄셈, 곱셈, 나눗셈이 혼합된 식의 계산

개념편 39쪽

$$2a(a+3)+(a^5b^2-4a^6b^2)\div(a^2b)^2$$
$$=2a(a+3)+(a^5b^2-4a^6b^2)\div a^4b^2$$ ❶ 괄호의 거듭제곱 계산하기
$$=2a(a+3)+\frac{a^5b^2-4a^6b^2}{a^4b^2}$$ ❷ 곱셈, 나눗셈 계산하기
$$=2a^2+6a+a-4a^2$$
$$=-2a^2+7a$$ ❸ 동류항끼리 모아서 덧셈, 뺄셈 계산하기

**[1~5]** 다음을 계산하시오.

**1** (1) $a(4a-5)+2a(a+3)$

(2) $2a(a+3b)-3a(2a-5b)$

(3) $4x(x-y)+(5x+y)(-x)$

(4) $\left(x+\dfrac{2}{3}y\right)(-3x)-6x(y-x)$

**2** (1) $\dfrac{2x^2-4xy}{2x}+\dfrac{6xy-2y^2}{2y}$

(2) $\dfrac{4a^2+2ab}{a}-\dfrac{5ab-3h^2}{b}$

**3** (1) $(2x^2-4x)\div x+(6x^2+3x)\div(-3)$

(2) $(a^3b-3ab)\div(-a)-(6b^3-4a^2b^3)\div2b^2$

**4** (1) $\dfrac{3x^3y+x^2y^2}{y}-\left(\dfrac{2}{3}x^2-\dfrac{1}{4}xy\right)\times x$

(2) $(8x^3y^2-4x^2y^3)\div2xy+xy(2x+y)$

(3) $2a(3ab-1)-(5a^2b^2+10ab)\div5b$

(4) $(8a^3b-2a^4)\div(2a)^2-4a\left(3b-\dfrac{1}{6}a\right)$

×, ÷ 는 앞에서부터 차례로 계산하자.

**5** (1) $(8x^2-2xy)\div x\times2y$

(2) $4y\times(4x^3y+6xy^2)\div\dfrac{1}{2}x$

(3) $\dfrac{1}{3}ab\div(-2ab^2)\times(9a^2b-6ab)$

(4) $(18a^4b^2-3a^3)\div(3a)^2\times(-ab)$

**한 번 더 연습**  유형 7~8

[1~5] 다음을 계산하시오.

**1** (1) $5a^2(a-4b)$

(2) $-\dfrac{1}{3}x(-x+6y)$

(3) $(-2a-b+1)4ab$

(4) $(4x-3y)(-2y)$

**2** (1) $(14xy-7y^2)\div 7y$

(2) $(4a^3b+2a^2b^2-8ab^3)\div 4ab$

(3) $(12y^3-2x^3y^2)\div(-2xy)^2$

**3** (1) $(6a^2+3ab)\div\dfrac{a}{3}$

(2) $(x^2y^2-x+2y^3)\div\dfrac{1}{5}xy^2$

(3) $(27x^3-9x^2)\div\left(-\dfrac{3}{2}x\right)^2$

**4** (1) $-x(x+2y)-3y(x-2y)$

(2) $2a(3a-2b)+(a-b)(-4a)$

(3) $\dfrac{18x^2y-3xy^2}{6xy}-\dfrac{3xy-6x^2}{2x}$

(4) $(16x^2-8xy)\div 4x-(12y^2-15xy)\div(-3y)$

**5** (1) $(5a-b)a-\dfrac{10a^2b-6ab^2}{2b}$

(2) $4x(3x-2y)+(16y-8xy^2)\div 8y$

(3) $(15a^2b^3+6ab^4)\div ab-(a-7b)\times(-2b)^2$

주어진 식을 먼저 간단히 한 후, 그 식에 $x$, $y$의 값을 각각 대입하자.

**6** $x=1$, $y=2$일 때, 다음 식의 값을 구하시오.

(1) $(x^2y+2xy^2)\div xy$

(2) $x(2x+3y)-(x^2y-2xy^2)\div y$

(3) $7y+(8x^3-4x^2y)\div(2x)^2$

# 쌍둥이 기출문제

● 정답과 해설 29쪽

✎ 형광펜 들고 밑줄 쫙~

**쌍둥이 01**

**1** 다음을 계산하시오.

(1) $(3a+5b)+(2a-4b)$

(2) $\dfrac{x+4y}{2}+\dfrac{3x-y}{4}$

**2** 다음을 계산하시오.

(1) $3(x+2y)-2(x-y)$

(2) $\dfrac{a+b}{2}-\dfrac{a-2b}{3}$

**쌍둥이 02**

**3** $(6x^2+2x-4)-(2x^2-5x+3)$을 계산하면?

① $4x^2+3x-7$   ② $4x^2+7x-7$

③ $4x^2+7x-1$   ④ $4x^2+7x+7$

⑤ $8x^2+3x-7$

**4** $(2a^2-a+3)-3(a^2+3a-1)$을 계산하면?

① $-a^2-10a+6$   ② $-a^2-8a+6$

③ $a^2+8a+6$   ④ $a^2+10a+6$

⑤ $5a^2+8a$

**쌍둥이 03**

**5** $x-\{y-(2x+5y)\}$를 계산하면?

① $-x-5y$   ② $-x-3y$   ③ $3x-5y$

④ $3x+3y$   ⑤ $3x+4y$

**6** $3x^2-2x-[-2x^2-\{3x^2-5(x^2+x)\}]$를 계산했을 때, $x^2$의 계수를 $a$라 하고 $x$의 계수를 $b$라고 하자. 이때 $a-b$의 값을 구하시오.

**쌍둥이 04**

**7** 어떤 식 $A$에 $2x^2-5x+9$를 더해야 할 것을 잘못하여 뺐더니 $-3x^2-x+2$가 되었다. 다음 물음에 답하시오.

(1) 어떤 식 $A$를 구하시오.

(2) 바르게 계산한 식을 구하시오.

**8** 서술형 어떤 식에서 $-2x^2+3x-2$를 빼야 할 것을 잘못하여 더했더니 $6x^2+4x-3$이 되었다. 이때 바르게 계산한 식을 구하시오.

풀이 과정

답

**쌍둥이 05**

**9** 다음 보기 중 옳은 것을 모두 고르시오.

┌ 보기 ├
ㄱ. $3x(x+y-2)=3x^2+3xy-6x$
ㄴ. $(a-4b+3)(-2b)=2ab+8b^2-6b$
ㄷ. $(15xy^2-10xy)\div5xy=3y-2$
ㄹ. $\left(\frac{1}{2}a^3b^5+4ab^3\right)\div\left(-\frac{1}{2}a^2\right)=-ab^5-\frac{2b^3}{a}$

**10** 다음 중 옳은 것은?

① $(2a-4b)(-3b)=2a-7b$
② $2x(x^2-5x+3)=2x^3-10x+6$
③ $(6x^2+4xy)\div2x=6x^2+2y$
④ $(a^3-3a)\div\frac{a}{2}=2a^2-6$
⑤ $(-2x^2+3x)\div\left(-\frac{1}{3}x\right)=-6x+9$

**쌍둥이 06**

**11** 다음을 계산하시오.

$$\frac{1}{3}x(3x-12)-\frac{6x^2-8x}{2x}$$

**12** $(3x^2y-4xy^2)\div\frac{3}{2}x+(3x+y)\left(-\frac{4}{3}y\right)$를 계산했을 때, $xy$의 계수와 $y^2$의 계수의 차는?

① 2 　② 4 　③ 6
④ 8 　⑤ 10

**쌍둥이 07**

**13** $x=1$, $y=-1$일 때, $(8xy^2-4y^3)\div(2y)^2$의 값은?

① $-2$ 　② $-1$ 　③ 1
④ 2 　⑤ 3

**14** $x=2$, $y=-3$일 때, 다음 식의 값을 구하시오.

$$\frac{6x^2+4xy}{2x}-\frac{9y^2-6xy}{3y}$$

**쌍둥이 08**

**15** 오른쪽 그림과 같은 직사각형의 가로의 길이가 $\frac{1}{3}a^2b^3$이고 넓이가 $3a^4b^4-4a^3b^3$일 때, 이 직사각형의 세로의 길이를 구하시오.

**16** 오른쪽 그림과 같은 직사각형 모양의 꽃밭의 세로의 길이는 $4x^2y$이고, 넓이는 $28x^4y^2+8x^2y^3$이다. 이때 꽃밭의 둘레의 길이를 구하시오.

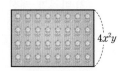

**1** 다음 중 옳지 <u>않은</u> 것을 모두 고르면? (정답 2개)

① $x^4 \times x^2 \times x = x^6$      ② $a^7 \div a^5 = a^2$      ③ $(-x^3 y^2)^4 = x^{12} y^8$

④ $\left(\dfrac{b}{a^3}\right)^3 = \dfrac{b^3}{a^9}$      ⑤ $x^{10} \times x^4 \div x^7 = x^2$

▶ 지수법칙의 종합

**2** $27^4 \div 3^5 \times 9^2$을 간단히 하시오.

▶ 지수법칙의 종합

**3** $\left(\dfrac{-4x^3}{y^a}\right)^b = \dfrac{cx^6}{y^8}$일 때, 자연수 $a$, $b$, $c$에 대하여 $a+b+c$의 값을 구하시오.

▶ 지수법칙 - 지수의 분배

**4** 다음을 만족시키는 자연수 $x$의 값을 구하시오.

$$16^3 + 16^3 + 16^3 + 16^3 = 2^x$$

▶ 같은 수의 덧셈

**5** $5^2 = a$라고 할 때, $125^4$을 $a$를 사용하여 나타내면?

① $a^4$      ② $5a^4$      ③ $a^5$

④ $5a^5$      ⑤ $a^6$

▶ 문자를 사용하여 나타내기

**서술형**

**6** $2^{11} \times 3^2 \times 5^{12}$은 몇 자리의 자연수인지 구하시오.

> 자릿수 구하기

풀이 과정

답

**7** $(-4a^2b)^3 \div 4ab \times 3a^4b^2$을 계산하시오.

> 단항식의 곱셈과 나눗셈

**8** $\boxed{\phantom{xx}} \div (xy^2)^2 \times 3x^2 = 24x^6$일 때, $\boxed{\phantom{x}}$ 안에 알맞은 식을 구하시오.

> $\boxed{\phantom{x}}$ 안에 알맞은 식 구하기

**9** $\dfrac{x-y}{4} - \dfrac{2x-3y}{5} = ax + by$일 때, 상수 $a$, $b$에 대하여 $a+b$의 값을 구하시오.

> 다항식의 덧셈과 뺄셈

**10** $x^2-2x-5$에서 어떤 식을 빼야 할 것을 잘못하여 더했더니 $4x^2-x+6$이 되었다. 이때 바르게 계산한 식을 구하시오.

▶ 바르게 계산한 식 구하기

**11** 다음 중 옳지 <u>않은</u> 것은?

① $(6x^2+xy)\times\dfrac{1}{6}x=x^3+\dfrac{1}{6}x^2y$

② $(-a-4b+1)(-b)=ab+4b^2-b$

③ $(4x^2-8xy)\div 2x=2x-4y$

④ $(4a^2b^5-2a^5b^7)\div\dfrac{1}{2}ab=8ab^4-a^4b^6$

⑤ $\dfrac{2x^4-x^3}{x^3}-\dfrac{3x^3-9x^5}{3x^3}=3x^2+2x-2$

▶ (단항식)×(다항식),
(다항식)÷(단항식)

서술형

**12** $6x\left(\dfrac{1}{3}x+\dfrac{3}{2}y\right)+(6x^3y+8x^2y^2)\div(-xy)$를 계산하시오.

풀이 과정

답

▶ 덧셈, 뺄셈, 곱셈, 나눗셈이
혼합된 식의 계산

**13** 오른쪽 그림과 같이 밑면의 가로, 세로의 길이가 각각 $6a$, $2b$인 직육면체의 부피가 $36a^2b-12ab$일 때, 이 직육면체의 높이를 구하시오.

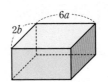

▶ 도형에서 다항식의
계산의 활용

# 3 일차부등식

3. 일차부등식

# 부등식의 해와 그 성질

유형 1  부등식과 그 해 · · · · · · · · · · · · · · · · · · · · · · · · · · · · · · · · · · · · · · · · · · 개념편 50쪽

(1) 부등식: 부등호 <, >, ≤, ≥를 사용하여 수 또는 식 사이의 대소 관계를 나타낸 식
(2) 부등식의 해: $x$의 값이 5, 6, 7일 때, 부등식 $x-3$ > 2에 대하여
          $x=5$일 때, $5-3=2$이므로 거짓이다.
          $x=6$일 때, $6-3$ > $2$이므로 참이다.
          $x=7$일 때, $7-3$ > $2$이므로 참이다.
      ➡ 부등식 $x-3>2$의 해는 6, 7이다.

**1** 다음 보기 중 부등식을 모두 고르시오.

┌ 보기 ├
ㄱ. $2x-1>6$      ㄴ. $3x+2=-7$
ㄷ. $3\times6\leq18$      ㄹ. $5x+4-x$
ㅁ. $x-1=1-x$      ㅂ. $4x\geq0$

**[2~3]** 다음과 같이 문장을 부등식으로 나타내시오.

$\underline{x\text{에서 3을 빼면}}_{x-3}$ / $\underline{\text{10보다}}_{10}$ / 크다. ➡ $x-3>10$
                      >

**2** (1) $x$에 $-5$를 더하면 8 이하이다.

    _____

  (2) 12에서 $x$를 빼면 $x$의 3배보다 크지 않다.

    _____

  (3) $x$의 2배에 10을 더한 수는 $x$의 5배에서 2를 뺀 수보다 작다. _____

**3** (1) 어떤 놀이 기구에 탈 수 있는 사람의 키 $x$ cm는 130 cm 초과이다. _____

  (2) 한 개에 200원인 사탕 8개와 한 개에 500원인 젤리 $x$개의 가격은 3000원 미만이다.

    _____

  (3) 무게가 5 kg인 바구니에 2 kg짜리 멜론 $x$통을 담으면 전체 무게는 60 kg을 넘지 않는다.

    _____

**4** $x$의 값이 $-2$, $-1$, 0, 1, 2일 때, 부등식 $2x+1>3$의 해를 구하려고 한다. 다음 표를 완성하고, □ 안에 알맞은 수를 쓰시오.

| $x$ | 좌변 | 부등호 | 우변 | 참, 거짓 |
|---|---|---|---|---|
| $-2$ | $2\times(-2)+1=-3$ | $<$ | 3 | 거짓 |
| $-1$ | | | | |
| $0$ | | | | |
| $1$ | | | | |
| $2$ | | | | |

⇨ 부등식 $2x+1>3$을 참이 되게 하는 $x$의 값은 □이므로 부등식의 해는 □이다.

**5** $x$의 값이 다음과 같을 때, 각 부등식의 해를 구하시오.

(1) $x$의 값이 $-2$, $-1$, 0, 1일 때, $-x<2$

    _____

(2) $x$의 값이 $-2$, $-1$, 0, 1일 때, $3-x\geq4$

    _____

(3) $x$의 값이 $-7$, $-6$, $-5$, $-4$일 때, $-\dfrac{x}{5}>1$

    _____

(4) $x$의 값이 $-1$, 0, 1, 2일 때, $2-x>x$

    _____

## 유형 2 부등식의 성질

부등식의
(1) 양변에 같은 수를 더하거나 양변에서 같은 수를 빼어도 부등호의 방향은 바뀌지 않는다.
(2) 양변에 같은 양수를 곱하거나 양변을 같은 양수로 나누어도 부등호의 방향은 바뀌지 않는다.
(3) 양변에 같은 음수를 곱하거나 양변을 같은 음수로 나누면 부등호의 방향이 바뀐다.

예 부등식 $6 < 8$에서
(1) $6+2 < 8+2$
 $6-2 < 8-2$
(2) $6 \times 2 < 8 \times 2$
 $6 \div 2 < 8 \div 2$
(3) $6 \times (-2) > 8 \times (-2)$
 $6 \div (-2) > 8 \div (-2)$

**1** $a < b$일 때, 다음 ☐ 안에 알맞은 부등호를 쓰시오.

(1) $a+c$ ☐ $b+c$,  $a-c$ ☐ $b-c$

(2) $c > 0$이면 $ac$ ☐ $bc$,  $\dfrac{a}{c}$ ☐ $\dfrac{b}{c}$

(3) $c < 0$이면 $ac$ ☐ $bc$,  $\dfrac{a}{c}$ ☐ $\dfrac{b}{c}$

**2** $a > b$일 때, 다음 ☐ 안에 알맞은 부등호를 쓰시오.

(1) $a+7$ ☐ $b+7$

(2) $a-1$ ☐ $b-1$

(3) $6a$ ☐ $6b$

(4) $\dfrac{a}{4}$ ☐ $\dfrac{b}{4}$

(5) $-9a$ ☐ $-9b$

(6) $-\dfrac{a}{8}$ ☐ $-\dfrac{b}{8}$

**3** 다음 ☐ 안에 알맞은 부등호를 쓰시오.

(1) $a+8 > b+8$이면  $a$ ☐ $b$

(2) $a-\dfrac{1}{2} < b-\dfrac{1}{2}$이면 $a$ ☐ $b$

(3) $7a \geq 7b$이면  $a$ ☐ $b$

(4) $\dfrac{a}{10} < \dfrac{b}{10}$이면  $a$ ☐ $b$

(5) $-5a \leq -5b$이면  $a$ ☐ $b$

(6) $-\dfrac{a}{2} > -\dfrac{b}{2}$이면  $a$ ☐ $b$

**4** 다음 ☐ 안에 알맞은 부등호를 쓰시오.

(1) $-3a+2 > -3b+2$이면 $-3a$ ☐ $-3b$
  ∴ $a$ ☐ $b$

(2) $\dfrac{1}{8}a-4 < \dfrac{1}{8}b-4$이면 $\dfrac{1}{8}a$ ☐ $\dfrac{1}{8}b$
  ∴ $a$ ☐ $b$

(3) $10-a \geq 10-b$이면 $-a$ ☐ $-b$
  ∴ $a$ ☐ $b$

**5** $-1 < x \leq 4$일 때, 다음 식의 값의 범위를 구하시오.

(1) $2x+3$

⇨ $-1 < x \leq 4$의 각 변에 2를 곱하면
 ☐ $< 2x \leq$ ☐   … ㉠
 ㉠의 각 변에 3을 더하면
 ☐ $< 2x+3 \leq$ ☐

(2) $6x-5$ _____

(3) $-x+4$

⇨ $-1 < x \leq 4$의 각 변에 $-1$을 곱하면
 ☐ $> -x \geq$ ☐
 즉, ☐ $\leq -x <$ ☐   … ㉠
 ㉠의 각 변에 4를 더하면
 ☐ $\leq -x+4 <$ ☐

(4) $-2x+1$ _____

# 쌍둥이 기출문제

형광펜 들고 밑줄 좍~

**1** 다음 문장을 부등식으로 나타내면?

> $x$의 5배에서 7을 뺀 값은 20보다 크지 않다.

① $5x-7<20$ ② $5x-7\leq20$
③ $5x-7\geq20$ ④ $5(x-7)<20$
⑤ $5(x-7)\geq20$

**2** 다음 중 문장을 부등식으로 바르게 나타낸 것은?

① $x$보다 3만큼 큰 수는 5보다 작다. ⇨ $3x<5$
② $x$의 2배에 3을 더하면 23 이상이다.
  ⇨ $2x+3\leq23$
③ $x$세인 동생의 나이와 동생보다 3세가 더 많은 내 나이의 합은 25세보다 많다.
  ⇨ $x+(x+3)>25$
④ 몸무게가 50 kg인 사람이 몸무게가 $x$ kg인 아기를 안고 무게를 측정하면 60 kg 미만이다.
  ⇨ $50+x\leq60$
⑤ 연속하는 두 자연수 $x$, $x+1$의 합은 21 이하이다.
  ⇨ $x+(x+1)<21$

**3** 다음 부등식 중 $x=2$일 때, 참인 것은?

① $x+16\geq19$ ② $x+1>2x+1$
③ $2x+1\geq6$ ④ $5-3x<x-2$
⑤ $3x-1>2x+1$

**4** 다음 중 [ ] 안의 수가 주어진 부등식의 해가 <u>아닌</u> 것을 모두 고르면? (정답 2개)

① $x\leq3x$ [$-3$] ② $x+1>2$ [5]
③ $2x-1\leq4$ [0] ④ $3x>2x+1$ [$-1$]
⑤ $-3x+4\geq-2$ [2]

**5** $x$의 값이 $-1$, 0, 1, 2, 3일 때, 부등식 $3x-4<5$의 해는?

① $-1$, 0, 1, 2, 3 ② $-1$, 0, 1, 2
③ $-1$, 0, 1 ④ 0, 1, 2, 3
⑤ 1, 2, 3

**6** $x$의 값이 1, 2, 3, 4, 5일 때, 부등식 $3x-1\geq2(x+1)$을 참이 되게 하는 모든 $x$의 값의 합은?

① 5 ② 6 ③ 9
④ 12 ⑤ 14

**쌍둥이 04**

**7** $a < b$일 때, 다음 중 옳지 <u>않은</u> 것은?

① $a - 5 < b - 5$　　② $\dfrac{a}{6} < \dfrac{b}{6}$

③ $-a > -b$　　④ $5a - 3 < 5b - 3$

⑤ $1 - \dfrac{2}{7}a < 1 - \dfrac{2}{7}b$

**8** 다음 중 옳은 것을 모두 고르면? (정답 2개)

① $a > b$이면 $a - 3 < b - 3$

② $a < b$이면 $-3a + 1 < -3b + 1$

③ $a > b$이면 $\dfrac{a}{4} - 1 > \dfrac{b}{4} - 1$

④ $a < b$이면 $-\dfrac{2}{5}a < -\dfrac{2}{5}b$

⑤ $a > b$이면 $\dfrac{a+6}{10} > \dfrac{b+6}{10}$

**쌍둥이 05**

**9** $1 - 2a > 1 - 2b$일 때, 다음 중 옳은 것을 모두 고르면? (정답 2개)

① $a > b$　　② $-\dfrac{a}{2} > -\dfrac{b}{2}$

③ $2 + 3a > 2 + 3b$　　④ $-2 + a > -2 + b$

⑤ $-5a - 3 > -5b - 3$

**10** 다음 중 옳지 <u>않은</u> 것은?

① $a + 7 > b + 7$이면 $a > b$

② $-3a < -3b$이면 $a > b$

③ $\dfrac{a}{4} < \dfrac{b}{4}$이면 $a < b$

④ $2a - 3 > 2b - 3$이면 $a > b$

⑤ $-\dfrac{a}{3} + \dfrac{1}{2} > -\dfrac{b}{3} + \dfrac{1}{2}$이면 $a > b$

**쌍둥이 06**

**11** (서술형) $1 \leq x < 4$일 때, $3x - 5$의 값의 범위는 $a \leq 3x - 5 < b$이다. 이때 상수 $a$, $b$에 대하여 $a + b$의 값을 구하시오.

| 풀이 과정 |

| 답 |

**12** $-4 < x \leq 10$이고 $A = -2x + 4$일 때, $A$의 값의 범위는?

① $-12 \leq A < 2$　　② $-12 < A \leq -2$

③ $-2 \leq A < 12$　　④ $2 < A \leq 12$

⑤ $2 \leq A < 12$

3. 일차부등식

# 2 일차부등식의 풀이

개념편 53~54쪽

### 유형 3  일차부등식과 그 풀이

(1) **일차부등식**: 부등식의 모든 항을 좌변으로 이항하여 정리한 식이

$$(\text{일차식})<0, \ (\text{일차식})>0, \ (\text{일차식})\leq0, \ (\text{일차식})\geq0$$

중 어느 하나의 꼴로 나타나는 부등식

(2) **일차부등식의 풀이**

$$4x<2x-6$$

❶ 일차항은 좌변으로, 상수항은 우변으로 이항한다.

$$4x-2x<-6$$

❷ 양변을 정리하여 $ax<b$, $ax>b$, $ax\leq b$, $ax\geq b$ ($a\neq0$) 중 어느 하나의 꼴로 고친다.

$$2x<-6$$

❸ 양변을 $x$의 계수 $a$로 나누어 $x<(\text{수})$, $x>(\text{수})$, $x\leq(\text{수})$, $x\geq(\text{수})$ 중 어느 하나의 꼴로 나타낸다.

$$\therefore \ x<-3$$

이때 $a<0$이면 부등호의 방향이 바뀐다.

(3) **부등식의 해를 수직선 위에 나타내기**

① $x<a$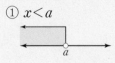

② $x>a$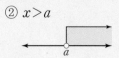

③ $x\leq a$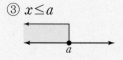

④ $x\geq a$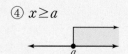

---

**1** 다음 중 일차부등식인 것은 ○표, 일차부등식이 <u>아닌</u> 것은 ×표를 (    ) 안에 쓰시오.

(1) $3<5$ (        )

(2) $x-2\geq x+2$ (        )

(3) $x+1\geq2x-4$ (        )

(4) $x^2>x+1$ (        )

(5) $2x(1-x)\leq-2x^2$ (        )

(6) $\dfrac{2}{x}+3>-1$ (        )

(7) $\dfrac{x}{2}>0$ (        )

**2** 다음은 일차부등식 $x+12\geq3x+2$를 푸는 과정이다. ☐ 안에 알맞은 것을 쓰시오.

$$x+12\geq3x+2$$

일차항은 좌변으로, 상수항은 우변으로 이항한다.

$$x-\boxed{\phantom{0}}\geq2-\boxed{\phantom{0}}$$

양변을 정리한다.

$$\boxed{\phantom{0}}\geq\boxed{\phantom{0}}$$

양변을 $x$의 계수로 나눈다.

$$\therefore \ x\leq\boxed{\phantom{0}}$$

이 해를 수직선 위에 나타내면 오른쪽 그림과 같다.

☐

**3** 다음 일차부등식을 풀고, 그 해를 주어진 수직선 위에 나타내시오.

(1) $x+2>6$ ＿＿＿＿, ←――――→

(2) $2x>x-5$ ＿＿＿＿, ←――――→

(3) $x\geq7x+12$ ＿＿＿＿, ←――――→

(4) $x+1>-x+3$ ＿＿＿＿, ←――――→

(5) $-2-4x\geq7-x$ ＿＿＿＿, ←――――→

(6) $7-3x<x-5$ ＿＿＿＿, ←――――→

(7) $4+2x>3x+4$ ＿＿＿＿, ←――――→

(8) $3x-9\leq-x-17$ ＿＿＿＿, ←――――→

## 유형 **4** 여러 가지 일차부등식의 풀이

개념편 55쪽

(1) **괄호가 있는 경우**: 분배법칙을 이용하여 괄호를 풀고, 식을 간단히 하여 푼다.

예 $3x-4<2(x-5)$ $\xrightarrow{\text{괄호를 푼다.}}$ $3x-4<2x-10$ $\xrightarrow{\text{해를 구한다.}}$ $x<-6$

(2) **계수가 소수인 경우**: 양변에 10의 거듭제곱을 적당히 곱하여 계수를 정수로 고쳐서 푼다.

예 $0.3x-1>0.2$ $\xrightarrow[\text{10을 곱한다.}]{\text{양변에}}$ $3x-10>2$ $\xrightarrow{\text{해를 구한다.}}$ $x>4$

(3) **계수가 분수인 경우**: 양변에 분모의 최소공배수를 곱하여 계수를 정수로 고쳐서 푼다.

예 $\frac{1}{3}x+1\geq\frac{1}{2}x$ $\xrightarrow[\text{6을 곱한다.}]{\text{양변에 분모의 최소공배수}}$ $2x+6\geq3x$ $\xrightarrow{\text{해를 구한다.}}$ $x\leq6$

**[1~3]** 다음 일차부등식을 푸시오.

**1** (1) $3(1-x)+5x\leq7$

> ⇨ 분배법칙을 이용하여 괄호를 풀면
> $3-\square x+5x\leq7$
> $\square x\leq4$
> $\therefore x\leq\square$

(2) $5-2(3-x)<8$ _____

(3) $2x-8<-(x+2)$ _____

(4) $7-3x\geq2(x-3)$ _____

(5) $-2(2x+1)>3(x-6)-5$ _____

**2** (1) $0.5x-2.8\leq0.1x-1.2$

> ⇨ $0.5x-2.8\leq0.1x-1.2$의 양변에
> $\square$을(를) 곱하면
> $\square x-28\leq x-\square$
> $\square x\leq16$
> $\therefore x\leq\square$

(2) $0.4x-0.6\geq0.7x$ _____

(3) $0.7x<10-0.3x$ _____

(4) $0.01x>0.1x+0.18$ _____

(5) $0.3(x+4)<0.6-1.2x$ _____

**3** (1) $\frac{3}{2}-\frac{3}{4}x\geq\frac{3}{4}x+6$

> ⇨ $\frac{3}{2}-\frac{3}{4}x\geq\frac{3}{4}x+6$의 양변에
> 분모의 최소공배수인 $\square$을(를) 곱하면
> $6-\square x\geq3x+\square$
> $\square x\geq18$
> $\therefore x\leq\square$

(2) $\frac{2x-1}{9}>1$ _____

(3) $\frac{x+3}{8}<\frac{x-1}{4}$ _____

(4) $\frac{x-2}{3}-\frac{3}{2}x\geq\frac{5}{6}$ _____

(5) $\frac{3x-7}{5}>1+\frac{x-1}{2}$ _____

## 한 걸음 더 연습 〔유형 3~4〕

**1** 아래 설명과 같은 방법을 이용하여 $a<0$일 때, 다음 $x$에 대한 일차부등식을 푸시오.

> $a<0$일 때, $x$에 대한 일차부등식 $ax-1>0$은 다음과 같이 푼다.
>
> $\Rightarrow ax-1>0$ ─ 일차항은 좌변으로, 상수항은 우변으로 이항한다.
> $ax>1$
> $\therefore x<\dfrac{1}{a}$ ─ 양변을 $x$의 계수 $a$로 나눈다.

(1) $ax+1>0$ _____

(2) $ax<2a$ _____

(3) $a(x-3)>4a$ _____

**2** 다음 $x$에 대한 일차부등식을 푸시오.

(1) $a>0$일 때, $6-ax<-1$ _____

(2) $a<0$일 때, $2-ax\leq6$ _____

**3** 아래 설명과 같은 방법을 이용하여 다음을 구하시오.

> 일차부등식 $-2x+a<10$의 해가 $x>-2$일 때, 상수 $a$의 값은 다음과 같이 구한다.
>
> $\Rightarrow -2x+a<10$에서
> $-2x<10-a \qquad \therefore x>-\dfrac{10-a}{2}$
> 이때 주어진 부등식의 해가 $x>-2$이므로
> $-\dfrac{10-a}{2}=-2,\ 10-a=4 \qquad \therefore a=6$

(1) 일차부등식 $1>a-3x$의 해가 $x>2$일 때, 상수 $a$의 값 _____

(2) 일차부등식 $-x+7<3x+a$의 해가 $x>3$일 때, 상수 $a$의 값 _____

(3) 일차부등식 $\dfrac{-2x+a}{3}>2$의 해가 $x<-2$일 때, 상수 $a$의 값 _____

**4** 다음 두 일차부등식의 해가 서로 같을 때, 물음에 답하시오. (단, $a$는 상수)

> $-5x-a>6, \qquad 0.3x+2<1.1$

(1) $0.3x+2<1.1$의 해를 구하시오. _____

(2) $a$의 값을 구하시오. _____

**쌍둥이 기출문제**

● 정답과 해설 36쪽

🖊 형광펜 들고 밑줄 쫙~

**쌍둥이 01**

**1** 다음 보기 중 일차부등식을 모두 고르시오.

> ┌ 보기 ┐
> ㄱ. $2x-1 \leq 2$         ㄴ. $x-3=4$
> ㄷ. $\dfrac{2}{x}<3$         ㄹ. $3x+1$
> ㅁ. $x<-2$         ㅂ. $x^2+1>2x$

**2** 다음 중 일차부등식인 것은?

① $x+2<5+x$         ② $4x=5-2x$

③ $2x^2+1 \geq 7$         ④ $3+5 \geq 6$

⑤ $x+2 \leq -3x-5$

**쌍둥이 02**

**3** 다음 일차부등식 중 해가 나머지 넷과 <u>다른</u> 하나는?

① $-4x<12$         ② $4x>x-9$

③ $11>-7-6x$         ④ $3x+8<-x+20$

⑤ $x-1<4x+8$

**4** 다음 일차부등식 중 해가 $x<-2$인 것은?

① $3-x<-1$         ② $2x-7>-11$

③ $2x-10>7x$         ④ $3+6x<-1-2x$

⑤ $5x+6>7x-2$

**쌍둥이 03**

**5** 다음 중 일차부등식 $7x-1 \geq 5x+3$의 해를 수직선 위에 바르게 나타낸 것은?

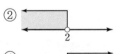

**6** 다음 일차부등식 중 해를 수직선 위에 나타냈을 때, 오른쪽 그림과 같은 것은?

① $4x-3<-9$         ② $-2x+3>5$

③ $x-9>-x-3$         ④ $x+2<3x+4$

⑤ $-3x+4<-x-1$

**쌍둥이 04**

**7** 다음은 일차부등식 $2x-1 \geq 3(x-1)$을 푸는 과정이다. 이때 ㉠~㉢ 중 처음으로 틀린 곳은?

> $2x-1 \geq 3(x-1)$에서
> 괄호를 풀면 $2x-1 \geq 3x-3$ ··· ㉠
> 이항하면 $2x-3x \geq -3+1$ ··· ㉡
> 정리하면 $-x \geq -2$ ··· ㉢
> 양변에 $-1$을 곱하면 $x \leq 2$ ··· ㉣
> 이 해를 수직선 위에 나타내면 다음 그림과 같다.
>
>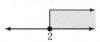
>
>  ··· ㉤

① ㉠  ② ㉡  ③ ㉢

④ ㉣  ⑤ ㉤

**8** 다음 일차부등식을 풀면?

> $$-2(3x+6) > 3(x-1)+9$$

① $x < -2$  ② $x > -2$  ③ $x > -\dfrac{2}{3}$

④ $x < -\dfrac{2}{3}$  ⑤ $x > 2$

**쌍둥이 05**

**9** 다음 일차부등식을 푸시오.

> $$0.4x+0.5 \geq 0.3x$$

**10** 일차부등식 $x-1.4 < 0.5x+0.6$을 풀면?

① $x < -5$  ② $x > -5$  ③ $x > -4$

④ $x < 4$  ⑤ $x > 4$

**쌍둥이 06**

**11** 일차부등식 $\dfrac{1}{4}x - \dfrac{1}{2} \geq \dfrac{3}{8}x+1$을 풀면?

① $x \leq -12$  ② $x \geq -12$  ③ $x \leq -3$

④ $x \leq 12$  ⑤ $x \geq 12$

**12** 서술형 일차부등식 $\dfrac{x}{2} - \dfrac{x+4}{3} < \dfrac{1}{6}$을 만족시키는 $x$의 값 중 가장 큰 정수를 구하시오.

**풀이 과정**

**답**

**쌍둥이 07**

**13** $a<0$일 때, $x$에 대한 일차부등식 $-\dfrac{x}{a}>1$의 해는?

① $x<-a$    ② $x>-a$    ③ $x<a$

④ $x>a$    ⑤ $x<-\dfrac{1}{a}$

**14** $a<0$일 때, $x$에 대한 일차부등식 $ax+a\geq0$을 푸시오.

**쌍둥이 08**

**15** 일차부등식 $-3x+5>a$의 해가 $x<-1$일 때, 상수 $a$의 값을 구하시오.

서술형

풀이 과정

답

**16** 일차부등식 $2x-a<-x+1$의 해를 수직선 위에 나타내면 다음 그림과 같을 때, 상수 $a$의 값을 구하시오.

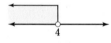

**쌍둥이 09**

**17** 두 일차부등식

$$4x-2\leq9x-12,\ 2x-a\geq7$$

의 해가 서로 같을 때, 상수 $a$의 값은?

① $-5$    ② $-4$    ③ $-3$

④ $-2$    ⑤ $-1$

**18** 다음 두 일차부등식의 해가 서로 같을 때, 상수 $a$의 값을 구하시오.

$$-x-3<x+7,\qquad 6x-a>3x+2$$

# 3. 일차부등식
## 3. 일차부등식

# 일차부등식의 활용

**유형 5** **일차부등식의 활용**

어떤 자연수의 3배에서 6을 빼면 /9보다/ 작을 때, 어떤 자연수 중 가장 큰 수 구하기

| ❶ 미지수 정하기 | 어떤 자연수를 $x$라고 하자. |
|---|---|
| ❷ 일차부등식 세우기 | 어떤 자연수의 3배에서 6을 빼면 $3x-6$<br>이 수가 9보다 작으므로 $3x-6<9$ |
| ❸ 일차부등식 풀기 | $3x-6<9$에서 $3x<15$  ∴ $x<5$<br>따라서 어떤 자연수 중 가장 큰 수는 4이다. |
| ❹ 확인하기 | $x=4$일 때, $3\times4-6<9$(참)이고,<br>$x=5$일 때, $3\times5-6=9$(거짓)이므로<br>가장 큰 수가 4이면 문제의 뜻에 맞는다. |

▶**수에 대한 문제**
연속하는 세 자연수(정수)
⇨ 세 수를 $x-1$, $x$, $x+1$로
놓는다.

**1** 연속하는 어떤 세 자연수의 합이 100보다 크다고 한다. 이를 만족시키는 세 자연수 중에서 가장 작은 세 자연수를 구하려고 할 때, 다음 물음에 답하시오.

(1) 연속하는 세 자연수 중 가운데 수를 $x$라고 할 때, 일차부등식을 세우시오.

_____

(2) 일차부등식을 푸시오.

_____

(3) 조건을 만족시키는 가장 작은 세 자연수를 구하시오.

_____

▶**도형에 대한 문제**
도형의 둘레의 길이 또는 넓이
가 $a$ 이상일 때
⇨ $\left(\begin{array}{c}\text{도형의 둘레의}\\\text{길이 또는 넓이}\end{array}\right)\geq a$

**2** 오른쪽 그림과 같이 아랫변의 길이가 8 cm이고 높이가 5 cm인 사다리꼴의 넓이가 30 cm² 이상일 때, 윗변의 길이는 최소 몇 cm인지 구하려고 한다. 다음 물음에 답하시오.

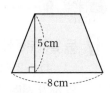

(1) 윗변의 길이를 $x$ cm라고 할 때, 일차부등식을 세우시오.

_____

(2) 일차부등식을 푸시오.

_____

(3) 윗변의 길이는 최소 몇 cm인지 구하시오.

_____

**최대 개수에 대한 문제**
물건을 $x$개 산다고 하면
⇨ (물건 $x$개의 가격)+(포장비)
　□ (이용 가능 금액)
　┗ 이하이면 ≤,
　　 미만이면 <

**3** 수미는 한 개에 800원인 도넛을 여러 개 사서 2500원짜리 선물 상자 하나에 넣어 친구에게 선물하려고 한다. 전체 비용이 22500원 이하가 되게 하려면 도넛은 최대 몇 개까지 살 수 있는지 구하려고 할 때, 다음 물음에 답하시오.

(1) 도넛을 $x$개 산다고 할 때, 일차부등식을 세우시오. ＿＿＿＿＿＿＿＿＿

(2) 일차부등식을 푸시오. ＿＿＿＿＿＿＿＿＿

(3) 도넛은 최대 몇 개까지 살 수 있는지 구하시오. ＿＿＿＿＿＿＿＿＿

**유리한 방법을 선택하는 문제**
'유리하다'는 것은 전체 비용이 더 적게 든다는 뜻이므로 등호가 포함된 부등호 ≤, ≥는 사용하지 않는다.

**4** 동네 문구점에서 1100원에 판매하는 공책을 할인 매장에서는 900원에 판매하고 있다. 할인 매장에 다녀오려면 왕복 2200원의 교통비가 든다고 할 때, 공책을 몇 권 이상 사는 경우에 할인 매장에서 사는 것이 유리한지 구하려고 한다. 다음 물음에 답하시오.

(1) 공책을 $x$권 산다고 할 때, 일차부등식을 세우시오. ＿＿＿＿＿＿＿＿＿

(2) 일차부등식을 푸시오. ＿＿＿＿＿＿＿＿＿

(3) 공책을 몇 권 이상 사는 경우에 할인 매장에서 사는 것이 유리한지 구하시오.

＿＿＿＿＿＿＿＿＿

**거리, 속력, 시간에 대한 문제**
• (시간)= $\dfrac{(거리)}{(속력)}$

• (갈 때 걸린 시간)
　＋(올 때 걸린 시간)
　≤(주어진 시간)

**5** 등산을 하는데 올라갈 때는 시속 3 km로 걷고, 내려올 때는 같은 길을 시속 4 km로 걸어서 4시간 이내에 등산을 마치려고 한다. 최대 몇 km 떨어진 지점까지 올라갔다 내려올 수 있는지 구하려고 할 때, 다음 물음에 답하시오.

(1) $x$ km 떨어진 지점까지 올라갔다 내려온다고 할 때, 다음 표를 완성하고 이를 이용하여 일차부등식을 세우시오.

| | 올라갈 때 | 내려올 때 | 전체 |
|---|---|---|---|
| 거리 | $x$ km | $x$ km | — |
| 속력 | | | — |
| 시간 | | | 4시간 이내 |

＿＿＿＿＿＿＿＿＿

(2) 일차부등식을 푸시오. ＿＿＿＿＿＿＿＿＿

(3) 최대 몇 km 떨어진 지점까지 올라갔다 내려올 수 있는지 구하시오.

＿＿＿＿＿＿＿＿＿

## 한 걸음 🕒 연습

**1** 한 개에 500원인 초콜릿과 한 개에 400원인 사탕을 합하여 30개를 사는 데 13000원 이하로 지출하려고 한다. 살 수 있는 초콜릿의 최대 개수를 구하려고 할 때, 다음 물음에 답하시오.

(1) 초콜릿을 $x$개 산다고 할 때, 다음 표를 완성하고 이를 이용하여 일차부등식을 세우시오.

| | 초콜릿 | 사탕 |
|---|---|---|
| 개수 | $x$개 | |
| 가격 | $500x$원 | |

_____

(2) 일차부등식을 푸시오. _____

(3) 초콜릿은 최대 몇 개까지 살 수 있는지 구하시오.

_____

**2** 현재 형과 동생의 저금통에는 각각 8000원, 4000원이 저금되어 있다. 다음 달부터 매달 형은 300원씩, 동생은 1000원씩 저금한다면 동생의 저금액이 형의 저금액보다 많아지는 것은 몇 개월 후부터인지 구하려고 한다. 다음 물음에 답하시오.

(1) $x$개월 후부터 동생의 저금액이 형의 저금액보다 많아진다고 할 때, 일차부등식을 세우시오.

_____

(2) 일차부등식을 푸시오. _____

(3) 동생의 저금액이 형의 저금액보다 많아지는 것은 몇 개월 후부터인지 구하시오.

_____

**3** $a$명 이상의 단체는 입장료를 $p\,\%$ 할인해 줄 때
$$(a명의 단체 입장료)=(1명의 입장료)\times\left(1-\frac{p}{100}\right)\times a(원)$$

어느 전시회의 입장료는 한 사람당 1000원인데 30명 이상의 단체는 20 %를 할인해 준다고 한다. 이 전시회에 30명 미만의 단체가 입장할 때, 몇 명 이상부터 30명의 단체 입장권을 사는 것이 유리한지 구하려고 한다. 다음 물음에 답하시오. (단, 30명 미만이어도 30명의 단체 입장권을 살 수 있다.)

(1) 전시회에 $x$명이 입장한다고 할 때, 일차부등식을 세우시오. _____

(2) 일차부등식을 푸시오. _____

(3) 몇 명 이상부터 30명의 단체 입장권을 사는 것이 유리한지 구하시오. _____

**4** 세호가 집에서 10 km 떨어진 도서관에 가는데 처음에는 자전거를 타고 시속 6 km로 가다가 도중에 시속 2 km로 걸어서 2시간 이내에 도서관에 도착하였다. 자전거를 타고 간 최소 거리를 구하려고 할 때, 다음 물음에 답하시오.

(1) 자전거를 타고 간 거리를 $x$ km라고 할 때, 다음 표를 완성하고 이를 이용하여 일차부등식을 세우시오.

| | 자전거로 갈 때 | 걸어갈 때 | 전체 |
|---|---|---|---|
| 거리 | $x$ km | | 10 km |
| 속력 | 시속 6 km | | — |
| 시간 | $\dfrac{x}{6}$시간 | | 2시간 이내 |

_____

(2) 일차부등식을 푸시오. _____

(3) 자전거를 타고 간 거리는 최소 몇 km인지 구하시오. _____

✏️ 형광펜 들고 밑줄 쫙~

**쌍둥이 01**

**1** 예지는 중간고사에서 국어 72점, 영어 85점을 받았다. 수학을 포함한 세 과목의 평균 점수가 80점 이상이 되려면 수학 점수는 몇 점 이상이어야 하는가?

① 77점　　② 79점　　③ 81점
④ 83점　　⑤ 85점

**2** 정국이는 세 번의 과학 시험에서 78점, 86점, 92점을 받았다. 네 번에 걸친 과학 시험의 평균 점수가 87점 이상이 되려면 네 번째 과학 시험에서 몇 점 이상을 받아야 하는지 구하시오.

**쌍둥이 02**

**3** 오른쪽 그림과 같이 밑변의 길이가 16 cm이고, 높이가 $h$ cm인 삼각형의 넓이가 32 cm² 이상일 때, $h$의 값의 범위는?

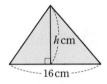

① $h \geq 4$　　② $h \geq 5$　　③ $h \geq \dfrac{16}{3}$
④ $0 < h \leq 4$　　⑤ $0 < h \leq 5$

**4** 가로의 길이가 6 cm인 직사각형의 둘레의 길이가 30 cm 이하가 되게 하려고 할 때, 세로의 길이는 몇 cm 이하가 되어야 하는지 구하시오.

**쌍둥이 03**

**5** 한 자루에 500원인 펜과 한 자루에 300원인 연필을 합하여 15자루를 사는데 전체 가격을 5300원 미만이 되게 하려고 한다. 펜을 $x$자루 산다고 할 때, 다음 중 옳지 <u>않은</u> 것은?

① 연필은 $(15-x)$자루를 사게 된다.
② 펜 전체의 가격은 $500x$원이다.
③ 연필 전체의 가격은 $(4500-300x)$원이다.
④ 부등식을 세우면 $500x+300(15-x)<5300$이다.
⑤ 펜은 최대 4자루까지 살 수 있다.

**6** 한 개에 800원인 사과와 한 개에 500원인 귤을 합하여 40개를 사는데 전체 가격을 25000원 이하가 되게 하려면 사과는 최대 몇 개까지 살 수 있는가?

① 10개　　② 12개　　③ 14개
④ 16개　　⑤ 18개

**기출문제**

쌍둥이 **04**

**7** 사진 한 장당 출력 요금이 동네 사진관에서는 200원, 인터넷 사진관에서는 160원이고, 인터넷 사진관에서 출력하면 2500원의 배송비가 든다고 한다. 최소 몇 장의 사진을 출력하는 경우에 인터넷 사진관을 이용하는 것이 유리한지 구하시오.

**8** 다음 표는 어느 인터넷 쇼핑몰의 연회비와 회원 및 비회원의 1회 주문당 배송비를 나타낸 것이다. 1년에 몇 회 이상 주문해야 회원 가입을 하는 것이 유리한지 구하시오.

| 구분 | 회원 | 비회원 |
|---|---|---|
| 연회비 | 10000원 | – |
| 1회 배송비 | 1500원 | 3000원 |

쌍둥이 **05**

**9** 상미가 걷기 운동을 하는데 갈 때는 시속 6 km로 걷고, 올 때는 같은 길을 시속 3 km로 걸어서 3시간 이내에 운동을 마치려고 한다. 이때 상미는 최대 몇 km 떨어진 지점까지 갔다 올 수 있는가?

① 4 km    ② 5 km    ③ 6 km
④ 7 km    ⑤ 8 km

**10** <sub>서술형</sub> 병호가 등산을 하는데 오전 10시에 출발하여 오후 2시 이내에 등산을 끝내려고 한다. 올라갈 때는 시속 4 km로 걷고, 내려올 때는 같은 길을 시속 5 km로 걷는다면 최대 몇 km 떨어진 지점까지 올라갔다 내려올 수 있는지 구하시오.

> 풀이 과정

> 답

쌍둥이 **06**

**11** 버스 터미널에서 버스가 출발하기 전까지 50분의 여유가 있어서 근처의 상점에 가서 물건을 사 오려고 한다. 걷는 속력은 시속 5 km로 일정하고, 물건을 사는 데 10분이 걸린다면 버스 터미널에서 최대 몇 km 떨어진 곳에 있는 상점까지 다녀올 수 있는지 구하시오.

**12** 역에서 기차가 출발하기 전까지 1시간 10분의 여유가 있어서 이 시간 동안 서점에 가서 책을 사 오려고 한다. 책을 사는 데 20분이 걸리고, 시속 3 km로 걸어서 다녀온다면 역에서 최대 몇 km 떨어져 있는 서점을 이용할 수 있는지 구하시오.

**1** 다음 중 문장을 부등식으로 바르게 나타낸 것을 모두 고르면? (정답 2개)     ▶ 부등식으로 나타내기

① $x$에 3을 더하면 1보다 크다. ⇨ $x+3<1$

② 한 개에 $x$원인 핫도그 3개의 가격은 4000원 이하이다. ⇨ $3x<4000$

③ $x$ km의 거리를 시속 50 km로 가면 소요 시간이 1시간을 넘지 않는다. ⇨ $\dfrac{x}{50}\leq1$

④ 현재 $x$세인 동생의 15년 후의 나이는 현재 나이의 2배보다 많다.

    ⇨ $x+15>2x$

⑤ 무게가 0.8 kg인 물병 $x$개를 200 g인 상자에 담았더니 전체 무게가 3 kg 미만이었다.

    ⇨ $0.8x+200<3$

**2** $x$의 값이 6 이하의 자연수일 때, 부등식 $2x+7\geq13$의 해의 개수는?     ▶ 부등식의 해

① 2개        ② 3개        ③ 4개

④ 5개        ⑤ 6개

**3** 다음 중 □ 안에 들어갈 부등호의 방향이 나머지 넷과 다른 하나는?     ▶ 부등식의 성질

① $-\dfrac{a}{2}>-\dfrac{b}{2}$이면 $a \,\square\, b$        ② $2a+3<2b+3$이면 $a \,\square\, b$

③ $a>b$이면 $-a+\dfrac{3}{2} \,\square\, -b+\dfrac{3}{2}$        ④ $-\dfrac{a}{3}+4<-\dfrac{b}{3}+4$이면 $a \,\square\, b$

⑤ $a<b$이면 $\dfrac{a-2}{5} \,\square\, \dfrac{b-2}{5}$

**4** 다음 중 일차부등식이 <u>아닌</u> 것은?     ▶ 일차부등식

① $\dfrac{x}{4}>0$        ② $3x-4\geq x+1$        ③ $9-x\leq x+1$

④ $2x-7<2(x-3)$        ⑤ $x(x-3)>x^2$

**5** 다음 중 일차부등식 $8x+2 \leq 5x-7$의 해를 수직선 위에 바르게 나타낸 것은?

▶ 일차부등식의 풀이

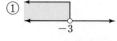 

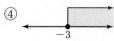

**6** 일차부등식 $0.4x - \dfrac{x-1}{5} > \dfrac{1}{4}$의 해 중 가장 작은 정수를 구하시오.

▶ 여러 가지 일차부등식의 풀이

**7** $a<0$일 때, $x$에 대한 일차부등식 $ax+1 < 2(ax+1)$의 해는?

▶ 계수가 문자인 일차부등식의 풀이

① $x < -\dfrac{1}{a}$ ② $x > -\dfrac{1}{a}$ ③ $x < -a$

④ $x < \dfrac{1}{a}$ ⑤ $x > \dfrac{1}{a}$

**8** 일차부등식 $6(x+1)-3 \geq 5x+a$의 해가 $x \geq 3$일 때, 상수 $a$의 값은?

▶ 일차부등식의 해가 주어질 때, 상수의 값 구하기

① 2 ② 3 ③ 4

④ 5 ⑤ 6

**9** 다음 두 일차부등식의 해가 서로 같을 때, 상수 $a$의 값을 구하시오.

$$9-x>3(x-1), \qquad 5(x-2)<2a-x$$

▶ 두 일차부등식의 해가 서로 같을 때, 상수의 값 구하기

서술형

**10** 광수가 승강기를 이용하여 한 개에 $10 \, \text{kg}$인 상자를 옮기려고 한다. 이 승강기는 한 번에 $600 \, \text{kg}$까지 운반할 수 있고, 광수의 몸무게는 $45 \, \text{kg}$이라고 할 때, 광수가 승강기를 타고 한 번에 상자를 최대 몇 개까지 운반할 수 있는지 구하시오.

풀이 과정

답

▶ 일차부등식의 활용 - 최대 개수에 대한 문제

**11** 현재 정우는 $6000$원, 은비는 $10000$원이 저금통에 들어 있다. 다음 달부터 매달 정우는 $1400$원씩, 은비는 $500$원씩 저금한다면 정우의 저금액이 은비의 저금액의 2배보다 많아지는 것은 몇 개월 후부터인지 구하시오.

▶ 일차부등식의 활용 - 예금액에 대한 문제

**12** 유리네가 집에 공기청정기를 들여놓으려고 한다. 공기청정기를 살 경우에는 $54$만 원의 구입 비용과 매달 $10000$원의 유지비가 들고, 공기청정기를 대여 업체에서 빌리는 경우에는 매달 $25000$원의 대여비가 든다고 한다. 공기청정기를 몇 개월 이상 사용해야 사는 것이 유리한지 구하시오.

▶ 일차부등식의 활용 - 유리한 방법을 선택하는 문제

# 4 연립일차방정식

• 정답과 해설 42쪽

## 4. 연립일차방정식

# 1 미지수가 2개인 일차방정식

개념편 70~71쪽

**유형 1** 미지수가 2개인 일차방정식과 그 해

(1) 미지수가 2개인 일차방정식

미지수가 2개이고, 그 차수가 모두 1인 방정식

➡ $ax+by+c=0$ ($a$, $b$, $c$는 상수, $a\neq0$, $b\neq0$)

<u>미지수 $x$, $y$의 2개이고, $x$, $y$의 차수가 모두 1이다.</u>

[예] $3x+y-2=0$, $5x+2y=4$, $2x+1=y$

(2) 미지수가 2개인 일차방정식의 해(근)

미지수가 $x$, $y$의 2개인 일차방정식을 참이 되게 하는 $x$, $y$의 값 또는 순서쌍 $(x, y)$

[예] $x$, $y$의 값이 자연수일 때, 일차방정식 $x+y=4$의 해

➡ $(1, 3)$, $(2, 2)$, $(3, 1)$

---

**1** 다음 중 미지수가 2개인 일차방정식인 것은 ○표, 미지수가 2개인 일차방정식이 <u>아닌</u> 것은 ×표를 ( ) 안에 쓰시오.

(1) $4y-2x$       (   )

(2) $3x-5=y$      (   )

(3) $\dfrac{2}{x}=10+5y$     (   )

(4) $x^2+y=6$      (   )

(5) $x+4y=3x-4y$    (   )

(6) $2x+y-3=2x-y$   (   )

(7) $10x-4=0$      (   )

(8) $y-5=-2(x+1)$   (   )

**2** 다음을 미지수가 2개인 일차방정식으로 나타내시오.

(1) 두 정수 $x$와 $y$의 합은 15이다.

   _____

(2) $x$세인 준호의 나이는 $y$세인 진영이의 나이보다 4세가 더 많다.  _____

(3) 성인의 입장료가 1000원이고, 청소년의 입장료가 800원인 어느 고궁에서 성인 $x$명과 청소년 $y$명이 지불한 입장료는 총 11600원이다.

   _____

---

**3** 다음 일차방정식 중 $(3, 5)$가 해인 것은 ○표, 해가 <u>아닌</u> 것은 ×표를 ( ) 안에 쓰시오.

(1) $x-2y=7$      (   )

(2) $y=2x-1$      (   )

(3) $3x-2y+1=0$    (   )

**4** 다음 일차방정식에 대하여 표를 완성하고, $x$, $y$의 값이 자연수일 때 일차방정식을 푸시오.

(1) $x+2y=9$

| $x$ | 1 | 2 | 3 | 4 | 5 | 6 | 7 | 8 | 9 |
|-----|---|---|---|---|---|---|---|---|---|
| $y$ |   |   |   |   |   |   |   |   |   |

⇨ 해: _____

(2) $2x+3y=24$

| $x$ |   |   |   |   |   |   |   |   |
|-----|---|---|---|---|---|---|---|---|
| $y$ | 1 | 2 | 3 | 4 | 5 | 6 | 7 | 8 |

⇨ 해: _____

주어진 해를 일차방정식의 $x$, $y$에 각각 대입해 보자.

**5** 다음 일차방정식의 한 해가 주어진 순서쌍과 같을 때, 상수 $k$의 값을 구하시오.

(1) $x+2y-6=0$   $(4, k)$   ⇨ $k=$____

(2) $5x-3y-k=0$   $(1, -2)$   ⇨ $k=$____

(3) $kx+y=10$   $(-2, 4)$   ⇨ $k=$____

# 2

**4. 연립일차방정식**

# 미지수가 2개인 연립일차방정식

개념편 73쪽

**유형 2** 미지수가 2개인 연립일차방정식과 그 해

(1) 미지수가 2개인 연립일차방정식 (또는 연립방정식)

미지수가 2개인 두 일차방정식을 한 쌍으로 묶어 나타낸 것  예 $\begin{cases} x+y=5 \\ 2x+y=8 \end{cases}$, $\begin{cases} y=2x-4 \\ x-y=1 \end{cases}$

(2) 연립방정식의 해: 두 일차방정식의 공통의 해

예 $x$, $y$의 값이 자연수일 때, 연립방정식 $\begin{cases} x+3y=10 & \cdots ㉠ \\ x-2=y & \cdots ㉡ \end{cases}$ 에서

㉠의 해: (1, 3), (4, 2), (7, 1)

㉡의 해: (3, 1), (4, 2), (5, 3), …

➡ 연립방정식의 해: (4, 2)

---

**1** $x$, $y$의 값이 자연수일 때, 연립방정식

$\begin{cases} x+y=6 & \cdots ㉠ \\ 2x+y=7 & \cdots ㉡ \end{cases}$ 을 풀려고 한다. 다음 물음에 답하시오.

(1) 다음 표를 완성하고, 그 해를 순서쌍 $(x, y)$로 나타내시오.

㉠
| $x$ | 1 | 2 | 3 | 4 | 5 | 6 |
|---|---|---|---|---|---|---|
| $y$ | | | | | | |

⇨ 해: _____

㉡
| $x$ | 1 | 2 | 3 | 4 |
|---|---|---|---|---|
| $y$ | | | | |

⇨ 해: _____

(2) 연립방정식의 해를 구하시오. _____

**2** $x$, $y$의 값이 자연수일 때, 연립방정식

$\begin{cases} 2x+y=11 & \cdots ㉠ \\ x+3y=13 & \cdots ㉡ \end{cases}$ 을 풀려고 한다. 다음 물음에 답하시오.

(1) ㉠의 해를 순서쌍 $(x, y)$로 나타내시오.

_____

(2) ㉡의 해를 순서쌍 $(x, y)$로 나타내시오.

_____

(3) 연립방정식의 해를 구하시오. _____

---

**3** 다음 연립방정식 중 (1, 2)가 해인 것은 ○표, 해가 아닌 것은 ×표를 ( ) 안에 쓰시오.

(1) $\begin{cases} x+y=3 \\ 2x-3y=-4 \end{cases}$  ( )

(2) $\begin{cases} x+3y=7 \\ 2x+y=5 \end{cases}$  ( )

(3) $\begin{cases} 3x-y=1 \\ x-2y=-3 \end{cases}$  ( )

**4** 다음 연립방정식의 해가 주어진 순서쌍과 같을 때, 상수 $a$, $b$의 값을 각각 구하시오.

(1) $\begin{cases} ax-y=3 & \cdots ㉠ \\ 5x+by=1 & \cdots ㉡ \end{cases}$  $(1, -1)$

⇨ $x=\square$, $y=\square$을(를) ㉠에 대입하면

$a \times \square - (\square) = 3$  ∴ $a=\square$

$x=\square$, $y=\square$을(를) ㉡에 대입하면

$5 \times \square + b \times (\square) = 1$  ∴ $b=\square$

(2) $\begin{cases} x+ay=4 \\ bx-2y=4 \end{cases}$  $(-2, 1)$  _____

(3) $\begin{cases} x-y=a \\ bx+3y=-1 \end{cases}$  $(1, -4)$  _____

# 쌍둥이 기출문제

형광펜 들고 밑줄 좍~

**쌍둥이 01**

**1** 다음 중 미지수가 2개인 일차방정식은?

① $y+3+\dfrac{1}{x}=1$　　② $x-3y+2$

③ $2x-y+4=0$　　④ $5x-3=5$

⑤ $x=y(y+1)$

**2** 다음 중 미지수가 2개인 일차방정식이 <u>아닌</u> 것은?

① $x+y=10$　　② $4x+3y=2$

③ $x^2+y=x(x+3)$　　④ $x(x+1)+y=y$

⑤ $2y^2+y=2y^2+x+2$

**쌍둥이 02**

**3** 다음 중 일차방정식 $x-2y=3$을 만족시키는 $x$, $y$의 값의 순서쌍이 <u>아닌</u> 것은?

① $(-3, -3)$　② $(-1, -2)$　③ $(3, 0)$

④ $\left(4, \dfrac{1}{2}\right)$　　⑤ $(5, -1)$

**4** 다음 일차방정식 중 $(-1, 2)$가 해가 되는 것은?

① $x+y=-1$　　② $x-3y=7$

③ $x+5y=9$　　④ $2x+y=4$

⑤ $3x-2y=-1$

**쌍둥이 03**

**5** $x$, $y$의 값이 자연수일 때, 일차방정식 $x+3y=11$의 해를 순서쌍 $(x, y)$로 나타내시오.

**6** $x$, $y$의 값이 자연수일 때, 일차방정식 $2x+y=12$의 해의 개수를 구하시오.

**쌍둥이 04**

**7** 일차방정식 $x+ay=-7$의 한 해가 $(-1, 3)$일 때, 상수 $a$의 값은?

① $-2$　　　② $-1$　　　③ $0$

④ $1$　　　⑤ $2$

**8** 일차방정식 $ax+y=13$의 한 해가 $x=2$, $y=10$이다. $y=7$일 때, $x$의 값을 구하시오. (단, $a$는 상수)

서술형

풀이 과정

답

**쌍둥이 05**

**9** 일차방정식 $2x+y-10=0$의 한 해가 $x=4$, $y=a$ 일 때, $a$의 값을 구하시오.

**10** 일차방정식 $3x-5y=21$의 한 해가 $(-2a, 3a)$일 때, $a$의 값을 구하시오.

**쌍둥이 06**

**11** 다음 연립방정식 중 $x=1$, $y=-2$가 해인 것은?

① $\begin{cases} x-2y=2 \\ 3x-2y=2 \end{cases}$  ② $\begin{cases} 4x-y=2 \\ 3x-2y=7 \end{cases}$

③ $\begin{cases} 2x+3y=-4 \\ x+y=3 \end{cases}$  ④ $\begin{cases} 3x+y=1 \\ x-y=3 \end{cases}$

⑤ $\begin{cases} 4x+y=2 \\ x-2y=4 \end{cases}$

**12** 다음 연립방정식 중 해가 $(-1, 4)$인 것은?

① $\begin{cases} 2x-3y=-11 \\ x-y=-5 \end{cases}$  ② $\begin{cases} x+3y=10 \\ 2x-3y=14 \end{cases}$

③ $\begin{cases} 5x+y=-1 \\ 2x+y=2 \end{cases}$  ④ $\begin{cases} 2x+y=2 \\ 6x+y=-10 \end{cases}$

⑤ $\begin{cases} x+y=3 \\ 5x-2y=3 \end{cases}$

**쌍둥이 07**

**13** 연립방정식 $\begin{cases} x+ay=5 \\ bx-2y=3 \end{cases}$의 해가 $(1, 2)$일 때, 상수 $a$, $b$에 대하여 $a+b$의 값은?

① 5  ② 6  ③ 7
④ 8  ⑤ 9

**14** 연립방정식 $\begin{cases} x+ay=4 \\ 2x+by=13 \end{cases}$의 해가 $x=-1$, $y=5$일 때, 상수 $a$, $b$에 대하여 $ab$의 값을 구하시오.

서술형

풀이 과정

답

**쌍둥이 08**

**15** 연립방정식 $\begin{cases} 3x+y=4 \\ x-ay=10 \end{cases}$의 해가 $(b, 1)$일 때, $b-a$의 값을 구하시오. (단, $a$는 상수)

**16** 연립방정식 $\begin{cases} x-2y=1 \\ ax+y=7 \end{cases}$의 해가 $x=-3$, $y=b$일 때, $a+b$의 값을 구하시오. (단, $a$는 상수)

## 3 연립방정식의 풀이

4. 연립일차방정식

개념편 75쪽

### 유형 3  연립방정식의 풀이 - 대입법

(1) 대입법: 한 일차방정식을 다른 일차방정식에 대입하여 연립방정식을 푸는 방법

(2) 연립방정식 $\begin{cases} x+y=4 & \cdots \text{㉠} \\ 2x-3y=-2 & \cdots \text{㉡} \end{cases}$ 를 대입법으로 푸는 과정은 다음과 같다.

| ❶ 한 일차방정식을 한 미지수에 대한 식으로 나타내기 | ❷ ❶의 식을 다른 일차방정식에 대입하여 해 구하기 | ❸ ❷의 해를 ❶의 식에 대입하여 다른 미지수의 값 구하기 |
|---|---|---|
| ㉠에서 $y$를 $x$에 대한 식으로 나타내면 $y=-x+4 \quad \cdots \text{㉢}$ | ㉢을 ㉡에 대입하면 $2x-3(-x+4)=-2$ $5x=10 \quad \therefore x=2$ | $x=2$를 ㉢에 대입하면 $y=2$ 따라서 연립방정식의 해는 $x=2,\ y=2$ |

**1** 다음은 연립방정식 $\begin{cases} x=3y+9 & \cdots \text{㉠} \\ 3x+4y=1 & \cdots \text{㉡} \end{cases}$ 을 대입법으로 푸는 과정이다. □ 안에 알맞은 것을 쓰시오.

㉠을 ㉡에 대입하면
$3(\boxed{\phantom{xxx}})+4y=1 \quad \therefore y=\boxed{\phantom{x}}$
$y=\boxed{\phantom{x}}$을(를) ㉠에 대입하면 $x=\boxed{\phantom{x}}$
따라서 연립방정식의 해는 $x=\boxed{\phantom{x}},\ y=\boxed{\phantom{x}}$이다.

**2** 다음은 연립방정식 $\begin{cases} x+6y=10 & \cdots \text{㉠} \\ 3x-5y=7 & \cdots \text{㉡} \end{cases}$ 을 대입법으로 푸는 과정이다. □ 안에 알맞은 것을 쓰시오.

㉠에서 $x$를 $y$에 대한 식으로 나타내면
$x=\boxed{\phantom{xxx}} \quad \cdots \text{㉢}$
㉢을 ㉡에 대입하면
$3(\boxed{\phantom{xxx}})-5y=7 \quad \therefore y=\boxed{\phantom{x}}$
$y=\boxed{\phantom{x}}$을(를) ㉢에 대입하면 $x=\boxed{\phantom{x}}$
따라서 연립방정식의 해는 $x=\boxed{\phantom{x}},\ y=\boxed{\phantom{x}}$이다.

**3** 다음 연립방정식을 대입법으로 푸시오.

(1) $\begin{cases} x=y-3 \\ x-3y=-5 \end{cases}$

(2) $\begin{cases} 3x-2y=5 \\ y=2x+3 \end{cases}$

(3) $\begin{cases} x-3y=6 \\ 3x+4y=5 \end{cases}$

(4) $\begin{cases} 2x-3y=4 \\ 4x-y=8 \end{cases}$

(5) $\begin{cases} y=x+2 \\ y=3x-2 \end{cases}$

(6) $\begin{cases} x=2y+5 \\ x=5y-1 \end{cases}$

(7) $\begin{cases} 2x=3y-1 \\ 2x=11-y \end{cases}$

(8) $\begin{cases} 3y=2x-1 \\ 3y=5-x \end{cases}$

## 유형 4 연립방정식의 풀이 - 가감법

개념편 76쪽

(1) **가감법**: 두 일차방정식을 변끼리 더하거나 빼어서 연립방정식을 푸는 방법

(2) 연립방정식 $\begin{cases} x+y=4 & \cdots \ \bigcirc \\ 2x-3y=-2 & \cdots \ \bigcirc \end{cases}$ 를 가감법으로 푸는 과정은 다음과 같다.

| ❶ 적당한 수를 곱하여 한 미지수의 계수의 절댓값을 같게 만들기 | ❷ 두 식을 변끼리 더하거나 빼어서 한 미지수를 없앤 후 일차방정식 풀기 | ❸ ❷의 해를 한 일차방정식에 대입하여 다른 미지수의 값 구하기 |
|---|---|---|
| $y$의 계수의 절댓값이 같아지도록 $\bigcirc \times 3$을 하면 $3x+3y=12 \quad \cdots \ \bigcirc$ | $\bigcirc, \bigcirc$을 변끼리 더하면 $\begin{array}{r} 2x-3y=-2 \\ +) \ 3x+3y=12 \\ \hline 5x \quad\quad =10 \end{array}$ $\therefore \ x=2$ | $x=2$를 $\bigcirc$에 대입하면 $2+y=4 \quad \therefore \ y=2$ 따라서 연립방정식의 해는 $x=2, y=2$ |

**1** 다음은 연립방정식 $\begin{cases} x-4y=-9 & \cdots \ \bigcirc \\ x-2y=-3 & \cdots \ \bigcirc \end{cases}$ 을 가감법으로 푸는 과정이다. ☐ 안에 알맞은 것을 쓰시오.

> $x$의 계수의 절댓값이 같으므로
> $x$를 없애기 위해 $\bigcirc, \bigcirc$을 변끼리 ☐.
> $\begin{array}{r} x-4y=-9 \\ ☐) \ x-2y=-3 \\ \hline ☐y=-6 \end{array} \quad \therefore \ y=☐$
> $y=☐$을(를) $\bigcirc$에 대입하면 $x=☐$
> 따라서 연립방정식의 해는 $x=☐, \ y=☐$이다.

**2** 다음은 연립방정식 $\begin{cases} 3x+2y=10 & \cdots \ \bigcirc \\ 4x-3y=2 & \cdots \ \bigcirc \end{cases}$ 를 가감법으로 푸는 과정이다. ☐ 안에 알맞은 것을 쓰시오.

> $y$를 없애기 위해 $y$의 계수의 절댓값이 같아지도록
> $\bigcirc \times 3$, $\bigcirc \times ☐$을(를) 한 후 변끼리 ☐.
> $\begin{array}{r} 9x+6y=30 \\ ☐) \ 8x-6y=4 \\ \hline ☐x \quad\quad =34 \end{array} \quad \therefore \ x=☐$
> $x=☐$을(를) $\bigcirc$에 대입하면 $y=☐$
> 따라서 연립방정식의 해는 $x=☐, \ y=☐$이다.

**3** 다음 연립방정식을 가감법으로 푸시오.

(1) $\begin{cases} x+3y=-5 \\ x-y=3 \end{cases}$ _____

(2) $\begin{cases} x+2y=2 \\ 3x-2y=-6 \end{cases}$ _____

(3) $\begin{cases} 4x-5y=-10 \\ -3x+5y=0 \end{cases}$ _____

(4) $\begin{cases} x-y=-1 \\ 2x+3y=3 \end{cases}$ _____

(5) $\begin{cases} 9x-4y=-5 \\ x+2y=-3 \end{cases}$ _____

(6) $\begin{cases} x-y=1 \\ 2x+5y=16 \end{cases}$ _____

(7) $\begin{cases} 5x-3y=12 \\ 3x+2y=-8 \end{cases}$ _____

(8) $\begin{cases} 5x+7y=4 \\ 3x+4y=2 \end{cases}$ _____

## 유형 5 여러 가지 연립방정식의 풀이

개념편 78쪽

(1) 괄호가 있는 경우: 분배법칙을 이용하여 괄호를 풀고, 식을 간단히 하여 푼다.

예 $\begin{cases} 4x-2(x+y)=6 \\ 3(x-y)+4y=27 \end{cases}$ $\xrightarrow[\text{식을 간단히 하기}]{\text{괄호를 풀고}}$ $\begin{cases} x-y=3 \\ 3x+y=27 \end{cases}$

(2) 계수가 소수인 경우: 양변에 10의 거듭제곱을 적당히 곱하여 계수를 정수로 고쳐서 푼다.

예 $\begin{cases} 0.3x-0.2y=2 & \cdots ㉠ \\ 0.08x+0.01y=2 & \cdots ㉡ \end{cases}$ $\xrightarrow[\text{㉡의 양변에 100을 곱하기}]{\text{㉠의 양변에 10을 곱하기}}$ $\begin{cases} 3x-2y=20 \\ 8x+y=200 \end{cases}$

(3) 계수가 분수인 경우: 양변에 분모의 최소공배수를 곱하여 계수를 정수로 고쳐서 푼다.

예 $\begin{cases} \dfrac{x}{2}-\dfrac{y}{3}=1 & \cdots ㉠ \\ \dfrac{x}{3}-\dfrac{y}{4}=\dfrac{2}{3} & \cdots ㉡ \end{cases}$ $\xrightarrow[\text{㉡의 양변에 12를 곱하기}]{\text{㉠의 양변에 6을 곱하기}}$ $\begin{cases} 3x-2y=6 \\ 4x-3y=8 \end{cases}$

**[1~4]** 다음 연립방정식을 푸시오.

**1** (1) $\begin{cases} 2x+y=8 \\ 3x-2(x-3y)=15 \end{cases}$ $\Rightarrow$ $\begin{cases} 2x+y=8 \\ x+\square y=15 \end{cases}$

$\Rightarrow$ $x=\square$, $y=\square$

(2) $\begin{cases} 3(x-y)+2y=6 \\ 2x-(x-y)=-2 \end{cases}$ _____

(3) $\begin{cases} y=2(x+1)+1 \\ 3(x+y)-4y=-1 \end{cases}$ _____

양변에 같은 수를 곱할 때는 모든 항에 빠짐없이 곱해야 해!

**2** (1) $\begin{cases} 0.2x+0.4y=0.6 \\ 0.2x-0.1y=-0.4 \end{cases}$ $\Rightarrow$ $\begin{cases} \square x+\square y=6 \\ \square x-y=-4 \end{cases}$

$\Rightarrow$ $x=\square$, $y=\square$

(2) $\begin{cases} 0.3x-0.4y=0.4 \\ 0.2x+0.3y=1.4 \end{cases}$ _____

(3) $\begin{cases} x+0.4y=1.2 \\ 0.2x-0.3y=1 \end{cases}$ _____

**3** (1) $\begin{cases} \dfrac{x}{3}+\dfrac{y}{4}=\dfrac{7}{6} \\ \dfrac{x}{2}-\dfrac{y}{3}=\dfrac{1}{3} \end{cases}$ $\Rightarrow$ $\begin{cases} \square x+\square y=14 \\ \square x-\square y=2 \end{cases}$

$\Rightarrow$ $x=\square$, $y=\square$

(2) $\begin{cases} \dfrac{1}{3}x-\dfrac{1}{5}y=-\dfrac{1}{15} \\ 2x-\dfrac{1}{2}y=1 \end{cases}$ _____

(3) $\begin{cases} \dfrac{6x-5}{7}=\dfrac{1}{2}y \\ -\dfrac{1}{4}x+\dfrac{1}{8}y=-\dfrac{1}{6} \end{cases}$ _____

**4** (1) $\begin{cases} 0.1x+0.4y=0.7 \\ \dfrac{1}{2}x-\dfrac{2}{3}y=\dfrac{1}{6} \end{cases}$ $\Rightarrow$ $\begin{cases} x+\square y=\square \\ \square x-\square y=1 \end{cases}$

$\Rightarrow$ $x=\square$, $y=\square$

(2) $\begin{cases} 0.4(x+y)+0.2y=-0.9 \\ \dfrac{1}{3}x+\dfrac{2}{5}y=-\dfrac{4}{5} \end{cases}$ _____

## 유형 6  $A=B=C$ 꼴의 방정식의 풀이 / 해가 특수한 연립방정식의 풀이

개념편 **79~80** 쪽

(1) $A=B=C$ 꼴의 방정식의 풀이: $\begin{cases} A=B \\ A=C \end{cases}$, $\begin{cases} A=B \\ B=C \end{cases}$, $\begin{cases} A=C \\ B=C \end{cases}$ 중 가장 간단한 것을 선택하여 푼다.

예 방정식 $2x+3x=4x+y=10$은 $\begin{cases} 2x+3y=4x+y \\ 2x+3y=10 \end{cases}$, $\begin{cases} 2x+3y=4x+y \\ 4x+y=10 \end{cases}$, $\begin{cases} 2x+3y=10 \\ 4x+y=10 \end{cases}$ 의 세 연립방정식 중 가장 간단한 것을 선택하여 푼다.

(2) 해가 특수한 연립방정식의 풀이

| 연립방정식의 해가 무수히 많다. | 연립방정식의 해가 없다. |
|---|---|
| 어느 한 일차방정식의 양변에 적당한 수를 곱했을 때, $x$, $y$의 계수와 상수항이 각각 같다. | 어느 한 일차방정식의 양변에 적당한 수를 곱했을 때, $x$, $y$의 계수는 각각 같고 상수항은 다르다. |
| $\Rightarrow \begin{cases} x+2y=3 & \cdots ㉠ \\ 2x+4y=6 & \cdots ㉡ \end{cases}$ $\xrightarrow[\text{㉠×2를 하면}]{x의 계수가 같아지도록} \begin{cases} 2x+4y=6 \\ 2x+4y=6 \end{cases}$ | $\begin{cases} x+2y=2 & \cdots ㉠ \\ 2x+4y=6 & \cdots ㉡ \end{cases}$ $\xrightarrow[\text{㉠×2를 하면}]{x의 계수가 같아지도록} \begin{cases} 2x+4y=4 \\ 2x+4y=6 \end{cases}$ |

**1** 방정식 $x-y=x+2y=6$에 대하여 다음 물음에 답하시오.

(1) 해가 모두 같은 세 연립방정식을 세우면 다음 ①, ②, ③과 같을 때, ☐ 안에 알맞은 것을 쓰시오.

① $\begin{cases} x-y=\boxed{\phantom{xx}} \\ x-y=6 \end{cases}$ ← $\begin{cases} A=B \\ A=C \end{cases}$ 꼴

② $\begin{cases} x-y=x+2y \\ x+2y=\boxed{\phantom{x}} \end{cases}$ ← $\begin{cases} A=B \\ B=C \end{cases}$ 꼴

③ $\begin{cases} x-y=6 \\ \boxed{\phantom{xxx}}=6 \end{cases}$ ← $\begin{cases} A=C \\ B=C \end{cases}$ 꼴

(2) 연립방정식의 해를 구하시오. _____

> $A=B=$(상수) 꼴의 연립방정식은 $\begin{cases} A=\text{(상수)} \\ B=\text{(상수)} \end{cases}$ 꼴로 고쳐서 푸는 것이 가장 간단해!

**2** 다음 방정식을 푸시오.

(1) $3x+2y=-3x-y=1$ _____

(2) $4(x+2y)=-x+3y=2x-y-7$ _____

(3) $\dfrac{x+2y+3}{4}=\dfrac{x-y}{2}=3$ _____

**3** 다음 연립방정식을 푸시오.

(1) $\begin{cases} 5x+10y=-15 \\ x+2y=-3 \end{cases}$ _____

(2) $\begin{cases} 3x+2y=5 \\ 6x+4y=10 \end{cases}$ _____

(3) $\begin{cases} x+y=1 \\ x+y=3 \end{cases}$ _____

(4) $\begin{cases} x-y=-2 \\ -2x+2y=-4 \end{cases}$ _____

**4** 다음은 연립방정식 $\begin{cases} 3x-y=4 & \cdots ㉠ \\ ax+3y=-12 & \cdots ㉡ \end{cases}$ 의 해가 무수히 많을 때, 상수 $a$의 값을 구하는 과정이다. ☐ 안에 알맞은 수를 쓰시오.

> $y$의 계수가 같아지도록 ㉠×$(-3)$을 하면
> $\boxed{\phantom{xx}}x+3y=\boxed{\phantom{xx}}$ $\cdots ㉢$
> 이때 연립방정식의 해가 무수히 많으므로
> ㉡과 ㉢에서 $a=\boxed{\phantom{xx}}$

# 쌍둥이 기출문제

형광펜 들고 밑줄 쫙~

쌍둥이 01

**1** 다음은 연립방정식 $\begin{cases} x=3y+2 & \cdots \ \text{㉠} \\ 2x-y=3 & \cdots \ \text{㉡} \end{cases}$ 을 대입법으로 푸는 과정이다. □ 안에 알맞은 것을 쓰시오.

㉠을 ㉡에 대입하면

$2(\boxed{\phantom{xxxx}})-y=3 \qquad \therefore \ y=\boxed{\phantom{x}}$

$y=\boxed{\phantom{x}}$ 을(를) ㉠에 대입하면

$x=3\times\left(\boxed{\phantom{x}}\right)+2=\boxed{\phantom{x}}$

따라서 연립방정식의 해는 $x=\boxed{\phantom{x}}$, $y=\boxed{\phantom{x}}$ 이다.

**2** 연립방정식 $\begin{cases} x=2y+4 & \cdots \ \text{㉠} \\ 5x-3y=6 & \cdots \ \text{㉡} \end{cases}$ 을 풀기 위해 ㉠을 ㉡에 대입하여 $x$를 없앴더니 $ay=-14$가 되었다. 이때 상수 $a$의 값을 구하시오.

쌍둥이 02

**3** 연립방정식 $\begin{cases} 3x-2y=9 & \cdots \ \text{㉠} \\ 4x+3y=12 & \cdots \ \text{㉡} \end{cases}$ 을 가감법으로 풀 때, $y$를 없애기 위해 필요한 식은?

① ㉠×2−㉡          ② ㉠×3+㉡×2

③ ㉠×3−㉡×2       ④ ㉠×4+㉡×3

⑤ ㉠×4−㉡×3

**4** 연립방정식 $\begin{cases} 3x-4y=-2 & \cdots \ \text{㉠} \\ 5x+3y=16 & \cdots \ \text{㉡} \end{cases}$ 에서 가감법을 이용하여 $x$를 없애려고 한다. 이때 필요한 식은?

① ㉠×3−㉡×2          ② ㉠×3+㉡×4

③ ㉠×3−㉡×4          ④ ㉠×5+㉡×3

⑤ ㉠×5−㉡×3

쌍둥이 03

**5** 연립방정식 $\begin{cases} x+y=5 \\ x-y=3 \end{cases}$ 을 풀면?

① $x=1$, $y=1$          ② $x=1$, $y=4$

③ $x=2$, $y=2$          ④ $x=4$, $y=1$

⑤ $x=4$, $y=4$

**6** 연립방정식 $\begin{cases} 4x+y=2 \\ 7x+2y=5 \end{cases}$ 의 해가 $x=a$, $y=b$일 때, $a-b$의 값을 구하시오.

쌍둥이 04

**7** 연립방정식 $\begin{cases} x-y=6 \\ ax-3y=14 \end{cases}$ 의 해가 일차방정식 $2x+y=-3$을 만족시킬 때, 상수 $a$의 값을 구하시오.

**8** 연립방정식 $\begin{cases} x-2y=-1 \\ x-ay=3 \end{cases}$ 의 해가 일차방정식 $3x-4y=-7$을 만족시킬 때, 상수 $a$의 값을 구하시오.

**쌍둥이 05**

**9** 연립방정식 $\begin{cases} x-y=-1 \\ 2x+3y=9+a \end{cases}$ 를 만족시키는 $y$의 값이 $x$의 값의 2배일 때, 상수 $a$의 값을 구하시오.

**10** 연립방정식 $\begin{cases} 2x+y=21 \\ x+2y=a+8 \end{cases}$ 을 만족시키는 $x$의 값이 $y$의 값의 3배일 때, 상수 $a$의 값을 구하시오.

**쌍둥이 06**

**11** 두 연립방정식 $\begin{cases} 3x+y=-9 \\ x-2y=a \end{cases}$, $\begin{cases} bx+y=7 \\ 2x-3y=5 \end{cases}$ 의 해가 서로 같을 때, 상수 $a$, $b$에 대하여 $a+b$의 값을 구하시오.

**12** 두 연립방정식 $\begin{cases} 3x+2y=6 \\ ax-y=5 \end{cases}$, $\begin{cases} y=-2x+5 \\ 3x-by=9 \end{cases}$ 의 해가 서로 같을 때, 상수 $a$, $b$에 대하여 $2a+b$의 값을 구하시오.

**쌍둥이 07**

**13** 연립방정식 $\begin{cases} 2(x-y)+4y=7 \\ x+3(x-2y)=4 \end{cases}$ 를 푸시오.

**14** 다음 연립방정식을 푸시오.

$$\begin{cases} -3(x-2y)+1=-8x+8 \\ 2x-(x-3y)=y+3 \end{cases}$$

**쌍둥이 08**

**15** 연립방정식 $\begin{cases} \dfrac{1}{4}x+\dfrac{1}{3}y=\dfrac{1}{2} \\ 0.3x+0.2y=0.4 \end{cases}$ 를 풀면?

① $x=\dfrac{1}{2}$, $y=1$  
② $x=\dfrac{2}{3}$, $y=1$  
③ $x=\dfrac{2}{3}$, $y=2$  
④ $x=\dfrac{3}{2}$, $y=1$  
⑤ $x=\dfrac{3}{2}$, $y=2$

**16** 연립방정식 $\begin{cases} 0.3x-0.4y=1.1 \\ \dfrac{1}{2}x-\dfrac{1}{3}y=\dfrac{1}{6} \end{cases}$ 을 푸시오.

서술형

풀이 과정

답

쌍둥이 **기출문제**

쌍둥이 **09**

**17** 다음 방정식을 푸시오.

$$3x - y - 5 = 4x - 3y - 4 = x + 2y$$

**18** 방정식 $\dfrac{3x+y}{4} = 2x - y = 5$ 를 풀면?

① $x = -5, y = -5$　　② $x = -5, y = 5$

③ $x = 5, y = -5$　　④ $x = 5, y = 0$

⑤ $x = 5, y = 5$

쌍둥이 **10**

**19** 다음 연립방정식 중 해가 무수히 많은 것은?

① $\begin{cases} 2x + y = 7 \\ x + 2y = 8 \end{cases}$　　② $\begin{cases} x - y = -3 \\ 3x - 3y = -6 \end{cases}$

③ $\begin{cases} 3x - y = 5 \\ 2x + y = 6 \end{cases}$　　④ $\begin{cases} 2x + y = 8 \\ x - y = 4 \end{cases}$

⑤ $\begin{cases} x + 3y = 5 \\ 2x + 6y = 10 \end{cases}$

**20** 다음 연립방정식 중 해가 <u>없는</u> 것은?

① $\begin{cases} x - y = 2 \\ x - 5y = 10 \end{cases}$　　② $\begin{cases} x + 3y = 0 \\ 3x + y = 0 \end{cases}$

③ $\begin{cases} x + y = 1 \\ 2x + 2y = 2 \end{cases}$　　④ $\begin{cases} x - 2y = 1 \\ 3x - 4y = 5 \end{cases}$

⑤ $\begin{cases} x + 2y = 3 \\ 3x + 6y = 6 \end{cases}$

쌍둥이 **11**

**21** 연립방정식 $\begin{cases} ax + 2y = -10 \\ 2x + y = b \end{cases}$ 의 해가 무수히 많을 때, 상수 $a$, $b$의 값을 각각 구하시오.

**22** 연립방정식 $\begin{cases} -2x + ay = 1 \\ 6x - 3y = b \end{cases}$ 의 해가 무수히 많을 때, 상수 $a$, $b$에 대하여 $ab$의 값을 구하시오.

쌍둥이 **12**

**23** 연립방정식 $\begin{cases} x + 2y = 3 \\ ax + 4y = 5 \end{cases}$ 의 해가 없을 때, 상수 $a$의 값을 구하시오.

**24** 연립방정식 $\begin{cases} 3x - 2y = 6 \\ -12x + 8y = -4a \end{cases}$ 의 해가 없을 때, 다음 중 상수 $a$의 값이 될 수 <u>없는</u> 것은?

① 2　　② 4　　③ 6

④ 8　　⑤ 10

4. 연립일차방정식

# 연립방정식의 활용

## 유형 7  연립방정식의 활용 (1)

어떤 두 수의 차는 8이고 큰 수의 2배와 작은 수의 합은 52일 때, 두 수 구하기

| ❶ 미지수 정하기 | 큰 수를 $x$, 작은 수를 $y$라고 하면 |
|---|---|
| ❷ 연립방정식 세우기 | 두 수의 차는 8이므로 $x-y=8$<br>큰 수의 2배와 작은 수의 합은 52이므로 $2x+y=52$<br>연립방정식을 세우면 $\begin{cases} x-y=8 & \cdots \text{㉠} \\ 2x+y=52 & \cdots \text{㉡} \end{cases}$ |
| ❸ 연립방정식 풀기 | ㉠+㉡을 하면 $3x=60$  ∴ $x=20$<br>$x=20$을 ㉠에 대입하면 $20-y=8$  ∴ $y=12$<br>따라서 두 수는 20, 12이다. |
| ❹ 확인하기 | 두 수의 차는 $20-12=8$이고,<br>큰 수의 2배와 작은 수의 합은 $2\times20+12=52$이므로<br>두 수 20, 12는 문제의 뜻에 맞는다. |

▶수에 대한 문제

**1** 어떤 두 자연수의 합은 64이고, 차는 38이다. 두 자연수 중에서 큰 수를 구하려고 할 때, 다음 물음에 답하시오.

(1) 큰 수를 $x$, 작은 수를 $y$라고 할 때, 연립방정식을 세우시오. _____

(2) 연립방정식을 푸시오. _____

(3) 두 자연수 중에서 큰 수를 구하시오. _____

▶자릿수에 대한 문제
십의 자리의 숫자가 $x$, 일의 자리의 숫자가 $y$인 두 자리의 자연수를 $xy$로 나타내지 않도록 한다.

**2** 두 자리의 자연수가 있다. 각 자리의 숫자의 합은 13이고, 십의 자리의 숫자와 일의 자리의 숫자를 바꾼 수는 처음 수보다 27만큼 작다고 한다. 처음 수를 구하려고 할 때, 다음 물음에 답하시오.

(1) 처음 수의 십의 자리의 숫자를 $x$, 일의 자리의 숫자를 $y$라고 할 때, 다음 표를 완성하고 이를 이용하여 연립방정식을 세우시오.

| | 십의 자리의 숫자 | 일의 자리의 숫자 | 자연수 |
|---|---|---|---|
| 처음 수 | $x$ | $y$ | $10x+y$ |
| 바꾼 수 | | | |

(2) 연립방정식을 푸시오. _____

(3) 처음 수를 구하시오. _____

● 정답과 해설 50쪽

**▶ 개수, 가격에 대한 문제**
물건 A, B를 여러 개 살 때
· (A의 개수)+(B의 개수)
　=(전체 개수)
· (A의 전체 가격)
　　+(B의 전체 가격)
　=(지불한 금액)

**3** 어느 공원의 입장료가 어른은 500원, 학생은 300원이다. 이 공원에 어른과 학생을 합하여 15명이 입장하였더니 입장료가 총 5900원이었다. 이 공원에 입장한 어른과 학생 수를 각각 구하려고 할 때, 다음 물음에 답하시오.

(1) 공원에 입장한 어른의 수를 $x$명, 학생의 수를 $y$명이라고 할 때, 연립방정식을 세우시오.

_____

(2) 연립방정식을 푸시오.

_____

(3) 공원에 입장한 어른과 학생의 수를 각각 구하시오.

_____

**▶ 나이에 대한 문제**
현재 $x$세인 사람의
$a$년 전의 나이 ⇨ $(x-a)$세
$b$년 후의 나이 ⇨ $(x+b)$세

**4** 현재 아버지와 아들의 나이의 합은 46세이고, 16년 후에는 아버지의 나이가 아들의 나이의 2배가 된다고 한다. 현재 아버지와 아들의 나이를 각각 구하려고 할 때, 다음 물음에 답하시오.

(1) 현재 아버지의 나이를 $x$세, 아들의 나이를 $y$세라고 할 때, 연립방정식을 세우시오.

_____

(2) 연립방정식을 푸시오.

_____

(3) 현재 아버지와 아들의 나이를 각각 구하시오.

_____

**▶ 계단에 대한 문제**
계단을 올라가는 것을 +, 내려가는 것을 −로 생각하고, 연립방정식을 세운다.
⇨ 이기면 $a$계단을 올라가고 지면 $b$계단을 내려갈 때, $x$회 이기고 $y$회 진 사람의 위치는 $(ax-by)$계단

**5** 진우와 세희가 가위바위보를 하여 이긴 사람은 3계단씩 올라가고, 진 사람은 1계단씩 내려가기로 하였다. 얼마 후 진우는 처음 위치보다 20계단을, 세희는 처음 위치보다 4계단을 올라가 있었다. 진우가 이긴 횟수를 구하려고 할 때, 다음 물음에 답하시오.

(단, 비기는 경우는 없다.)

(1) 진우가 이긴 횟수를 $x$회, 진 횟수를 $y$회라고 할 때, 연립방정식을 세우시오.

_____

(2) 연립방정식을 푸시오.

_____

(3) 진우가 이긴 횟수를 구하시오.

_____

## 유형 **8** 연립방정식의 활용 (2) - 거리, 속력, 시간에 대한 문제

거리, 속력, 시간에 대한 문제는 다음 관계를 이용하여 연립방정식을 세운다.

$$(거리)=(속력)\times(시간), \quad (속력)=\frac{(거리)}{(시간)}, \quad (시간)=\frac{(거리)}{(속력)}$$

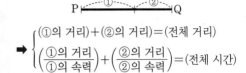

$$\Rightarrow \begin{cases} (①의\ 거리)+(②의\ 거리)=(전체\ 거리) \\ \left(\dfrac{①의\ 거리}{①의\ 속력}\right)+\left(\dfrac{②의\ 거리}{②의\ 속력}\right)=(전체\ 시간) \end{cases}$$

📘 A 지점에서 10 km 떨어진 C 지점까지 가는데 A 지점에서 B 지점까지는 시속 8 km로 뛰어가다가 B 지점에서 C 지점까지는 시속 4 km로 걸어서 총 2시간이 걸렸다.

➡ 뛰어간 거리를 $x$ km, 걸어간 거리를 $y$ km라고 할 때, 연립방정식을 세우면

$$\begin{cases} (뛰어간\ 거리)+(걸어간\ 거리)=(전체\ 거리) \\ (뛰어갈\ 때\ 걸린\ 시간)+(걸어갈\ 때\ 걸린\ 시간)=(전체\ 시간) \end{cases} 이므로 \begin{cases} x+y=10 \\ \dfrac{x}{8}+\dfrac{y}{4}=2 \end{cases}$$

▶각각의 단위가 다른 경우에는 방정식을 세우기 전에 단위를 통일해야 한다.

⇨ 1시간=60분,

1분=$\dfrac{1}{60}$시간

**1** 현우가 집에서 7 km 떨어진 박물관에 가는데 처음에는 시속 8 km로 자전거를 타고 가다가 도중에 시속 3 km로 걸어갔더니 총 1시간 30분이 걸렸다고 한다. 현우가 자전거를 타고 간 거리를 구하려고 할 때, 다음 물음에 답하시오.

(1) 자전거를 타고 간 거리를 $x$ km, 걸어간 거리를 $y$ km라고 할 때, 다음 표를 완성하고 이를 이용하여 연립방정식을 세우시오.

| | 자전거를 탈 때 | 걸어갈 때 | 전체 |
|---|---|---|---|
| 거리 | $x$ km | $y$ km | |
| 속력 | 시속 8 km | 시속 3 km | — |
| 시간 | | | |

_____

(2) 연립방정식을 푸시오.

_____

(3) 현우가 자전거를 타고 간 거리를 구하시오.

_____

▶(내려온 거리)
 =(올라간 거리)−4(km)

**2** 등산을 하는데 올라갈 때는 시속 3 km로 걷고, 내려올 때는 올라갈 때보다 4 km가 더 짧은 길을 시속 4 km로 걸어서 총 6시간이 걸렸다. 내려온 거리를 구하려고 할 때, 다음 물음에 답하시오.

(1) 올라간 거리를 $x$ km, 내려온 거리를 $y$ km라고 할 때, 다음 표를 완성하고 이를 이용하여 연립방정식을 세우시오.

| | 올라갈 때 | 내려올 때 | 전체 |
|---|---|---|---|
| 거리 | $x$ km | $y$ km | — |
| 속력 | 시속 3 km | 시속 4 km | — |
| 시간 | | | |

_____

(2) 연립방정식을 푸시오.

_____

(3) 내려온 거리를 구하시오.

_____

# 한 걸음 더 연습

**1** 합이 37인 두 자연수가 있다. 큰 수는 작은 수의 4배보다 2만큼 크다고 할 때, 다음 물음에 답하시오.

(1) 큰 수를 $x$, 작은 수를 $y$라고 할 때, 연립방정식을 세우시오. _____

(2) 연립방정식을 푸시오. _____

(3) 두 자연수를 구하시오. _____

**2** 가로의 길이가 세로의 길이보다 7 cm 더 긴 직사각형이 있다. 이 직사각형의 둘레의 길이가 42 cm일 때, 다음 물음에 답하시오.

(1) 가로의 길이를 $x$ cm, 세로의 길이를 $y$ cm라고 할 때, 연립방정식을 세우시오.
_____

(2) 연립방정식을 푸시오. _____

(3) 직사각형의 가로의 길이와 세로의 길이를 차례로 구하시오. _____

**3** 다음은 조선 시대 실학자 황윤석이 쓴 "이수신편"에 실려 있는 문제이다. 이 문제를 읽고, 물음에 답하시오.

> 닭과 토끼를 모두 합하면 100마리이고, 그 다리수를 세어 보니 272개이었다. 닭과 토끼는 각각몇 마리인가?

(1) 닭의 수를 $x$마리, 토끼의 수를 $y$마리라고 할 때, 연립방정식을 세우시오. _____

(2) 연립방정식을 푸시오. _____

(3) 닭의 수와 토끼의 수를 차례로 구하시오.

**4** 산책로 입구에서 지희가 출발한 지 15분 후에 민아가 같은 방향으로 출발하였다. 지희는 분속 40 m로, 민아는 분속 90 m로 걸었을 때, 두 사람이 다시 만나는 것은 민아가 출발한 지 몇 분 후인지 구하려고 한다. 다음 물음에 답하시오.

(1) 두 사람이 다시 만날 때까지 지희가 걸은 시간을 $x$분, 민아가 걸은 시간을 $y$분이라고 할 때, 다음 표를 완성하고 이를 이용하여 연립방정식을 세우시오.

|  | 지희 | 민아 |
|---|---|---|
| 시간 | $x$분 | $y$분 |
| 속력 | 분속 40 m | 분속 90 m |
| 거리 |  |  |

_____

(2) 연립방정식을 푸시오. _____

(3) 두 사람이 다시 만나는 것은 민아가 출발한 지 몇 분 후인지 구하시오. _____

**5** 둘레의 길이가 2.4 km인 호수의 둘레를 경수와 태호가 같은 지점에서 동시에 출발하여 서로 반대 방향으로 돌면 15분 후에 처음 만나고, 같은 방향으로 돌면 40분 후에 처음 만난다고 한다. 경수가 태호보다 빠르다고 할 때, 다음 물음에 답하시오.

(1) 경수의 속력을 분속 $x$ m, 태호의 속력을 분속 $y$ m라고 할 때, 연립방정식을 세우시오.

_____

(2) 연립방정식을 푸시오. _____

(3) 경수의 속력은 분속 몇 m인지 구하시오.

# 쌍둥이 기출문제

● 정답과 해설 52쪽

형광펜 들고 밑줄 좍~

**쌍둥이 01**

**1** 어떤 두 자연수의 합은 57이고, 작은 수의 3배에서 큰 수를 빼면 15이다. 이때 두 자연수 중에서 큰 수를 구하시오.

**2** 두 자리의 자연수가 있다. 십의 자리의 숫자는 일의 자리의 숫자의 2배이고, 십의 자리의 숫자와 일의 자리의 숫자를 바꾼 수는 처음 수의 2배보다 30만큼 작다고 한다. 이때 처음 수를 구하시오.

**쌍둥이 02**

**3** 400원짜리 연필과 600원짜리 색연필을 합하여 10자루를 사서 800원짜리 선물 상자에 넣어 포장하였더니 전체 금액이 5400원이었다. 이때 연필은 몇 자루를 샀는가?

① 3자루    ② 4자루    ③ 5자루
④ 6자루    ⑤ 7자루

**4** 과자 5봉지와 아이스크림 4개를 사면 11000원이고, 과자 4봉지와 아이스크림 2개를 사면 7000원이다. 이때 과자 한 봉지와 아이스크림 한 개의 가격을 각각 구하시오.

**쌍둥이 03**

**5** 민이는 객관식 문제는 3점, 주관식 문제는 5점인 영어 시험에서 20개를 맞혀 70점을 받았다. 민이가 맞힌 객관식 문제와 주관식 문제의 개수를 차례로 구하면?

① 5개, 15개    ② 9개, 11개
③ 10개, 10개   ④ 12개, 8개
⑤ 15개, 5개

**6** 정국이의 저금통에는 100원짜리 동전과 500원짜리 동전이 모두 합하여 20개가 들어 있고, 이들을 합한 금액은 5200원이라고 한다. 이때 100원짜리 동전의 개수와 500원짜리 동전의 개수를 각각 구하시오.

쌍둥이 기출문제

**쌍둥이 04**

**7** 현재 아버지와 아들의 나이의 합은 80세이고, 아버지의 나이는 아들의 나이의 3배이다. 현재 아버지의 나이를 구하시오.

**8** 현재 소희와 남동생의 나이의 차는 6세이다. 10년 후에는 소희의 나이가 남동생의 나이의 2배보다 13세가 적어진다고 한다. 현재 소희와 남동생의 나이를 차례로 구하면?

① 13세, 7세      ② 14세, 8세
③ 15세, 9세      ④ 16세, 10세
⑤ 17세, 11세

**쌍둥이 05**

**9** 세호와 은아가 가위바위보를 하여 이긴 사람은 2계단을 올라가고, 진 사람은 1계단을 내려가기로 하였다. 얼마 후 세호는 처음 위치보다 5계단을, 은아는 14계단을 올라가 있었다. 이때 세호가 이긴 횟수를 구하시오. (단, 비기는 경우는 없다.)

**10** 유미와 태희가 가위바위보를 하여 이긴 사람은 3계단씩 올라가고, 진 사람은 2계단씩 내려가기로 하였다. 얼마 후 유미는 처음 위치보다 18계단을 올라가 있었고, 태희는 처음 위치보다 2계단을 내려가 있었다. 이때 유미가 이긴 횟수를 구하시오.

서술형

(단, 비기는 경우는 없다.)

풀이 과정

답

**쌍둥이 06**

**11** 집에서 3 km 떨어진 학교까지 가는데 처음에는 시속 3 km로 걸어가다가 도중에 시속 6 km로 뛰어가 40분 만에 도착하였다. 걸어간 거리를 $x$ km, 뛰어간 거리를 $y$ km라고 할 때, $x$, $y$의 값을 각각 구하시오.

**12** 둘레의 길이가 7 km인 호수 공원의 원형 산책로를 따라 시속 8 km로 뛰다가 도중에 시속 2 km로 걸어서 한 바퀴를 도는 데 2시간이 걸렸다. 이때 뛰어간 거리를 구하시오.

**1** 다음 중 미지수가 2개인 일차방정식을 모두 고르면? (정답 2개)

① $x+y-1=0$　　　② $y=\dfrac{2}{x}+4$　　　③ $xy-4x-2y=0$

④ $3x-4y+5=3x-y$　　⑤ $x(x-2)=x^2+2y-1$

▶ 미지수가 2개인
일차방정식

**2** $x$, $y$의 값이 자연수일 때, 일차방정식 $3x+2y=16$의 해의 개수는?

① 1개　　　② 2개　　　③ 3개　　　④ 4개　　　⑤ 5개

▶ 미지수가 2개인
일차방정식의 해

**3** 다음 연립방정식 중 $x=-3$, $y=1$이 해가 되는 것을 모두 고르면? (정답 2개)

① $\begin{cases} 2x-y=-7 \\ x+2y=1 \end{cases}$　　② $\begin{cases} 2x+7y=1 \\ 5x+8y=-7 \end{cases}$　　③ $\begin{cases} x-y=-4 \\ x-2y=1 \end{cases}$

④ $\begin{cases} x+y=4 \\ 2x+3y=-3 \end{cases}$　　⑤ $\begin{cases} x-2y=-5 \\ -2x+y=7 \end{cases}$

▶ 미지수가 2개인
연립방정식의 해

**4** 연립방정식 $\begin{cases} 2x-y=a \\ bx+2y=10 \end{cases}$의 해가 $x=3$, $y=-1$일 때, 상수 $a$, $b$의 값을 각각 구하면?

① $a=5$, $b=4$　　　② $a=5$, $b=-4$　　　③ $a=7$, $b=4$

④ $a=-7$, $b=4$　　　⑤ $a=7$, $b=-4$

▶ 계수 또는 해가 문자인
연립방정식

**5** 연립방정식 $\begin{cases} y=3x+1 \\ 2x+y=11 \end{cases}$의 해가 $x=a$, $y=b$일 때, $a+b$의 값을 구하시오.

▶ 연립방정식의 풀이
- 대입법

**6** 연립방정식 $\begin{cases} -5x-3y=7 & \cdots \text{㉠} \\ 2x+4y=7 & \cdots \text{㉡} \end{cases}$ 을 가감법을 이용하여 풀 때, $y$를 없애기 위해 필요한 식은?

① ㉠×2+㉡×5      ② ㉠×3+㉡×4      ③ ㉠×3−㉡×4

④ ㉠×4+㉡×3      ⑤ ㉠×4−㉡×3

> 연립방정식의 풀이
> - 가감법

**7** 연립방정식 $\begin{cases} 5x-2y=17 \\ 3x+y=8 \end{cases}$ 의 해가 일차방정식 $2x-y+k=0$을 만족시킬 때, 상수 $k$의 값은?

① $-9$      ② $-8$      ③ $-7$

④ $-6$      ⑤ $-5$

> 연립방정식의 풀이
> - 가감법

**8** 연립방정식 $\begin{cases} 2x+y=4 \\ 3x+2y=a \end{cases}$ 를 만족시키는 $x$와 $y$의 값의 합이 1일 때, 상수 $a$의 값을 구하시오.

> 연립방정식의 해의 조건
> 이 주어질 때, 상수의 값
> 구하기

**9** 두 연립방정식 $\begin{cases} 2x+3y=3 \\ ax+y=6 \end{cases}$, $\begin{cases} bx-2y=3 \\ 2x-y=-9 \end{cases}$ 의 해가 서로 같을 때, 상수 $a$, $b$에 대하여 $a-b$의 값을 구하시오.

> 두 연립방정식의 해가
> 서로 같을 때, 상수의 값
> 구하기

**10** 연립방정식 $\begin{cases} 0.3(x+2y)=x-2y+4 \\ \dfrac{x}{5}-\dfrac{3}{5}y=-1 \end{cases}$ 을 푸시오.

> 여러 가지 연립방정식의
> 풀이

**11** 방정식 $3x+y-5=4(x-1)-3y=x+2y$을 만족시키는 $x$, $y$에 대하여 $x-y$의 값을 구하시오.

$A=B=C$ 꼴의 방정식의 풀이

**12** 연립방정식 $\begin{cases} 2x-3y=4 \\ x+ay=-2 \end{cases}$의 해가 없을 때, 상수 $a$의 값은?

① $-\dfrac{3}{2}$  　　　② $-\dfrac{2}{3}$  　　　③ $\dfrac{2}{3}$

④ $1$  　　　⑤ $\dfrac{3}{2}$

해가 특수한 연립방정식의 풀이

**13** 중국 당나라 때의 수학책인 "손자산경"에는 다음과 같은 문제가 실려 있다. 이 문제의 답을 구하시오.

> 꿩과 토끼가 바구니에 있다. 위를 보니 머리의 수가 35개, 아래를 보니 다리의 수가 94개이다. 꿩과 토끼는 각각 몇 마리인가?

연립방정식의 활용

**서술형**

**14** 집에서 서점까지 가는데 처음에는 시속 $12 \text{ km}$로 자전거를 타고 가다가 도중에 자전거가 고장 나서 시속 $3 \text{ km}$로 자전거를 끌면서 걸었더니 1시간 만에 서점에 도착하였다. 자전거를 타고 간 거리가 걸어서 간 거리의 2배일 때, 집에서 서점까지의 거리는 몇 $\text{km}$인지 구하시오.

연립방정식의 활용
- 거리, 속력, 시간

풀이 과정

답

# 5 일차함수와
그 그래프

5. 일차함수와 그 그래프

# 1 함수

두 변수 $x$, $y$에 대하여 $x$의 값이 변함에 따라 $y$의 값이 오직 하나씩 정해지는 대응 관계가 있을 때, $y$를 $x$의 함수라고 한다.

예 • 자연수 $x$보다 3만큼 큰 수 $y$

| $x$ | 1 | 2 | 3 | 4 | ⋯ |
|---|---|---|---|---|---|
| $y$ | 4 | 5 | 6 | 7 | ⋯ |

➡ $x$의 모든 값에 $y$의 값이 하나씩 대응한다.

➡ $y$는 $x$의 함수이다.

• 자연수 $x$보다 작거나 같은 홀수 $y$

| $x$ | 1 | 2 | 3 | 4 | ⋯ |
|---|---|---|---|---|---|
| $y$ | 1 | 1 | 1, 3 | 1, 3 | ⋯ |

➡ $x$의 값 하나에 $y$의 값이 2개 대응하는 경우가 있다.

➡ $y$는 $x$의 함수가 아니다.

[1~8] 다음 두 변수 $x$, $y$ 사이의 대응 관계를 나타낸 표를 완성하고, 옳은 것에 ○표를 하시오.

**1** 정비례 관계 $y=-2x$ (단, $x$는 자연수)

| $x$ | 1 | 2 | 3 | 4 | ⋯ |
|---|---|---|---|---|---|
| $y$ | | | | | ⋯ |

⇨ $y$는 $x$의 ( 함수이다, 함수가 아니다 ).

**2** 반비례 관계 $y=\dfrac{6}{x}$ (단, $x$는 자연수)

| $x$ | 1 | 2 | 3 | 4 | ⋯ |
|---|---|---|---|---|---|
| $y$ | | | | | ⋯ |

⇨ $y$는 $x$의 ( 함수이다, 함수가 아니다 ).

**3** 자연수 $x$의 약수 $y$

| $x$ | 1 | 2 | 3 | 4 | ⋯ |
|---|---|---|---|---|---|
| $y$ | | | | | ⋯ |

⇨ $y$는 $x$의 ( 함수이다, 함수가 아니다 ).

**4** 한 변의 길이가 $x$ cm인 정사각형의 둘레의 길이 $y$ cm

| $x$ | 1 | 2 | 3 | 4 | ⋯ |
|---|---|---|---|---|---|
| $y$ | | | | | ⋯ |

⇨ $y$는 $x$의 ( 함수이다, 함수가 아니다 ).

**5** 50 m 달리기를 할 때, 달린 거리 $x$ m와 남은 거리 $y$ m

| $x$ | 1 | 2 | 3 | ⋯ | 50 |
|---|---|---|---|---|---|
| $y$ | | | | ⋯ | |

⇨ $y$는 $x$의 ( 함수이다, 함수가 아니다 ).

**6** 자연수 $x$보다 1만큼 작은 자연수 $y$

| $x$ | 1 | 2 | 3 | 4 | ⋯ |
|---|---|---|---|---|---|
| $y$ | | | | | ⋯ |

⇨ $y$는 $x$의 ( 함수이다, 함수가 아니다 ).

**7** 절댓값이 $x$인 정수 $y$

| $x$ | 0 | 1 | 2 | 3 | ⋯ |
|---|---|---|---|---|---|
| $y$ | | | | | ⋯ |

⇨ $y$는 $x$의 ( 함수이다, 함수가 아니다 ).

**8** 60 L짜리 물통에 매분 $x$ L씩 일정하게 물을 채울 때, 물을 가득 채울 때까지 걸리는 시간 $y$분

| $x$ | 1 | 2 | 3 | ⋯ | 60 |
|---|---|---|---|---|---|
| $y$ | | | | ⋯ | |

⇨ $y$는 $x$의 ( 함수이다, 함수가 아니다 ).

## 유형 2 함숫값

개념편 99쪽

(1) $y$가 $x$의 함수일 때, 기호로 $y=f(x)$와 같이 나타낸다.

(2) 함수 $y=f(x)$에서 $x$의 값에 대응하는 $y$의 값을 $x$에 대한 **함숫값**이라 하고, 기호로 $f(x)$와 같이 나타낸다.

  예 함수 $f(x)=2x$에서 $f(4)=2\times4=8$
  └→ $x=4$일 때의 함숫값

함수 $y=f(x)$에서
$f(\boxed{a})$의 값 ➡ $x=\boxed{a}$일 때의 함숫값
  ➡ $x=\boxed{a}$에 대응하는 $y$의 값
  ➡ $f(x)$에 $x$ 대신 $\boxed{a}$를 대입하여 얻은 값

---

**1** 함수 $f(x)=8x$에 대하여 다음을 구하시오.

(1) $x=3$에 대응하는 $y$의 값 　　　　

(2) $x=2$일 때의 함숫값 　　　　

(3) $f(-4)$의 값 　　　　

**2** 함수 $f(x)=\dfrac{1}{2}x$에 대하여 다음을 구하시오.

(1) $f(-1)$의 값 　　　　

(2) $f(6)$의 값 　　　　

(3) $f\left(\dfrac{4}{3}\right)$의 값 　　　　

**3** 함수 $f(x)=-\dfrac{4}{x}$에 대하여 다음을 구하시오.

(1) $f(1)$의 값 　　　　

(2) $f(-2)$의 값 　　　　

(3) $f(8)$의 값 　　　　

**4** 두 함수 $f(x)=-\dfrac{2}{3}x$와 $g(x)=\dfrac{12}{x}$에 대하여 다음을 구하시오.

(1) $f(-3)+g(3)$의 값 　　　　

(2) $f(6)-g(-4)$의 값 　　　　

**5** 함수 $f(x)=$(자연수 $x$를 3으로 나눈 나머지)에 대하여 다음을 구하시오.

(1) $f(4)$의 값 　　　　

(2) $f(18)$의 값 　　　　

(3) $f(50)$의 값 　　　　

**6** 함수 $y=f(x)$에 대하여 다음 조건을 만족시키는 상수 $a$의 값을 구하시오.

(1) $f(x)=6x$일 때, $f(a)=18$ 　　　　

(2) $f(x)=-2x$일 때, $f(a)=4$ 　　　　

(3) $f(x)=\dfrac{3}{x}$일 때, $f(a)=\dfrac{1}{4}$

형광펜 들고 밑줄 쫙~

**쌍둥이 01**

**1** 다음 중 $y$가 $x$의 함수가 <u>아닌</u> 것은?

① 자연수 $x$의 약수의 개수 $y$개
② 자연수 $x$의 3배보다 1만큼 큰 수 $y$
③ 자연수 $x$의 배수 $y$
④ 한 권에 500원인 공책 $x$권의 가격 $y$원
⑤ 넓이가 $30\ \mathrm{cm^2}$인 직사각형의 가로의 길이 $x\ \mathrm{cm}$와 세로의 길이 $y\ \mathrm{cm}$

**2** 다음 중 $y$가 $x$의 함수인 것은?

① 자연수 $x$와 서로소인 수 $y$
② 자연수 $x$보다 작은 자연수 $y$
③ 어떤 수 $x$에 가장 가까운 정수 $y$
④ 합이 8인 두 정수 $x$와 $y$
⑤ 자연수 $x$와 12의 공약수 $y$

**쌍둥이 02**

**3** 함수 $f(x)=-2x$에 대하여 $f(0)+f(1)$의 값은?

① $-2$  ② $-1$  ③ $0$
④ $1$  ⑤ $2$

**4** 함수 $f(x)=\dfrac{6}{x}$에 대하여 $f(-2)+f(3)$의 값을 구하시오.

**쌍둥이 03**

**5** 함수 $f(x)=ax$에 대하여 $f(2)=3$일 때, $f(6)$의 값을 구하시오. (단, $a$는 상수)

**6** 함수 $f(x)=\dfrac{a}{x}$에 대하여 $f(4)=-2$일 때, $f(-8)$의 값을 구하시오. (단, $a$는 상수)

서술형

풀이 과정

답

# 2 일차함수와 그 그래프

5. 일차함수와 그 그래프

개념편 101 쪽

## 유형 3  일차함수

함수 $y=f(x)$에서 $y$가 $x$에 대한 일차식
$$y=ax+b \ (a, b는 상수, a\neq0)$$
로 나타날 때, 이 함수를 $x$에 대한 **일차함수**라고 한다.

예 $y=-3x$, $y=\dfrac{1}{2}x+1$, $y=x-4$ ➡ 일차함수이다.

$y=5$, $y=3x^2+1$, $y=\dfrac{3}{x}$ ➡ 일차함수가 아니다.

---

**1** 다음 중 $x$에 대한 일차함수인 것은 ○표, 일차함수가 <u>아닌</u> 것은 ×표를 ( ) 안에 쓰시오.

(1) $y=2x$                    ( )

(2) $y=x^2-1$                ( )

(3) $y=3$                      ( )

(4) $y=-x+5$               ( )

(5) $x+1=4$                  ( )

(6) $y=-\dfrac{1}{x}$         ( )

(7) $y=-2x^2+2(4x+x^2)$   ( )

(8) $y=x(x+2)$             ( )

(9) $\dfrac{x}{3}+\dfrac{y}{6}=1$   ( )

**2** 다음에서 $y$를 $x$에 대한 식으로 나타내고, 그 식이 일차함수인 것은 ○표, 일차함수가 <u>아닌</u> 것은 ×표를 ( ) 안에 쓰시오.

(1) 올해 16세인 소희의 $x$년 후의 나이 $y$세

_____ ( )

(2) 한 변의 길이가 $x$ cm인 정사각형의 넓이 $y$ cm²

_____ ( )

(3) 한 변의 길이가 $x$ cm인 정삼각형의 둘레의 길이 $y$ cm

_____ ( )

(4) 시속 $x$ km인 자동차가 400 km를 달리는 데 걸린 시간 $y$시간

_____ ( )

(5) 한 개에 400원인 물건을 $x$개 사고 5000원을 냈을 때, 거스름돈 $y$원

_____ ( )

(6) 300 L의 물이 들어 있는 물통에서 1분에 3 L씩 물이 빠져나갈 때, $x$분 후에 남아 있는 물의 양 $y$ L

_____ ( )

**3** 일차함수 $y=f(x)$에 대하여 $f(x)=2x-3$일 때, 다음을 구하시오.

(1) $f(0)$의 값                _____

(2) $f(-2)$의 값             _____

(3) $f(3)$의 값               _____

(4) $f(1)-f(-1)$의 값      _____

(5) $f(2)+f(-3)$의 값      _____

(6) $f\left(\dfrac{1}{2}\right)+f\left(-\dfrac{1}{2}\right)$의 값   _____

개념편 102쪽

**유형 4** 일차함수 $y=ax+b$의 그래프

(1) **평행이동**: 한 도형을 일정한 방향으로 일정한 거리만큼 옮기는 것

(2) **일차함수 $y=ax+b$의 그래프**

일차함수 $y=ax$의 그래프를 $y$축의 방향으로 $b$만큼 평행이동한 직선

예 $y=\dfrac{1}{2}x$ $\xrightarrow[-3만큼 평행이동]{y축의 방향으로}$ $y=\dfrac{1}{2}x-3$

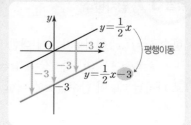

---

**1** 다음 그림에서 직선 (1)~(4)는 일차함수 $y=2x$의 그래프를 $y$축의 방향으로 얼마만큼 평행이동한 것인지 구하시오.

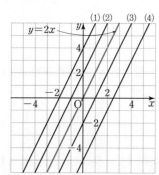

(1) _____

(2) _____

(3) _____

(4) _____

**2** 다음 일차함수의 그래프를 $y$축의 방향으로 [ ] 안의 수만큼 평행이동한 그래프가 나타내는 일차함수의 식을 구하시오.

(1) $y=-\dfrac{2}{3}x$ [ 6 ] _____

(2) $y=-x+1$ [ −3 ] _____

(3) $y=5x-4$ [ 2 ] _____

일차함수의 식에 주어진 점의 좌표를 대입하면 등식이 성립해!

**3** 다음 중 일차함수 $y=3x-4$의 그래프 위의 점인 것은 ○표, 아닌 것은 ×표를 ( ) 안에 쓰시오.

(1) $(2, 3)$ ( )

(2) $(-5, -19)$ ( )

(3) $(4, 16)$ ( )

(4) $\left(-\dfrac{2}{3}, -6\right)$ ( )

**4** 다음 일차함수의 그래프가 오른쪽에 주어진 점을 지날 때, 상수 $a$의 값을 구하시오.

(1) $y=5x+2$ $(a, 17)$ _____

(2) $y=-7x+1$ $(a, 29)$ _____

(3) $y=ax-3$ $(2, 5)$ _____

(4) $y=-\dfrac{1}{4}x+a$ $(8, -3)$ _____

## 유형 **5** 일차함수의 그래프의 $x$절편, $y$절편

(1) $x$절편: 함수의 그래프가 $x$축과 만나는 점의 $x$좌표
　　➡ $y=0$일 때, $x$의 값

(2) $y$절편: 함수의 그래프가 $y$축과 만나는 점의 $y$좌표
　　➡ $x=0$일 때, $y$의 값

참고 일차함수 $y=ax+b$의 그래프에서 $x$절편: $-\dfrac{b}{a}$, $y$절편: $b$

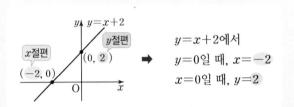

$y=x+2$에서
$y=0$일 때, $x=-2$
$x=0$일 때, $y=2$

---

**1** 주어진 그래프 위에 $x$절편과 $y$절편을 나타내는 점을 찍어 표시하고, 다음을 구하시오.

(1)　　　　　　(2)

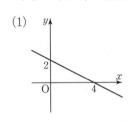　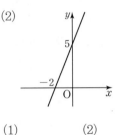

　　　　　　　　　　(1)　　　　(2)

$x$축과 만나는 점의 좌표: _____　_____

　　　　　　$x$절편: _____　_____

$y$축과 만나는 점의 좌표: _____　_____

　　　　　　$y$절편: _____

---

**2** 다음 일차함수의 그래프에서 $x$절편과 $y$절편을 각각 구하시오.

(1) $y=3x-6$

> $y=0$일 때, $0=3x-6$　∴ $x=$____
> $x=0$일 때, $y=3\times0-6$　∴ $y=$____
> 따라서 $x$절편은 ____, $y$절편은 ____이다.

(2) $y=-2x+8$　　　$x$절편: ____, $y$절편: ____

(3) $y=7x-3$　　　$x$절편: ____, $y$절편: ____

(4) $y=-\dfrac{2}{3}x+4$　　$x$절편: ____, $y$절편: ____

---

**3** 다음 일차함수의 그래프의 $y$절편이 [ ] 안의 수와 같을 때, 상수 $a$의 값을 구하시오.

(1) $y=6x+a$　　　　[ $-3$ ]　　_____

(2) $y=-x+3-a$　　[ $2$ ]　　_____

(3) $y=\dfrac{1}{5}x-4a$　　[ $6$ ]　　_____

---

**4** 다음 일차함수의 그래프의 $x$절편이 [ ] 안의 수와 같을 때, 상수 $a$의 값을 구하시오.

(1) $y=x+a$　　　　[ $4$ ]　　_____

(2) $y=\dfrac{3}{2}x+a+1$　[ $-2$ ]　　_____

(3) $y=ax-3$　　　[ $5$ ]　　_____

---

**5** 일차함수 $y=-\dfrac{2}{3}x+2$의 그래프를 그리려고 한다. 다음 □ 안에 알맞은 수를 쓰고, 그래프를 주어진 좌표평면 위에 그리시오.

> $x$절편이 □이고,
> $y$절편이 □이므로 두 점
> (□, 0), (0, □)을(를)
> 지나는 직선을 그린다.

## 유형 **6** 일차함수의 그래프의 기울기　　　　　개념편 107~109쪽

일차함수 $y = a x + b$의 그래프에서

$$\text{(기울기)} = \frac{(y\text{의 값의 증가량})}{(x\text{의 값의 증가량})} = a$$

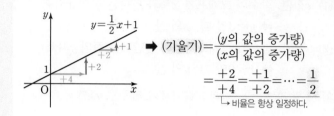

$\Rightarrow$ $\text{(기울기)} = \dfrac{(y\text{의 값의 증가량})}{(x\text{의 값의 증가량})}$

$= \dfrac{+2}{+4} = \dfrac{+1}{+2} = \cdots = \dfrac{1}{2}$

↳ 비율은 항상 일정하다.

**1** 다음 □ 안에 알맞은 수를 쓰시오.

(1) 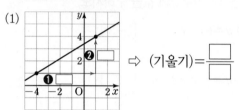 $\Rightarrow$ $\text{(기울기)} = \dfrac{\square}{\square}$

(2) 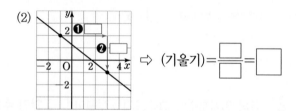 $\Rightarrow$ $\text{(기울기)} = \dfrac{\square}{\square} = \square$

(3) 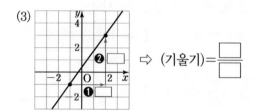 $\Rightarrow$ $\text{(기울기)} = \dfrac{\square}{\square}$

(4) 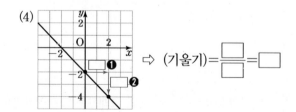 $\Rightarrow$ $\text{(기울기)} = \dfrac{\square}{\square} = \square$

**2** 다음 일차함수의 그래프의 기울기를 구하시오.

(1) $y = x - 2$ _____

(2) $y = -3x + 4$ _____

(3) $y = \dfrac{4}{5}x - 1$ _____

(4) $x$의 값이 5만큼 증가할 때, $y$의 값이 10만큼 증가하는 그래프 _____

(5) $x$의 값이 8만큼 증가할 때, $y$의 값이 2만큼 감소하는 그래프 _____

(6) $x$의 값이 $-3$에서 1까지 증가할 때, $y$의 값이 4만큼 증가하는 그래프 _____

**3** 다음 일차함수의 그래프에서 $x$의 값의 증가량이 2일 때, $y$의 값의 증가량을 구하시오.

(1) $y = -x + 2$ _____

(2) $y = 3x - 5$ _____

(3) $y = \dfrac{1}{2}x + 4$ _____

> 서로 다른 두 점 $(x_1, y_1)$, $(x_2, y_2)$를 지나는 일차함수의 그래프의 기울기는 $\dfrac{y_2 - y_1}{x_2 - x_1}$ 또는 $\dfrac{y_1 - y_2}{x_1 - x_2}$로 구하자.

**4** 다음 두 점을 지나는 일차함수의 그래프의 기울기를 구하시오.

(1) $(1, 2)$, $(3, 4)$ _____

(2) $(-4, 3)$, $(0, 5)$ _____

(3) $(3, 6)$, $(7, -4)$ _____

## 한 번 더 연습  유형 5~6

**1** $x$절편과 $y$절편을 이용하여 다음 일차함수의 그래프를 그리려고 한다. ☐ 안에 알맞은 수를 쓰고, 그래프를 주어진 좌표평면 위에 그리시오.

(1) $y=-\dfrac{5}{2}x+5$

$x$절편은 ☐, $y$절편은 ☐이다.

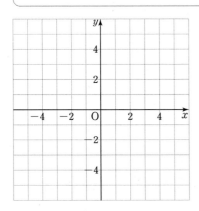

(2) $y=\dfrac{4}{3}x+4$

$x$절편은 ☐, $y$절편은 ☐이다.

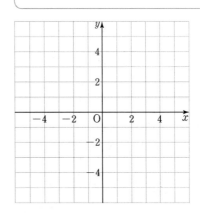

**2** 기울기와 $y$절편을 이용하여 다음 일차함수의 그래프를 그리려고 한다. ☐ 안에 알맞은 수를 쓰고, 그래프를 주어진 좌표평면 위에 그리시오.

(1) $y=x+3$

$y$절편은 ☐이고,

$(\text{기울기})=\dfrac{(y\text{의 값의 증가량})}{(x\text{의 값의 증가량})}=\dfrac{\boxed{\phantom{0}}}{1}$

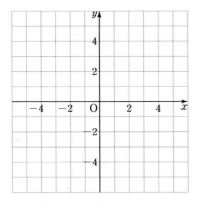

(2) $y=-\dfrac{2}{5}x+4$

$y$절편은 ☐이고,

$(\text{기울기})=\dfrac{(y\text{의 값의 증가량})}{(x\text{의 값의 증가량})}=\dfrac{\boxed{\phantom{0}}}{5}$

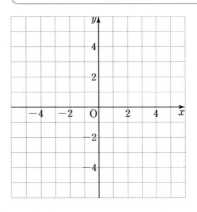

# 쌍둥이 기출문제

**쌍둥이 01**

**1** 다음 중 $x$에 대한 일차함수인 것은?

① $y=-6$　　　　② $y=-2x+3$

③ $y=3x^2$　　　　④ $x+y=x-1$

⑤ $y=\dfrac{2}{x}-1$

**2** 다음 중 $x$에 대한 일차함수를 모두 고르면?

(정답 2개)

① $y=x-(x+5)$　　② $y=x^2-(3x+x^2)$

③ $y=\dfrac{x+7}{3}$　　　　④ $xy=-6$

⑤ $y=x(2-x)$

**쌍둥이 02**

**3** 다음 중 $y$가 $x$의 일차함수인 것을 모두 고르면?

(정답 2개)

① 반지름의 길이가 $2x$ cm인 원의 넓이 $y$ cm²

② 온도가 10 °C인 어떤 물체의 온도가 1분에 2 °C 씩 올라갈 때, $x$분 후의 물체의 온도 $y$ °C

③ 무게가 300 g인 케이크를 $x$조각으로 똑같이 나 눌 때, 한 조각의 무게 $y$ g

④ 가로의 길이가 10 cm, 세로의 길이가 $x$ cm인 직사각형의 넓이 $y$ cm²

⑤ 시속 $x$ km인 자동차가 200 km를 달리는 데 걸린 시간 $y$시간

**4** 다음 보기 중 $y$가 $x$의 일차함수인 것을 모두 고르시 오.

| 보기 |

ㄱ. 정수 $x$보다 2만큼 작은 정수 $y$

ㄴ. 한 개당 1200원인 과자 $x$개의 전체 가격 $y$원

ㄷ. 넓이가 16 cm²인 삼각형의 밑변의 길이 $x$ cm와 높이 $y$ cm

ㄹ. 200쪽인 소설책을 하루에 15쪽씩 읽을 때, $x$일 동안 읽고 남은 쪽수 $y$쪽

**쌍둥이 03**

**5** 일차함수 $f(x)=-4x+6$에 대하여 $f(2)$의 값을 구하시오.

**6** 일차함수 $f(x)=\dfrac{1}{3}x-2$에 대하여 $f(-3)+f(9)$ 의 값은?

① $-6$　　　② $-4$　　　③ $-2$

④ $2$　　　　⑤ $4$

**쌍둥이 04**

**7** 일차함수 $f(x)=2x+7$에 대하여 $f(2)=a$, $f(b)=3$일 때, $a-b$의 값을 구하시오.

**8** 일차함수 $f(x)=ax-3$에 대하여 $f(-2)=7$일 때, $f(-1)$의 값은? (단, $a$는 상수)

① $-2$      ② $1$      ③ $2$

④ $4$      ⑤ $5$

**쌍둥이 05**

**9** 다음 일차함수의 그래프 중 일차함수 $y=2x+10$의 그래프를 $y$축의 방향으로 $-5$만큼 평행이동한 것은?

① $y=-3x+10$      ② $y=-5(2x+10)$

③ $y=2x-5$      ④ $y=2x-2$

⑤ $y=2x+5$

**10** 일차함수 $y=5x-2$의 그래프를 $y$축의 방향으로 9만큼 평행이동하면 일차함수 $y=ax+b$의 그래프가 된다. 이때 상수 $a$, $b$의 값을 각각 구하시오.

**쌍둥이 06**

**11** 일차함수 $y=3x$의 그래프를 $y$축의 방향으로 $-5$만큼 평행이동한 그래프가 점 $(a, -4)$를 지날 때, $a$의 값은?

① $\frac{1}{3}$      ② $\frac{3}{4}$      ③ $1$

④ $\frac{5}{3}$      ⑤ $2$

**12** 서술형 일차함수 $y=x-3$의 그래프를 $y$축의 방향으로 $b$만큼 평행이동한 그래프가 점 $(2, -5)$를 지난다. 이때 $b$의 값을 구하시오.

풀이 과정

답

**쌍둥이 07**

**13** 일차함수 $y=-3x+6$의 그래프의 $x$절편을 $a$, $y$절편을 $b$라고 할 때, $a+b$의 값을 구하시오.

**14** 일차함수 $y=\frac{1}{3}x-1$의 그래프를 $y$축의 방향으로 3만큼 평행이동한 그래프의 $x$절편과 $y$절편의 합을 구하시오.

쌍둥이 08

**15** 일차함수 $y=ax-1$의 그래프의 $x$절편이 $-1$일 때, 상수 $a$의 값을 구하시오.

**16** 일차함수 $y=2x-a+1$의 그래프의 $y$절편이 4일 때, 상수 $a$의 값과 $x$절편을 차례로 구하시오.

쌍둥이 09

**17** 오른쪽 그림과 같은 일차함수의 그래프의 기울기, $x$절편, $y$절편을 차례로 구하시오.

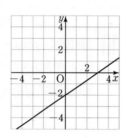

**18** 오른쪽 그림과 같은 일차함수의 그래프의 기울기를 $a$, $x$절편을 $b$, $y$절편을 $c$라고 할 때, $a-b-c$의 값을 구하시오.

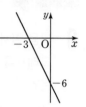

쌍둥이 10

**19** 다음 일차함수의 그래프 중 $x$의 값이 2만큼 증가할 때, $y$의 값이 4만큼 감소하는 것은?

① $y=-4x+2$      ② $y=-2x+7$

③ $y=-\dfrac{1}{2}x+5$      ④ $y=2x-4$

⑤ $y=4x-2$

**20** 일차함수 $y=ax-4$의 그래프에서 $x$의 값이 $-1$에서 5까지 증가할 때, $y$의 값은 2만큼 증가한다고 한다. 이때 상수 $a$의 값을 구하시오.

쌍둥이 11

**21** 세 점 $(4, 12)$, $(-2, k)$, $(3, 15)$가 한 직선 위에 있을 때, $k$의 값을 구하려고 한다. 다음을 구하시오.

서술형

(1) 직선의 기울기      (2) $k$의 값

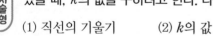
풀이 과정

(1)

(2)

답 (1)          (2)

**22** 오른쪽 그림과 같이 세 점이 한 직선 위에 있을 때, $k$의 값을 구하시오.

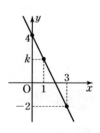

**23** 다음 중 일차함수 $y=\dfrac{1}{4}x-1$의 그래프는?

① 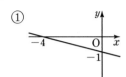 ②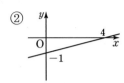

③ 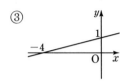 ④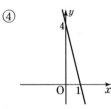

⑤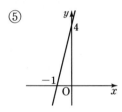

**24** 다음 중 일차함수 $y=5x+10$의 그래프는?

① 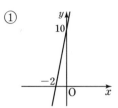 ②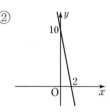

③ 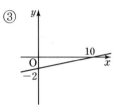 ④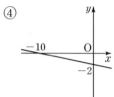

⑤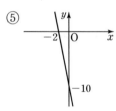

**25** 일차함수 $y=x+4$의 그래프와 $x$축, $y$축으로 둘러싸인 도형의 넓이를 구하려고 한다. 다음 물음에 답하시오.

(1) 일차함수 $y=x+4$의 그래프를 다음 좌표평면 위에 그리시오.

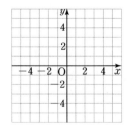

(2) (1)의 그래프와 $x$축, $y$축으로 둘러싸인 도형의 넓이를 구하시오.

**26** 일차함수 $y=-5x+20$의 그래프와 $x$축, $y$축으로 둘러싸인 도형의 넓이를 구하시오.

**3**
5. 일차함수와 그 그래프
# 일차함수의 그래프의 성질과 식

유형 **7** 　일차함수 $y=ax+b$의 그래프의 성질

| $a$의 부호 ← 그래프의 모양 결정 | $b$의 부호 ← 그래프가 $y$축과 만나는 부분 결정 |
|---|---|
| $a>0$ ➡ $x$의 값이 증가할 때, $y$의 값도 증가한다.<br>　➡ 오른쪽 위로 향하는 직선(╱)<br>$a<0$ ➡ $x$의 값이 증가할 때, $y$의 값은 감소한다.<br>　➡ 오른쪽 아래로 향하는 직선(╲) | $b>0$ ➡ $y$축과 양의 부분에서 만난다.<br>　➡ $y$절편이 양수<br>$b<0$ ➡ $y$축과 음의 부분에서 만난다.<br>　➡ $y$절편이 음수 |

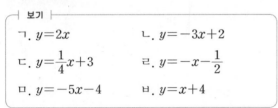

**1** 다음을 만족시키는 일차함수의 그래프를 보기에서 모두 고르시오.

┌ 보기 ┐
ㄱ. $y=2x$ 　　　ㄴ. $y=-3x+2$

ㄷ. $y=\dfrac{1}{4}x+3$ 　ㄹ. $y=-x-\dfrac{1}{2}$

ㅁ. $y=-5x-4$ 　ㅂ. $y=x+4$
└　　　　　　　　　　　　　　┘

(1) $x$의 값이 증가할 때, $y$의 값도 증가하는 직선

　　　　　　　　———

(2) $x$의 값이 증가할 때, $y$의 값은 감소하는 직선

　　　　　　　　———

(3) 오른쪽 위로 향하는 직선　　———

(4) 오른쪽 아래로 향하는 직선　　———

(5) $y$축과 양의 부분에서 만나는 직선

　　　　　　　　———

(6) $y$축과 음의 부분에서 만나는 직선

　　　　　　　　———

**2** 일차함수 $y=ax+b$의 그래프가 다음과 같을 때, □ 안에 <, > 중 알맞은 것을 쓰시오. (단, $a$, $b$는 상수)

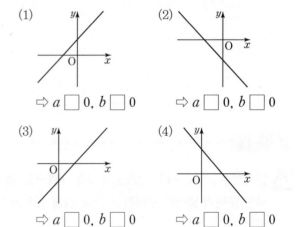

(1)　⇨ $a$ □ 0, $b$ □ 0
(2)　⇨ $a$ □ 0, $b$ □ 0
(3)　⇨ $a$ □ 0, $b$ □ 0
(4)　⇨ $a$ □ 0, $b$ □ 0

　　　$a<0$일 때는 $a$의 값이 작을수록 그래프가 $y$축에 가까워져!

**3** 오른쪽 그림의 ㉠~㉣은 일차함수 $y=ax+1$의 그래프이다. 이 중 다음을 만족시키는 그래프를 모두 고르시오. (단, $a$는 상수)

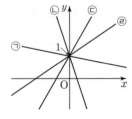

(1) $a>0$ 　　———　　(2) $a<0$ 　　———

(3) 기울기가 가장 큰 그래프　　———

(4) 기울기가 가장 작은 그래프　　———

## 유형 8 일차함수의 그래프의 평행, 일치

개념편 112쪽

기울기가 같은 두 일차함수의 그래프는 서로 평행하거나 일치한다. 이때 두 일차함수의 그래프가

(1) 기울기는 같고 $y$절편은 다르면 ➡ 서로 평행하다.

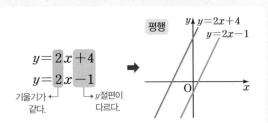

(2) 기울기가 같고 $y$절편도 같으면 ➡ 일치한다.

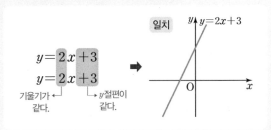

**1** 다음 보기의 일차함수의 그래프에 대하여 물음에 답하시오.

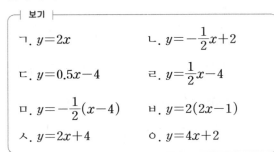

┌ 보기 ┐
ㄱ. $y=2x$        ㄴ. $y=-\dfrac{1}{2}x+2$

ㄷ. $y=0.5x-4$      ㄹ. $y=\dfrac{1}{2}x-4$

ㅁ. $y=-\dfrac{1}{2}(x-4)$  ㅂ. $y=2(2x-1)$

ㅅ. $y=2x+4$       ㅇ. $y=4x+2$

(1) 그래프가 서로 평행한 것을 모두 찾으시오.

_____

(2) 그래프가 일치하는 것을 모두 찾으시오.

_____

(3) 오른쪽 일차함수의 그래프와 평행한 것을 모두 고르시오.

_____

(4) 오른쪽 일차함수의 그래프와 일치하는 것을 모두 고르시오.

_____

**2** 다음 두 일차함수의 그래프가 서로 평행할 때, 상수 $a$의 값을 구하시오.

(1) $y=-2x+1$, $y=ax-3$        _____

(2) $y=ax+5$, $y=\dfrac{2}{3}x-2$        _____

(3) $y=6x-5$, $y=2ax+4$        _____

(4) $y=\dfrac{a}{2}x+2$, $y=\dfrac{5}{4}x-1$        _____

**3** 다음 두 일차함수의 그래프가 일치할 때, 상수 $a$, $b$의 값을 각각 구하시오.

(1) $y=ax+b$, $y=2x-5$

⇨ $a=$_____, $b=$_____

(2) $y=ax+1$, $y=-\dfrac{2}{3}x+b$

⇨ $a=$_____, $b=$_____

(3) $y=2ax+7$, $y=4x+b$

⇨ $a=$_____, $b=$_____

(4) $y=3x+a$, $y=\dfrac{b}{2}x-1$

⇨ $a=$_____, $b=$_____

## 유형 9  일차함수의 식 구하기 (1) - 기울기와 $y$절편을 알 때

개념편 114쪽

기울기가 $a$이고, $y$절편이 $b$인 직선을 그래프로 하는 일차함수의 식은 $y=ax+b$이다.

기울기    $y$절편

---

**1** 기울기와 $y$절편이 다음과 같은 직선을 그래프로 하는 일차함수의 식을 구하시오.

(1) 기울기: 1, $y$절편: 6    _____

(2) 기울기: 4, $y$절편: $-3$    _____

(3) 기울기: $-3$, $y$절편: 5    _____

(4) 기울기: $-2$, $y$절편: $-4$    _____

(5) 기울기: $\dfrac{3}{5}$, $y$절편: $-\dfrac{1}{2}$    _____

---

**[2~4]** 다음과 같은 직선을 그래프로 하는 일차함수의 식을 구하시오.

**2** (1) 기울기가 5이고, 점 $(0, -1)$을 지나는 직선

_____

(2) 기울기가 $-1$이고, 점 $(0, 4)$를 지나는 직선

_____

(3) 기울기가 2이고, 일차함수 $y=-5x+3$의 그래프와 $y$축 위에서 만나는 직선

_____

(4) 기울기가 $-\dfrac{1}{2}$이고, 일차함수 $y=-\dfrac{2}{3}x-2$의 그래프와 $y$축 위에서 만나는 직선

_____

---

**3** (1) 일차함수 $y=-x+2$의 그래프와 평행하고, $y$절편이 $-3$인 직선    _____

(2) 일차함수 $y=\dfrac{2}{3}x-4$의 그래프와 평행하고, $y$절편이 1인 직선    _____

(3) 일차함수 $y=5x-1$의 그래프와 평행하고, 점 $\left(0, -\dfrac{1}{2}\right)$을 지나는 직선    _____

(4) 일차함수 $y=-\dfrac{3}{4}x+6$의 그래프와 평행하고, 일차함수 $y=x+\dfrac{2}{5}$의 그래프와 $y$축 위에서 만나는 직선    _____

---

**4** (1) $x$의 값이 2만큼 증가할 때 $y$의 값은 4만큼 증가하고, $y$절편이 5인 직선    _____

(2) $x$의 값이 3만큼 증가할 때 $y$의 값은 9만큼 감소하고, $y$절편이 $-2$인 직선    _____

(3) $x$의 값이 2만큼 증가할 때 $y$의 값은 5만큼 증가하고, 점 $(0, -3)$을 지나는 직선    _____

(4) $x$의 값이 5만큼 증가할 때 $y$의 값은 3만큼 감소하고, 점 $(0, 2)$를 지나는 직선    _____

## 유형 **10** 일차함수의 식 구하기 (2) - 기울기와 한 점의 좌표를 알 때

기울기가 $a$이고, 점 $(x_1, y_1)$을 지나는 직선을 그래프로 하는 일차함수의 식은 다음 순서로 구한다.
❶ 일차함수의 식을 $y=ax+b$로 놓는다.
❷ $y=ax+b$에 $x=x_1$, $y=y_1$을 대입하여 $b$의 값을 구한다.

**1** 다음은 기울기가 2이고 점 $(-1, 3)$을 지나는 직선을 그래프로 하는 일차함수의 식을 구하는 과정이다. ☐ 안에 알맞은 것을 쓰시오.

> ❶ 기울기가 2이므로 $y=\boxed{\phantom{x}}x+b$로 놓자.
>
> ❷ 점 $(-1, 3)$을 지나므로
> $y=\boxed{\phantom{x}}x+b$에 $x=\boxed{\phantom{x}}$, $y=\boxed{\phantom{x}}$을(를)
> 대입하면 $b=\boxed{\phantom{x}}$
> 따라서 구하는 일차함수의 식은
> $y=\boxed{\phantom{xxxx}}$이다.

**2** 기울기와 지나는 한 점의 좌표가 다음과 같은 직선을 그래프로 하는 일차함수의 식을 구하시오.

(1) 기울기: 1, 점 $(2, 3)$ _____

(2) 기울기: $-3$, 점 $(1, 2)$ _____

(3) 기울기: 4, 점 $(-1, -5)$ _____

(4) 기울기: $\dfrac{2}{3}$, 점 $(3, 4)$ _____

(5) 기울기: $-\dfrac{1}{2}$, 점 $\left(-2, \dfrac{3}{2}\right)$ _____

**[3~5]** 다음과 같은 직선을 그래프로 하는 일차함수의 식을 구하시오.

**3** (1) 기울기가 5이고, $x=-1$일 때 $y=2$인 직선

_____

(2) 기울기가 $-2$이고, $x=2$일 때 $y=-3$인 직선

_____

**4** (1) 일차함수 $y=-2x+3$의 그래프와 평행하고, 점 $(-1, -4)$를 지나는 직선 _____

(2) 일차함수 $y=\dfrac{1}{3}x-2$의 그래프와 평행하고, 점 $(3, 5)$를 지나는 직선 _____

(3) 일차함수 $y=\dfrac{1}{2}x-3$의 그래프와 평행하고, $x$절편이 4인 직선 _____

**5** (1) $x$의 값이 2만큼 증가할 때 $y$의 값은 3만큼 증가하고, 점 $(2, 2)$를 지나는 직선

_____

(2) $x$의 값이 3만큼 증가할 때 $y$의 값은 6만큼 감소하고, 점 $(2, -1)$을 지나는 직선

_____

(3) $x$의 값이 5만큼 증가할 때 $y$의 값은 2만큼 감소하고, 점 $(5, 6)$을 지나는 직선

_____

● 정답과 해설 65쪽

## 유형11 일차함수의 식 구하기 (3) - 서로 다른 두 점의 좌표를 알 때

개념편 116쪽

서로 다른 두 점 $(x_1, y_1)$, $(x_2, y_2)$를 지나는 직선을 그래프로 하는 일차함수의 식은 다음 순서로 구한다.

❶ 기울기 $a$를 구한다. ➡ $a = \dfrac{y_2 - y_1}{x_2 - x_1} = \dfrac{y_1 - y_2}{x_1 - x_2}$

❷ 일차함수의 식을 $y = ax + b$로 놓는다.

❸ $y = ax + b$에 한 점의 좌표를 대입하여 $b$의 값을 구한다.

---

**1** 다음은 두 점 $(2, 1)$, $(-1, -8)$을 지나는 직선을 그래프로 하는 일차함수의 식을 구하는 과정이다. ☐ 안에 알맞은 것을 쓰시오.

> ❶ 두 점 $(2, 1)$, $(-1, -8)$을 지나므로
>
> (기울기) $= \dfrac{\boxed{\phantom{0}} - \boxed{\phantom{0}}}{-1 - 2} = \boxed{\phantom{0}}$
>
> ❷ $y = \boxed{\phantom{0}} x + b$로 놓자.
>
> ❸ 이 식에 $x = 2$, $y = \boxed{\phantom{0}}$을(를) 대입하면
>
> $b = \boxed{\phantom{0}}$ 이므로 구하는 일차함수의 식은
>
> $y = \boxed{\phantom{0}}$ 이다.

**2** 다음 두 점을 지나는 직선을 그래프로 하는 일차함수의 기울기와 그 식을 각각 구하시오.

(1) $(-2, 0)$, $(1, 3)$

　　⇨ 기울기: _____, 일차함수의 식: _____

(2) $(-4, -2)$, $(4, 2)$

　　⇨ 기울기: _____, 일차함수의 식: _____

(3) $(1, -3)$, $(2, -4)$

　　⇨ 기울기: _____, 일차함수의 식: _____

(4) $(-3, 5)$, $(-1, 1)$

　　⇨ 기울기: _____, 일차함수의 식: _____

(5) $(-1, 2)$, $(5, -1)$

　　⇨ 기울기: _____, 일차함수의 식: _____

**3** 다음 직선을 그래프로 하는 일차함수의 기울기와 그 식을 각각 구하시오.

(1)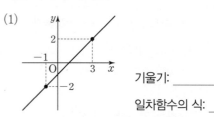

　　기울기: _____

　　일차함수의 식: _____

(2)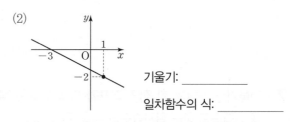

　　기울기: _____

　　일차함수의 식: _____

(3)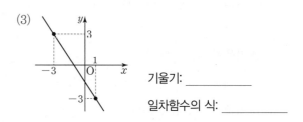

　　기울기: _____

　　일차함수의 식: _____

(4)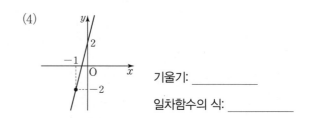

　　기울기: _____

　　일차함수의 식: _____

## 유형12 일차함수의 식 구하기 (4) - $x$절편과 $y$절편을 알 때

개념편 117쪽

$x$절편이 $m$, $y$절편이 $n$인 직선을 그래프로 하는 일차함수의 식은 다음 순서로 구한다.

❶ 기울기를 구한다.

➡ 두 점 $(m, 0)$, $(0, n)$을 지나므로 (기울기)$=\dfrac{n-0}{0-m}=-\dfrac{n}{m}$

❷ 일차함수의 식은 $y=-\dfrac{n}{m}x+n$이다.

**1** 다음은 $x$절편이 3, $y$절편이 4인 직선을 그래프로 하는 일차함수의 식을 구하는 과정이다. ☐ 안에 알맞은 것을 쓰시오.

❶ $x$절편이 3, $y$절편이 4이므로
두 점 (☐, 0), (0, ☐)을(를) 지난다.

∴ (기울기)$=\dfrac{\boxed{\phantom{x}}-0}{0-\boxed{\phantom{x}}}=\boxed{\phantom{x}}$

❷ $y$절편이 ☐이므로 구하는 일차함수의 식은

$y=\boxed{\phantom{xxx}}$이다.

**2** $x$절편과 $y$절편이 다음과 같은 직선을 그래프로 하는 일차함수의 기울기와 그 식을 각각 구하시오.

(1) $x$절편: 1, $y$절편: $-3$

⇨ 기울기: _____, 일차함수의 식: _____

(2) $x$절편: $-2$, $y$절편: 7

⇨ 기울기: _____, 일차함수의 식: _____

(3) $x$절편: $-5$, $y$절편: $-5$

⇨ 기울기: _____, 일차함수의 식: _____

(4) $x$절편: $-4$, $y$절편: 3

⇨ 기울기: _____, 일차함수의 식: _____

(5) $x$절편: 1, $y$절편: 4

⇨ 기울기: _____, 일차함수의 식: _____

**3** 다음 직선을 그래프로 하는 일차함수의 기울기, $y$절편, 식을 각각 구하시오.

(1)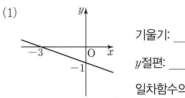

기울기: _____

$y$절편: _____

일차함수의 식: _____

(2)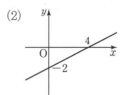

기울기: _____

$y$절편: _____

일차함수의 식: _____

(3)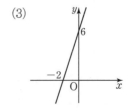

기울기: _____

$y$절편: _____

일차함수의 식: _____

(4)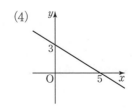

기울기: _____

$y$절편: _____

일차함수의 식: _____

# 쌍둥이 기출문제

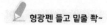

형광펜 들고 밑줄 좍~

**1** 일차함수 $y=ax-b$의 그래프가 오른쪽 그림과 같을 때, 다음 중 상수 $a$, $b$의 부호로 알맞은 것은?

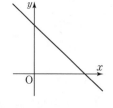

① $a>0$, $b>0$
② $a>0$, $b<0$
③ $a<0$, $b>0$
④ $a<0$, $b<0$
⑤ $a<0$, $b=0$

**2** $a>0$, $b<0$일 때, 기울기와 $y$절편의 부호를 이용하여 다음 일차함수의 그래프가 지나는 사분면을 모두 말하시오. (단, $a$, $b$는 상수)

(1) $y=ax+b$

(2) $y=ax-b$

**3** 다음 중 일차함수 $y=4x+1$의 그래프와 평행한 직선을 그래프로 하는 일차함수의 식은?

① $y=-4x+1$
② $y=\dfrac{1}{4}x+3$
③ $y=x+4$
④ $y=4x+8$
⑤ $y=5x$

**4** 다음 보기의 일차함수 중 그 그래프가 서로 평행한 것을 찾으시오.

| 보기 |
ㄱ. $y=3x+\dfrac{1}{2}$ ㄴ. $y=-\dfrac{1}{3}x+\dfrac{1}{4}$
ㄷ. $y=3x$ ㄹ. $y=\dfrac{1}{3}x-1$

**5** 다음 중 일차함수 $y=-\dfrac{3}{4}x+5$의 그래프에 대한 설명으로 옳은 것을 모두 고르면? (정답 2개)

① $x$절편은 5이다.
② 점 $(4, 8)$을 지난다.
③ 오른쪽 아래로 향하는 직선이다.
④ $x$의 값이 4만큼 증가할 때, $y$의 값은 3만큼 증가한다.
⑤ $y=-\dfrac{3}{4}x$의 그래프를 $y$축의 방향으로 5만큼 평행이동한 것이다.

**6** 다음 보기 중 일차함수 $y=5x-1$의 그래프에 대한 설명으로 옳은 것을 모두 고르시오.

| 보기 |
ㄱ. 기울기는 5이고, $y$절편은 $-1$이다.
ㄴ. 제1, 3, 4사분면을 지난다.
ㄷ. $x$의 값이 증가할 때, $y$의 값도 증가한다.
ㄹ. 일차함수 $y=-5x+1$의 그래프와 평행하다.

**쌍둥이 04**

**7** 기울기가 4이고, $y$절편이 $-1$인 직선을 그래프로 하는 일차함수의 식을 구하시오.

**8** 오른쪽 그림의 직선과 평행하고, $y$절편이 2인 직선을 그래프로 하는 일차함수의 식을 구하시오.

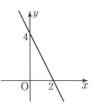

**쌍둥이 05**

**9** 기울기가 3이고, 점 $(-1, 1)$을 지나는 직선을 그래프로 하는 일차함수의 식은?

① $y = -3x - 4$   ② $y = -3x + 4$
③ $y = 3x - 4$   ④ $y = 3x - 1$
⑤ $y = 3x + 4$

**10** 다음 조건을 모두 만족시키는 직선을 그래프로 하는 일차함수의 식을 구하시오.

서술형

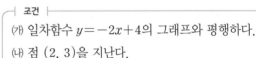

(개) 일차함수 $y = -2x + 4$의 그래프와 평행하다.
(내) 점 $(2, 3)$을 지난다.

풀이 과정

답

**쌍둥이 06**

**11** 두 점 $(2, -3)$, $(4, 5)$를 지나는 직선을 그래프로 하는 일차함수의 식을 $y = ax + b$라고 하자. 이때 상수 $a$, $b$에 대하여 $a - b$의 값을 구하시오.

**12** 두 점 $(1, 5)$, $(-2, -1)$을 지나는 일차함수의 그래프의 $y$절편을 구하시오.

**쌍둥이 07**

**13** 오른쪽 그림의 직선을 그래프로 하는 일차함수의 식을 구하시오.

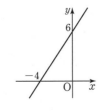

**14** $x$절편이 3이고, 일차함수 $y = 2x + 6$의 그래프와 $y$축 위에서 만나는 직선을 그래프로 하는 일차함수의 식을 구하시오.

5. 일차함수와 그 그래프

# 일차함수의 활용

**유형 13** 일차함수의 활용           개념편 119쪽

어떤 가습기에 물을 부으면 1시간에 50 mL씩 일정하게 물을 증발시킨다고 한다. 이 가습기에 800 mL의 물을 부은 지 $x$시간 후에 남은 물의 양을 $y$ mL라고 할 때, 물을 부은 지 4시간 후에 남은 물의 양 구하기

| ❶ $x$와 $y$ 사이의 관계를 파악하여 일차함수의 식 세우기 | 처음 물의 양은 800 mL이고, 물을 1시간에 50 mL씩 증발시키므로<br>$y=800-50x$ |
|---|---|
| ❷ 조건에 맞는 값 구하기 | $y=800-50x$에 $x=4$를 대입하면 $y=800-200=600$<br>따라서 물을 부은 지 4시간 후에 남은 물의 양은 600 mL이다. |

**1** 다음에서 일차함수의 식을 세울 때, ☐ 안에 알맞은 것을 쓰시오.

(1) 처음 온도가 30 ℃이고 1분마다 온도가 2 ℃씩 올라갈 때, $x$분 후의 온도를 $y$ ℃라고 하면
⇨ $y=$ ☐ $+$ ☐ $x$

(2) 처음 길이가 15 m이고 1초마다 길이가 0.1 m씩 줄어들 때, $x$초 후의 길이를 $y$ m라고 하면
⇨ $y=$ ☐ $-$ ☐ $x$

(3) 처음 양이 24 L이고 2시간마다 양이 6 L씩 늘어날 때, $x$시간 후의 양을 $y$ L라고 하면
⇨ 1시간마다 양이 ☐ L씩 늘어나므로
$y=$ ☐ $+$ ☐ $x$

(4) 100 km 떨어진 곳을 시속 4 km로 갈 때, 출발한 지 $x$시간 후에 남은 거리를 $y$ km라고 하면
⇨ $x$시간 동안 간 거리는 ☐ km이므로
$y=$ ☐ $-$ ☐ $x$

> (4) • (거리)=(시간)×(속력)
> • (속력)=$\dfrac{(거리)}{(시간)}$    • (시간)=$\dfrac{(거리)}{(속력)}$

**2** 길이가 30 cm인 어떤 용수철에 무게가 1 g인 추를 매달 때마다 용수철의 길이가 0.2 cm씩 일정하게 늘어난다고 한다. 무게가 $x$ g인 추를 매달았을 때의 용수철의 길이를 $y$ cm라고 하자. 다음을 구하시오.

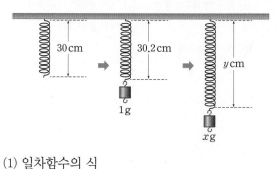

30 cm    30.2 cm    $y$ cm

1 g      $x$ g

(1) 일차함수의 식          _____

(2) 무게가 15 g인 추를 매달았을 때, 용수철의 길이
⇨ 일차함수의 식에 $x=$ ☐ 을(를) 대입하면
$y=$ ☐
∴ (용수철의 길이)= ☐ cm ← 단위를 반드시 쓴다.

(3) 용수철의 길이가 37 cm일 때, 매달은 추의 무게
⇨ 일차함수의 식에 $y=$ ☐ 을(를) 대입하면
$x=$ ☐
∴ (추의 무게)= ☐ g

▶ 양초의 길이가
10분에 2 cm씩 짧아지면

1분에 □① cm씩 짧아진다.

**3** 길이가 35 cm인 양초에 불을 붙이면 양초의 길이가 10분마다 2 cm씩 일정하게 짧아진다고 한다. 불을 붙인 지 $x$분 후에 남은 양초의 길이를 $y$ cm라고 할 때, 다음 물음에 답하시오.

35 cm → 33 cm → ?

10분 후      60분 후

(1) $y$를 $x$에 대한 식으로 나타내시오.

(2) 불을 붙인 지 60분 후에 남은 양초의 길이를 구하시오.

(3) 양초가 완전히 다 타는 데 걸리는 시간은 몇 분인지 구하시오.

▶ 물의 온도가
5초에 □① ℃씩 오르면

1초에 □② ℃씩 오른다.

**4** 아래 표는 비커에 담긴 물을 가열하면서 5초마다 측정한 물의 온도를 나타낸 것이다. 가열한 지 $x$초 후에 물의 온도를 $y$℃라고 할 때, 다음 물음에 답하시오.

| 시간(초) | 0 | 5 | 10 | 15 | 20 | … |
|---|---|---|---|---|---|---|
| 온도(℃) | 20 | 22 | 24 | 26 | 28 | … |

(1) $y$를 $x$에 대한 식으로 나타내시오.

(2) 가열한 지 35초 후에 물의 온도를 구하시오.

(3) 물의 온도가 100℃가 되는 때는 가열한 지 몇 초 후인지 구하시오.

▶ 주어진 조건들의 단위가 다르면 단위를 먼저 통일해야 한다.

⇨ 10 km=□① m

**5** 민수가 A 지점에서 10 km 떨어진 B 지점까지 분속 80 m로 걸어가고 있다. A 지점을 출발한 지 $x$분 후에 B 지점까지 남은 거리를 $y$ m라고 할 때, 다음 물음에 답하시오.

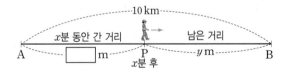

10 km

$x$분 동안 간 거리      남은 거리

A      □ m      P      $y$ m      B
           $x$분 후

(1) 위의 □ 안에 알맞은 식을 쓰고, 이를 이용하여 $y$를 $x$에 대한 식으로 나타내시오.

(2) 출발한 지 1시간 30분 후에 B 지점까지 남은 거리는 몇 m인지 구하시오.

(3) B 지점까지 남은 거리가 400 m일 때는 출발한 지 몇 분 후인지 구하시오.

● 정답과 해설 69쪽

🖍 형광펜 들고 밑줄 좍~

**쌍둥이 01**

**1** 8 L의 물이 들어 있는 물탱크에 1분에 3 L씩 일정하게 물을 넣고 있다. 물을 넣기 시작한 지 $x$분 후에 물탱크에 들어 있는 물의 양을 $y$ L라고 할 때, 물을 넣기 시작한 지 7분 후에 물탱크에 들어 있는 물의 양을 구하시오.

**2** 초속 2 m로 움직이는 어떤 엘리베이터가 있다. 지상으로부터 높이가 50 m인 곳에서 출발하여 중간에 서지 않고 내려오는 이 엘리베이터의 $x$초 후의 높이를 $y$ m라고 할 때, 지상으로부터 높이가 16 m인 곳에 도착하는 것은 출발한 지 몇 초 후인지 구하시오.

**쌍둥이 02**

**3** 지면으로부터 12 km까지는 높이가 100 m씩 높아질 때마다 기온이 0.6 °C씩 떨어진다고 한다. 지면에서의 기온이 15 °C이고 지면으로부터 높이가 $x$ m인 곳의 기온을 $y$ °C라고 할 때, 지면으로부터 높이가 2300 m인 곳의 기온을 구하시오.

**4** 어느 가게에서 회원이 되면 2000포인트를 기본으로 주고 구매 금액 10원마다 2포인트를 준다고 한다. 회원 가입을 하고 $x$원짜리 물건을 구매하여 받은 포인트를 $y$포인트라고 할 때, 총 3500포인트를 받으려면 얼마짜리 물건을 구매해야 하는지 구하시오.

**쌍둥이 03**

**5** 오른쪽 그래프는 섭씨온도 $x$ °C와 화씨온도 $y$ °F 사이의 관계를 나타낸 것이다. 섭씨온도가 30 °C일 때의 화씨온도를 구하시오.

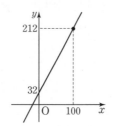

**6** 오른쪽 그래프는 어떤 양초에 불을 붙인 지 $x$분 후에 남은 양초의 길이 $y$ cm를 나타낸 것이다. 양초에 불을 붙인 지 45분 후에 남은 양초의 길이를 구하시오.

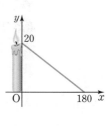

**쌍둥이 04**

**7** 오른쪽 그림의 직사각형 ABCD에서 점 P가 점 A를 출발하여 초속 2 cm로 점 B까지 움직이고 있다. 점 P가 점 A를 출발한 지 $x$초 후에 △APD의 넓이를 $y$ cm$^2$라고 할 때, 3초 후에 △APD의 넓이를 구하시오.

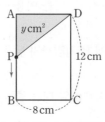

**8** 오른쪽 그림의 직각삼각형 ABC에서 점 P가 점 B를 출발하여 초속 3 cm로 점 A까지 움직이고 있다. 점 P가 점 B를 출발한 지 $x$초 후에 △APC의 넓이를 $y$ cm$^2$라고 할 때, 2초 후에 △APC의 넓이를 구하시오.

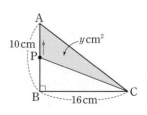

**1** 다음 중 $y$가 $x$의 함수가 <u>아닌</u> 것은?

① $x$보다 6만큼 작은 수 $y$

② 자연수 $x$를 3으로 나눈 나머지 $y$

③ 자연수 $x$와 그 약수 $y$

④ 1분에 9장을 인쇄하는 프린터가 $x$분 동안 인쇄한 종이 $y$장

⑤ 시속 $x$ km로 7시간 동안 달린 거리 $y$ km

▶ 함수

**2** 다음 보기 중 $y$가 $x$의 일차함수인 것을 모두 고르시오.

├ 보기 ├

ㄱ. $y=x$    ㄴ. $y=x^2-2x+3$    ㄷ. $y=\dfrac{4x-1}{3}$

ㄹ. $y=2x(x-4)$    ㅁ. $y=\dfrac{3}{x}$    ㅂ. $y=(x-6)-x$

▶ 일차함수

**3** 다음 중 일차함수 $f(x)=2x+12$의 함숫값으로 옳지 <u>않은</u> 것은?

① $f(-4)=4$    ② $f(-3)=6$    ③ $f(-1)=10$

④ $f(2)=14$    ⑤ $f(6)=24$

▶ 일차함수의 함숫값

**4** 다음 중 일차함수 $y=-2x+7$의 그래프를 $y$축의 방향으로 $-4$만큼 평행이동한 그래프 위에 있는 점은?

① $(-2, -7)$    ② $(0, 0)$    ③ $(1, 4)$

④ $(2, -1)$    ⑤ $(3, -4)$

▶ 일차함수의 그래프와 평행이동

**5** 다음 일차함수의 그래프 중 $x$절편이 나머지 넷과 <u>다른</u> 하나는?

① $y=-x+3$       ② $y=\dfrac{5}{3}x-5$       ③ $y=2x-6$

④ $y=3x-9$       ⑤ $y=3x-3$

▶ 일차함수의 그래프의 $x$절편, $y$절편

**6** 오른쪽 그림에서 일차함수의 그래프 ⑴의 기울기와 일차함수의 그래프 ⑵의 $y$절편의 합을 구하시오.

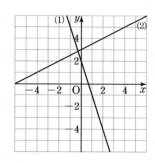

▶ 일차함수의 그래프의 기울기

**7** 일차함수 $y=\dfrac{2}{3}x+4$의 그래프와 $x$축, $y$축으로 둘러싸인 도형의 넓이를 구하시오.

▶ 일차함수의 그래프를 이용하여 도형의 넓이 구하기

**8** 일차함수 $y=-ax+b$의 그래프가 오른쪽 그림과 같을 때, 다음 중 상수 $a$, $b$의 부호로 알맞은 것은?

① $a>0$, $b>0$       ② $a>0$, $b<0$

③ $a<0$, $b<0$       ④ $a<0$, $b>0$

⑤ $a>0$, $b=0$

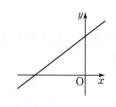

▶ 일차함수의 그래프의 성질

**9** 다음 중 일차함수 $y=2x-6$의 그래프에 대한 설명으로 옳지 <u>않은</u> 것을 모두 고르면?

(정답 2개)

① 일차함수 $y=2x$의 그래프를 $y$축의 방향으로 6만큼 평행이동한 것이다.

② 점 $(4, 2)$를 지난다.

③ $x$절편은 3이고, $y$절편은 $-6$이다.

④ 오른쪽 위로 향하는 직선이다.

⑤ 일차함수 $y=-2x+10$의 그래프와 평행하다.

▶ 일차함수의 그래프의 이해

**10** $x$의 값이 2만큼 증가할 때 $y$의 값은 1만큼 감소하고, 점 $(3, 2)$를 지나는 직선을 그래프로 하는 일차함수의 식을 $y=ax+b$라고 할 때, $b-a$의 값을 구하시오. (단, $a$, $b$는 상수)

▶ 일차함수의 식 구하기 – 기울기와 한 점

**11** 오른쪽 그림의 직선을 그래프로 하는 일차함수의 식을 구하시오.

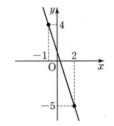

▶ 일차함수의 식 구하기 – 서로 다른 두 점

**서술형**

**12** 3 L의 휘발유로 15 km를 달릴 수 있는 자동차에 30 L의 휘발유가 들어 있다. 이 자동차가 $x$ km를 달린 후에 남아 있는 휘발유의 양을 $y$ L라고 할 때, 다음 물음에 답하시오.

(1) $y$를 $x$에 대한 식으로 나타내시오.

(2) 60 km를 달린 후에 남아 있는 휘발유의 양을 구하시오.

풀이 과정

(1)

(2)

답 (1)                                    (2)

▶ 일차함수의 활용

# 6 일차함수와 일차방정식의 관계

# 1
### 6. 일차함수와 일차방정식의 관계
# 일차함수와 일차방정식

**유형 1** **일차방정식의 그래프와 일차함수의 그래프** 개념편 130~131 쪽

(1) **일차방정식의 그래프와 직선의 방정식**

$x$, $y$의 값의 범위가 수 전체일 때, 일차방정식 $ax+by+c=0$ ($a$, $b$, $c$는 상수, $a \neq 0$ 또는 $b \neq 0$)의 해를 좌표평면 위에 나타내면 직선이 되고, 이 직선을 일차방정식 $ax+by+c=0$의 그래프라고 한다. 이때 일차방정식 $ax+by+c=0$을 직선의 방정식이라고 한다.

(2) **일차방정식의 그래프와 일차함수의 그래프**

미지수가 2개인 일차방정식 $ax+by+c=0$ ($a \neq 0$, $b \neq 0$)의 그래프는 일차함수 $y=-\dfrac{a}{b}x-\dfrac{c}{b}$의 그래프와

서로 같다.
　　　　　　　　　　　　　　　　　　　　　　　　　　기울기　　y절편

　📝 일차방정식 $x+y-4=0$의 그래프는 일차함수 $y=-x+4$의 그래프와 같다.

---

**1** 다음은 일차방정식 $x-2y=6$의 그래프 위의 점이다. ☐ 안에 알맞은 수를 쓰시오.

(1) $(-4, \boxed{\phantom{0}})$

(2) $(\boxed{\phantom{0}}, -3)$

(3) $(2, \boxed{\phantom{0}})$

(4) $(\boxed{\phantom{0}}, 1)$

**2** 다음 일차방정식을 일차함수 $y=ax+b$ 꼴로 나타내고, 그 그래프의 기울기, $x$절편, $y$절편을 각각 구하시오. (단, $a$, $b$는 상수)

(1) $-2x+y+5=0$ ⇨ $y=$ _____

　　기울기: _____, $x$절편: _____, $y$절편: _____

(2) $x+3y-6=0$ ⇨ $y=$ _____

　　기울기: _____, $x$절편: _____, $y$절편: _____

(3) $3x-4y=-24$ ⇨ $y=$ _____

　　기울기: _____, $x$절편: _____, $y$절편: _____

(4) $\dfrac{x}{2}+\dfrac{y}{3}=1$ ⇨ $y=$ _____

　　기울기: _____, $x$절편: _____, $y$절편: _____

**3** 다음 일차방정식의 그래프를 주어진 좌표평면 위에 그리시오. (단, $x$절편과 $y$절편을 표시하시오.)

(1) $5x-4y+10=0$ 　　(2) $x+2y=-3$

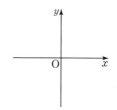 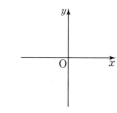

(3) $2x-3y-6=0$ 　　(4) $4x+7y=14$

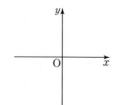 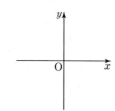

**4** 다음 중 일차방정식 $6x-2y-1=0$의 그래프에 대한 설명으로 옳은 것은 ○표, 옳지 <u>않은</u> 것은 ×표를 ( ) 안에 쓰시오.

(1) 점 $(1, 3)$을 지난다. 　　　　　　　( 　 )

(2) $x$의 값이 2만큼 증가할 때, $y$의 값은 6만큼 증가한다. 　　　　　　　　　　　　( 　 )

(3) 제2사분면을 지나지 않는다. 　　　　( 　 )

(4) 일차함수 $y=-3x+6$의 그래프와 평행하다.
　　　　　　　　　　　　　　　　　　　( 　 )

## 유형 **2** 일차방정식 $x=m$, $y=n$의 그래프

개념편 132쪽

(1) 일차방정식 $x=2$의 그래프
➡ $y$의 값에 관계없이 $x$의 값이 항상 2인 직선
➡ 점 $(2, 0)$을 지나고, $y$축에 평행한 직선
　└→$x$축에 수직인

(2) 일차방정식 $y=2$의 그래프
➡ $x$의 값에 관계없이 $y$의 값이 항상 2인 직선
➡ 점 $(0, 2)$를 지나고, $x$축에 평행한 직선
　└→$y$축에 수직인

**[1~2]** 다음 일차방정식의 그래프에 대하여 □ 안에 알맞은 것을 쓰고, 그래프를 주어진 좌표평면 위에 그리시오.

**1** (1) $x=1$
　⇨ 점 $(\boxed{\phantom{0}}, 0)$을 지나고, □축에 평행하다.

(2) $2x+6=0$
　⇨ $x=\boxed{\phantom{0}}$
　⇨ 점 $(\boxed{\phantom{0}}, 0)$을 지나고, □축에 수직이다.

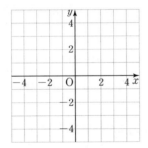

**2** (1) $y=3$
　⇨ 점 $(0, \boxed{\phantom{0}})$을(를) 지나고, □축에 평행하다.

(2) $y+2=0$
　⇨ $y=\boxed{\phantom{0}}$
　⇨ 점 $(0, \boxed{\phantom{0}})$을(를) 지나고, □축에 수직이다.

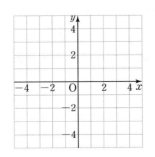

**[3~4]** 다음과 같은 직선의 방정식을 구하시오.

**3** (1) 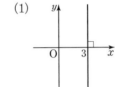　(2)

(3)　(4)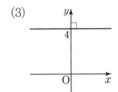

**4** (1) 점 $(2, 1)$을 지나고, $x$축에 평행한 직선

(2) 점 $(3, 2)$를 지나고, $y$축에 평행한 직선

(3) 점 $(-2, 1)$을 지나고, $x$축에 수직인 직선

(4) 점 $(4, -1)$을 지나고, $y$축에 수직인 직선

(5) 두 점 $(2, -3)$, $(2, 9)$를 지나는 직선

(6) 두 점 $(3, -5)$, $(-2, -5)$를 지나는 직선

## 쌍둥이 기출문제

형광펜 들고 밑줄 쫙~

**쌍둥이 01**

**1** 다음 중 일차방정식 $2x+y-4=0$의 그래프는?

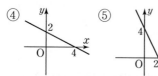

**2** 다음 중 일차방정식 $x-3y+6=0$의 그래프는?

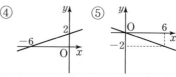

**쌍둥이 02**

**3** 다음 중 일차방정식 $6x+2y=-3$의 그래프에 대한 설명으로 옳지 <u>않은</u> 것은?

① 기울기는 $-3$이다.

② 점 $\left(\dfrac{1}{2},\ -3\right)$을 지난다.

③ $x$절편은 $-\dfrac{1}{2}$, $y$절편은 $-\dfrac{3}{2}$이다.

④ $x$의 값이 증가할 때, $y$의 값도 증가한다.

⑤ 제1사분면을 지나지 않는다.

**4** 다음 중 일차방정식 $3x-4y-12=0$의 그래프에 대한 설명으로 옳은 것을 모두 고르면? (정답 2개)

① $x$절편은 $-4$이다.

② $y$축과의 교점의 좌표는 $(0,\ 3)$이다.

③ $x$의 값이 4만큼 증가할 때, $y$의 값은 3만큼 증가한다.

④ 제1, 2, 3사분면을 지난다.

⑤ 일차함수 $y=\dfrac{3}{4}x-8$의 그래프와 평행하다.

**쌍둥이 03**

**5** 일차방정식 $ax+y+b=0$의 그래프의 기울기가 $-2$, $y$절편이 6일 때, 상수 $a$, $b$에 대하여 $a+b$의 값을 구하시오.

**6** 일차방정식 $ax+by+2=0$의 그래프가 일차함수 $y=x-7$의 그래프와 평행하고, $y$절편이 2일 때, 상수 $a$, $b$에 대하여 $ab$의 값을 구하시오.

**쌍둥이 04**

**7** 직선 $2x+y=3$과 평행하고, $x$절편이 4인 직선의 방정식은?

① $2x+y+8=0$  ② $2x+y-8=0$
③ $2x+y+4=0$  ④ $2x+y-4=0$
⑤ $2x+y=0$

**8** 두 점 $(2, 4)$, $(1, 7)$을 지나는 직선의 방정식은?

① $2x-y+2=0$  ② $2x+y-2=0$
③ $3x-y+1=0$  ④ $3x+y+10=0$
⑤ $3x+y-10=0$

**쌍둥이 05**

**9** 점 $(3, -4)$를 지나고, $x$축에 평행한 직선의 방정식을 구하시오.

**10** 다음과 같은 직선의 방정식을 구하시오.

(1) 점 $(2, -1)$을 지나고, $y$축에 수직인 직선

(2) 두 점 $(4, 1)$, $(4, -5)$를 지나는 직선

**쌍둥이 06**

**11** 두 점 $(k, 5)$, $(2, 2k-1)$을 지나는 직선이 $x$축에 평행할 때, $k$의 값을 구하시오.

**12** 두 점 $(3a+1, -2)$, $(a-5, 3)$을 지나는 직선이 $y$축에 평행할 때, 이 두 점을 지나는 직선의 방정식을 구하시오.

[풀이 과정]

[답]

## 2 일차함수의 그래프와 연립일차방정식

6. 일차함수와 일차방정식의 관계

유형 **3** 연립방정식의 해와 그래프     개념편 **135** 쪽

(1) 연립방정식 $\begin{cases} x+2y=4 \\ x-y=1 \end{cases}$ 의 해는 $x=2$, $y=1$이다.

(2) 두 일차방정식 $x+2y=4$, $x-y=1$의 그래프의 교점의 좌표는 $(2, 1)$이다.

➡ 연립방정식의 해는 두 일차방정식의 그래프의 교점의 좌표와 같다.

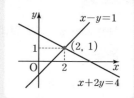

**1** 아래 그림과 같은 일차방정식의 그래프를 보고, 다음 연립방정식의 해를 구하시오.

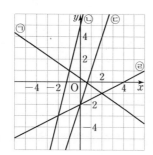

(1) $\begin{cases} 2x+3y=1 & \cdots ㉠ \\ 4x-y=-5 & \cdots ㉡ \end{cases}$ _____

(2) $\begin{cases} 4x-y=-5 & \cdots ㉡ \\ x-2y=4 & \cdots ㉢ \end{cases}$ _____

(3) $\begin{cases} 3x-y=2 & \cdots ㉢ \\ x-2y=4 & \cdots ㉣ \end{cases}$ _____

**2** 연립방정식 $\begin{cases} 5x+3y=6 \\ 2x+3y=-3 \end{cases}$ 의 두 일차방정식의 그래프를 다음 좌표평면 위에 각각 그리고, 이를 이용하여 연립방정식의 해를 구하시오.

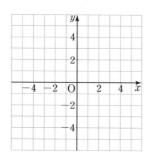

**3** 다음 두 일차방정식의 그래프의 교점의 좌표를 구하시오.

(1) $y=-2x+1$, $y=-\dfrac{1}{2}x+4$

_____

(2) $x-y+2=0$, $-3x+y-8=0$

_____

**4** 다음 연립방정식의 해를 구하기 위해 두 일차방정식의 그래프를 각각 그렸더니 오른쪽 그림과 같았다. 이때 상수 $a$, $b$의 값을 각각 구하시오.

(1) $\begin{cases} x-y=a \\ x+by=7 \end{cases}$

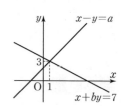

(2) $\begin{cases} 2x-y=a \\ 3x-y=b \end{cases}$

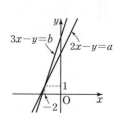

(3) $\begin{cases} x+ay=-3 \\ 2bx-3y=4 \end{cases}$

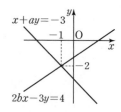

## 유형 4 연립방정식의 해의 개수와 두 그래프의 위치 관계

개념편 136쪽

연립방정식 $\begin{cases} ax+by+c=0 \\ a'x+b'y+c'=0 \end{cases}$ 의 해의 개수는 두 일차방정식의 그래프의 교점의 개수와 같다.

| 두 그래프의 위치 관계 | 한 점에서 만난다. 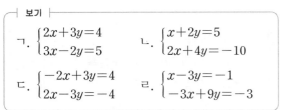 | 평행하다. | 일치한다. |
|---|---|---|---|
| 두 그래프의 교점의 개수 | 한 개 | 없다. | 무수히 많다. |
| 연립방정식의 해의 개수 | 해가 하나뿐이다. | 해가 없다. | 해가 무수히 많다. |
| 기울기와 $y$절편 | 기울기가 다르다. | 기울기는 같고 $y$절편은 다르다. | 기울기가 같고 $y$절편도 같다. |

**1** 다음 보기의 연립방정식에 대하여 물음에 답하시오.

$\boxed{\text{보기}}$

ㄱ. $\begin{cases} 2x+3y=4 \\ 3x-2y=5 \end{cases}$  ㄴ. $\begin{cases} x+2y=5 \\ 2x+4y=-10 \end{cases}$

ㄷ. $\begin{cases} -2x+3y=4 \\ 2x-3y=-4 \end{cases}$  ㄹ. $\begin{cases} x-3y=-1 \\ -3x+9y=-3 \end{cases}$

(1) 해가 하나뿐인 연립방정식을 모두 고르시오.

─────────

(2) 해가 무수히 많은 연립방정식을 모두 고르시오.

─────────

(3) 해가 없는 연립방정식을 모두 고르시오.

─────────

**2** 다음 연립방정식의 해가 없을 때, 상수 $a$의 값을 구하시오.

(1) $\begin{cases} x-2y=3 \\ ax-4y=-3 \end{cases}$  ─────────

(2) $\begin{cases} ax+2y=4 \\ -6x-4y=-5 \end{cases}$  ─────────

**3** 다음 연립방정식의 해가 없을 때, 상수 $a$, $b$의 조건을 각각 구하시오.

(1) $\begin{cases} ax+3y=4 \\ 3x-9y=b \end{cases}$  ─────────

(2) $\begin{cases} 2x+ay=5 \\ -4x+2y=b \end{cases}$  ─────────

**4** 다음 연립방정식의 해가 무수히 많을 때, 상수 $a$, $b$의 값을 각각 구하시오.

(1) $\begin{cases} ax-3y=1 \\ -4x+by=-2 \end{cases}$  ─────────

(2) $\begin{cases} 2x+ay=-2 \\ bx+2y=-4 \end{cases}$  ─────────

(3) $\begin{cases} x+ay=3 \\ 3x+9y=b \end{cases}$  ─────────

(4) $\begin{cases} 4x-6y=a \\ 2x+by=-3 \end{cases}$  ─────────

# 쌍둥이 기출문제

형광펜 들고 밑줄 쫙~

쌍둥이 **01**

**1** 두 일차방정식 $3x+y+1=0$, $2x-y+4=0$의 그래프의 교점의 좌표가 $(a, b)$일 때, $a+b$의 값을 구하시오.

**2** 두 일차방정식 $x-y=-2$, $-3x+y=8$의 그래프의 교점이 직선 $y=ax+5$ 위의 점일 때, 상수 $a$의 값은?

① $-3$  ② $-1$  ③ $1$
④ $2$   ⑤ $3$

쌍둥이 **02**

**3** 오른쪽 그림은 연립방정식 $\begin{cases} x+y=a \\ bx-y=3 \end{cases}$의 해를 구하기 위해 두 일차방정식의 그래프를 각각 그린 것이다. 이때 상수 $a$, $b$의 값을 각각 구하시오.

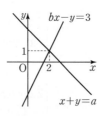

**4** 두 일차방정식 $ax-y=3$, $x+by=5$의 그래프가 오른쪽 그림과 같을 때, 상수 $a$, $b$에 대하여 $ab$의 값을 구하시오.

서술형

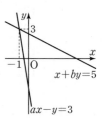

풀이 과정

답

쌍둥이 **03**

**5** 두 직선 $2x+3y-3=0$, $x-y+1=0$의 교점을 지나고, 직선 $2x-y=0$과 평행한 직선의 방정식은?

① $y=-2x+4$   ② $y=-2x+1$
③ $y=2x-1$    ④ $y=2x+1$
⑤ $y=4x-1$

**6** 두 직선 $5x+3y+1=0$, $2x+3y-5=0$의 교점을 지나고, $y$절편이 2인 직선의 방정식을 $y=ax+b$ 꼴로 나타내시오. (단, $a$, $b$는 상수)

쌍둥이 04

**7** 세 일차방정식 $2x+3y-9=0$, $2x-3y-3=0$, $x+ay-6=0$의 그래프가 한 점에서 만날 때, 상수 $a$의 값은?

① $-3$      ② $-1$      ③ $1$

④ $3$      ⑤ $5$

**8** 일차함수 $y=-x+7$의 그래프가 두 직선 $ax-3y=4$, $x-2y-1=0$의 교점을 지날 때, 상수 $a$의 값을 구하시오.

쌍둥이 05

**9** 오른쪽 그림과 같이 두 직선 $x-y=-3$, $2x+y=6$과 $x$축으로 둘러싸인 도형의 넓이를 구하시오.

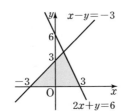

**10** 오른쪽 그림과 같이 두 직선 $x-y-2=0$, $x+4y-12=0$과 $y$축으로 둘러싸인 도형의 넓이를 구하시오.

서술형

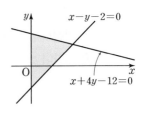

풀이 과정

답

쌍둥이 06

**11** 연립방정식 $\begin{cases} x+3y=3 \\ ax+9y=7 \end{cases}$ 의 해가 없을 때, 상수 $a$의 값을 구하시오.

**12** 두 일차방정식 $2x-y+4=0$, $ax+2y-5=0$의 그래프의 교점이 없을 때, 상수 $a$의 값을 구하시오.

쌍둥이 07

**13** 연립방정식 $\begin{cases} ax+y-2=0 \\ 4x-2y-b=0 \end{cases}$ 의 해가 무수히 많을 때, 상수 $a$, $b$의 값을 각각 구하시오.

**14** 두 일차방정식 $2x-3y=6$, $ax-by=-12$의 그래프의 교점이 무수히 많을 때, 상수 $a$, $b$에 대하여 $a+b$의 값을 구하시오.

## 단원 마무리

**1** 다음 중 일차방정식 $x-2y-2=0$의 그래프에 대한 설명으로 옳은 것을 모두 고르면?

(정답 2개)

① 점 $(4, 1)$을 지난다.

② $x$절편은 2, $y$절편은 $-2$이다.

③ $x$의 값이 2만큼 증가할 때, $y$의 값은 1만큼 감소한다.

④ 제2사분면을 지나지 않는다.

⑤ 일차함수 $y=x+3$의 그래프와 평행하다.

▶ 일차방정식의 그래프와 일차함수의 그래프

**2** 일차방정식 $ax-by=4$의 그래프가 오른쪽 그림과 같을 때, 상수 $a$, $b$에 대하여 $a+b$의 값을 구하시오.

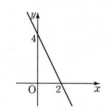

▶ 일차방정식 $ax+by+c=0$의 그래프에서 $a, b, c$의 값 구하기

**3** 다음 보기 중 점 $(1, 2)$를 지나고, $y$축에 평행한 직선에 대한 설명으로 옳은 것을 모두 고르시오.

┌ 보기 ┐

ㄱ. 점 $(1, 0)$을 지난다.          ㄴ. 점 $(0, 2)$를 지난다.

ㄷ. 직선 $y=6$과 수직으로 만난다.          ㄹ. 제1사분면과 제2사분면을 지난다.

▶ 일차방정식 $x=m$, $y=n$의 그래프

**4** 두 점 $(a-3, -2)$, $(2a-1, 4)$를 지나는 직선이 $x$축에 수직일 때, $a$의 값은?

① $-4$          ② $-2$          ③ $2$

④ $3$          ⑤ $4$

▶ 일차방정식 $x=m$, $y=n$의 그래프

**5** 연립방정식 $\begin{cases} ax+y-1=0 \\ x-by+3=0 \end{cases}$을 풀기 위해 두 일차방정식의 그래프를 각각 그렸더니 오른쪽 그림과 같았다. 이때 상수 $a$, $b$에 대하여 $a-b$의 값을 구하시오.

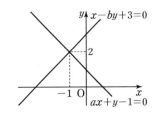

두 그래프의 교점의 좌표를 이용하여 상수의 값 구하기

---

서술형

**6** 두 일차방정식 $x-y=-2$, $2x-y=1$의 그래프의 교점을 지나고, $x$축에 평행한 직선의 방정식을 구하시오.

풀이 과정

답

두 그래프의 교점을 지나는 직선의 방정식 구하기

---

**7** 두 직선 $x+y=2$, $x-y=-4$와 $x$축으로 둘러싸인 도형의 넓이를 구하시오.

직선으로 둘러싸인 도형의 넓이

---

**8** 다음 두 직선의 교점이 없을 때, 상수 $a$, $b$의 조건을 각각 구하시오.

$$2x-y-a=0, \qquad bx-2y-5=0$$

연립방정식의 해의 개수와 두 그래프의 위치 관계

기
초
탄
탄 **LITE**

유형편 **정답과**

**해설**

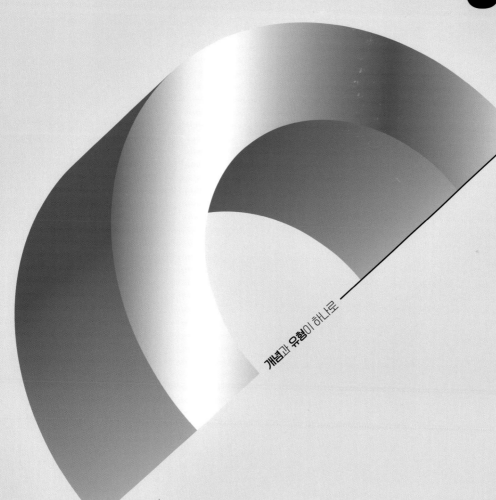

개념과 유형이 하나로

중학 수학

**2·1**

**개념+유형**
PLUS

# 1 유리수와 순환소수

## ◯1 유리수와 순환소수

### 유형 **1** P. 6

**1** (1) 6, 1.1666⋯, 무한소수　(2) 0.9, 유한소수
　(3) 0.4375, 유한소수　　　(4) 0.2272727⋯, 무한소수
　(5) 0.060606⋯, 무한소수

**2** (1) 4, $0.\dot{4}$　(2) 70, $2.\dot{7}\dot{0}$　(3) 12, $3.0\dot{1}\dot{2}$
　(4) 010, $0.\dot{0}1\dot{0}$　(5) 125, $5.2\dot{1}2\dot{5}$

**3** $0.\dot{2}1\dot{6}$, 3, 3, 2, 2, 1

**4** (1) $0.\dot{2}\dot{7}$, 7　(2) $0.2\dot{9}\dot{6}$, 2　(3) $0.\dot{1}5384\dot{6}$, 8

### 유형 **2** P. 7

**1** (1) 2, 2, 6, 0.6　　　(2) $5^2$, $5^2$, 25, 0.25
　(3) $5^3$, $5^3$, 625, 0.625　(4) 5, 5, 85, 0.85

**2** (1) 50, 2, 5, 2, 5, 있다　(2) 14, 7, 7, 없다

**3** ㄱ, ㄷ, ㅂ　　　　**4** 12

**5** (1) 3　(2) 11　(3) 33　(4) 9

### 쌍둥이 기출문제 P. 8~9

**1** ⑤　**2** ①, ④　**3** ②　**4** ③
**5** 5　**6** 1　**7** $A=5^2$, $B=1000$, $C=0.075$
**8** 20　**9** ④　**10** ㄱ, ㄴ, ㅁ　**11** ⑤
**12** 9　**13** ⑤　**14** 77　**15** ③　**16** ⑤

### 유형 **3** P. 10

**1** 100, 99, 34, 99

**2** (1) $\frac{2}{3}$　(2) $\frac{40}{99}$　(3) $\frac{7}{3}$　(4) $\frac{313}{99}$　(5) $\frac{125}{999}$

**3** 1000, 990, 122, 990, 495

**4** (1) $\frac{16}{45}$　(2) $\frac{52}{45}$　(3) $\frac{97}{900}$　(4) $\frac{211}{990}$　(5) $\frac{1037}{330}$

### 유형 **4** P. 11

**1** (1) 8　(2) 9, 9　(3) 258, 86　(4) 247, 2, 245

**2** (1) 25, 23　　(2) 10, 90, 45
　(3) 13, 1, 75　　(4) 3032, 30, 1501

**3** (1) $\frac{43}{99}$　(2) $\frac{1511}{999}$　(3) $\frac{433}{495}$
　(4) $\frac{37}{36}$　(5) $\frac{2411}{990}$　(6) $\frac{1621}{495}$

**4** (1) ◯　(2) ◯　(3) ×　(4) ◯　(5) ×

### 쌍둥이 기출문제 P. 12~13

**1** ⑤　**2** 100, 100, 13.777⋯, 90, 124, $\frac{62}{45}$
**3** ②　**4** ④　**5** ③　**6** ⑤
**7** (1) 99　(2) 41　(3) $0.\dot{4}\dot{1}$　**8** $0.6\dot{7}$　**9** ③
**10** ①　**11** ④　**12** ②, ③

### 단원 마무리 P. 14~15

**1** ②, ⑤　**2** 15　**3** ㄴ, ㅁ　**4** ②, ④　**5** 63
**6** $\frac{503}{330}$　**7** ⑤　**8** $1.0\dot{4}$　**9** ④

## 2 식의 계산

### ⌒1 지수법칙

**1** (1) $a^9$    (2) $a^{14}$    (3) $x^6$    (4) $2^{23}$

**2** (1) $a^8$    (2) $x^{18}$    (3) $x^{10}$    (4) $3^{15}$

**3** (1) $x^{10}y^{12}$    (2) $a^6b^8$    (3) $x^9y^6$    (4) $a^6b^5$

**4** (1) $x^6$    (2) $a^{20}$    (3) $2^{15}$    (4) $5^{14}$

**5** (1) $a^{24}$    (2) $x^{20}$

**6** (1) $a^{10}$    (2) $x^{13}$    (3) $x^{18}$    (4) $5^{27}$

**7** (1) $x^5y^{16}$    (2) $a^{18}b^{19}$    (3) $2^{12}a^{23}$    (4) $3^{15}x^7$

**1** (1) $x^5$    (2) $x^6$    (3) $a^3$    (4) $5^6$

**2** (1) $\dfrac{1}{a^5}$    (2) $\dfrac{1}{x^9}$    (3) $1$    (4) $\dfrac{1}{2^7}$

**3** (1) $a^6$    (2) $1$    (3) $\dfrac{1}{x^4}$

**4** (1) $a^2$    (2) $x^5$    (3) $\dfrac{1}{y^2}$

**5** (1) $x^2y^4$    (2) $a^{12}b^{18}$    (3) $x^{15}y^{20}z^5$

**6** (1) $8a^{12}$    (2) $5^9a^6$    (3) $x^{16}$    (4) $-27x^6$    (5) $25x^6y^{10}$

**7** (1) $\dfrac{y^3}{x^6}$    (2) $\dfrac{b^6}{a^2}$    (3) $-\dfrac{x^3}{27}$    (4) $\dfrac{b^{20}}{a^8}$    (5) $\dfrac{9y^2}{4x^6}$

**1** (1) 8 (2) 4 (3) 4      **2** (1) 3 (2) 6 (3) 6

**3** (1) $a=2$, $b=3$ (2) $a=4$, $b=81$, $c=8$
     (3) $a=3$, $b=2$ (4) $a=3$, $b=8$, $c=12$

**4** (1) 3 (2) 2      **5** (1) 2, 1, 3 (2) $3^5$ (3) $5^4$

**6** (1) 6, 3, 3 (2) $A^5$ (3) $A^6$

**7** (1) 3, 3, 8, 800000, 6 (2) 8자리 (3) 10자리

**1** ⑤    **2** ③, ⑤    **3** (1) $a^4$ (2) $x^2$ (3) $3^3$

**4** (1) $5^{12}$ (2) $a^{15}$ (3) $x^3$    **5** $2^{12}$    **6** 3

**7** ②    **8** 5    **9** ⑤    **10** 17    **11** ①

**12** 5    **13** ③    **14** ①    **15** 4자리    **16** ③

### ⌒2 단항식의 계산

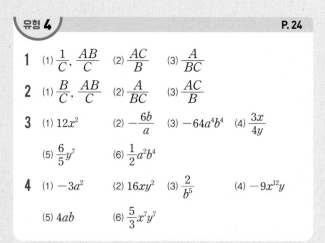

**1** (1) $12x^3$    (2) $-10ab$    (3) $-x^6y$    (4) $15a^2b^3$

**2** (1) $-2x^5$    (2) $2a^{11}$    (3) $16x^{14}y^2$    (4) $8a^{11}b^7$

**3** (1) $6a^6$    (2) $-8x^4y^6$    (3) $12a^3b^4$

**4** (1) $\dfrac{9}{x}$    (2) $-\dfrac{1}{3a^2}$    (3) $-\dfrac{2}{x}$    (4) $\dfrac{4}{3xy^2}$

**5** (1) $5x$, $2x$    (2) $2a^2$    (3) $-\dfrac{2}{3}x$    (4) $8a^2$    (5) $\dfrac{1}{y}$

**6** (1) $\dfrac{4}{3a}$, $4a^2$    (2) $4x^7$    (3) $-21x^2$    (4) 6    (5) $\dfrac{5a^4}{4b^6}$

**7** (1) $-\dfrac{2}{a}$    (2) $\dfrac{4y}{3x^2}$

**1** (1) $\dfrac{1}{C}$, $\dfrac{AB}{C}$    (2) $\dfrac{AC}{B}$    (3) $\dfrac{A}{BC}$

**2** (1) $\dfrac{B}{C}$, $\dfrac{AB}{C}$    (2) $\dfrac{A}{BC}$    (3) $\dfrac{AC}{B}$

**3** (1) $12x^2$    (2) $-\dfrac{6b}{a}$    (3) $-64a^4b^4$    (4) $\dfrac{3x}{4y}$
   (5) $\dfrac{6}{5}y^7$    (6) $\dfrac{1}{2}a^2b^4$

**4** (1) $-3a^2$    (2) $16xy^2$    (3) $\dfrac{2}{b^5}$    (4) $-9x^{12}y$
   (5) $4ab$    (6) $\dfrac{5}{3}x^7y^7$

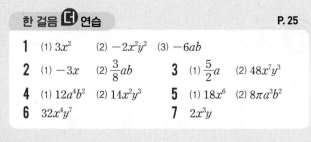

**1** (1) $3x^2$    (2) $-2x^2y^2$    (3) $-6ab$

**2** (1) $-3x$    (2) $\dfrac{3}{8}ab$    **3** (1) $\dfrac{5}{2}a$    (2) $48x^7y^3$

**4** (1) $12a^4b^2$    (2) $14x^2y^3$    **5** (1) $18x^6$    (2) $8\pi a^3b^2$

**6** $32x^4y^7$      **7** $2x^3y$

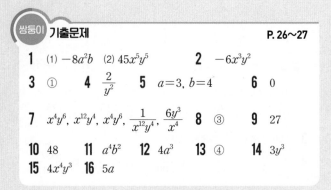

**1** (1) $-8a^2b$ (2) $45x^5y^5$    **2** $-6x^3y^2$

**3** ①    **4** $\dfrac{2}{y^2}$    **5** $a=3$, $b=4$    **6** 0

**7** $x^4y^6$, $x^{12}y^4$, $x^4y^6$, $\dfrac{1}{x^{12}y^4}$, $\dfrac{6y^3}{x^4}$    **8** ③    **9** 27

**10** 48    **11** $a^4b^2$    **12** $4a^3$    **13** ④    **14** $3y^3$

**15** $4x^4y^3$    **16** $5a$

# 3 다항식의 계산

## 유형 5
P. 28

**1** (1) $-x-y+z$ (2) $-6a+2b$ (3) $2x+\dfrac{1}{3}y-\dfrac{2}{3}$

**2** (1) $8x-5y$ (2) $4x+y-2$ (3) $2x+4y$
(4) $-3x+5y+7$

**3** (1) $-2a$ (2) $-3x+13y$ (3) $-8a+15b$
(4) $-5x+2y+21$

**4** (1) $-\dfrac{1}{6}a+5b$ (2) $\dfrac{7a-2b}{12}$ (3) $\dfrac{-5x-3y}{4}$

**5** (1) $a-2b$ (2) $6x+y$ (3) $x-4y$

**6** (1) $7a-6b+4$ (2) $x-7y+1$ (3) $5x-7y-2$

## 유형 6
P. 29

**1** (1) × (2) ○ (3) × (4) × (5) ○

**2** (1) $5a^2+5a+7$ (2) $x^2+10x-10$
(3) $x^2+8x-5$ (4) $-4a^2-9a+4$
(5) $-8a^2-3a+11$ (6) $-5x^2+17x-10$

**3** (1) $-\dfrac{1}{8}a^2-8a-2$ (2) $\dfrac{18x^2+5x+8}{15}$ (3) $\dfrac{-a^2+1}{6}$

**4** (1) $3x^2+x+1$ (2) $-x^2-2x-7$
(3) $4x^2-9x+6$

**5** (1) $7a^2-4a+2$ (2) $-7a^2-3a-2$

## 유형 7
P. 30

**1** (1) $3a^2-15a$ (2) $-8a^2+12a$
(3) $-10a^2b+5ab^2$ (4) $\dfrac{3}{2}x^2y-3xy-4y$
(5) $a^3b^2+4a^2b^3$ (6) $-\dfrac{2}{3}x^2y+xy^2+2xy$

**2** (1) $b-a^3$ (2) $7a+5b-4$
(3) $-x^2+x-3y$

**3** (1) $2a$, $3a-2$ (2) $-x-y^2$
(3) $ab^2+2$ (4) $-3x+4y-\dfrac{4y^2}{3x}$

**4** (1) $\dfrac{3}{x}$, $3y-9$ (2) $\dfrac{4}{3}x+\dfrac{8}{3}y$
(3) $16a^2-24b$ (4) $4a-2b^2+6b$

## 유형 8
P. 31

**1** (1) $6a^2+a$ (2) $-4a^2+21ab$
(3) $-x^2-5xy$ (4) $3x^2-8xy$

**2** (1) $4x-3y$ (2) $-a+5b$

**3** (1) $-2x^2+x-4$ (2) $a^2b$

**4** (1) $\dfrac{7}{3}x^3+\dfrac{5}{4}x^2y$ (2) $6x^2y-xy^2$
(3) $5a^2b-4a$ (4) $\dfrac{1}{6}a^2-10ab$

**5** (1) $16xy-4y^2$ (2) $32x^2y^2+48y^3$
(3) $-\dfrac{3}{2}a^2+a$ (4) $-2a^3b^3+\dfrac{1}{3}a^2b$

## 한 번 더 연습
P. 32

**1** (1) $5a^3-20a^2b$ (2) $\dfrac{1}{3}x^2-2xy$
(3) $-8a^2b-4ab^2+4ab$ (4) $-8xy+6y^2$

**2** (1) $2x-y$ (2) $a^2+\dfrac{1}{2}ab-2b^2$ (3) $\dfrac{3y}{x^2}-\dfrac{1}{2}x$

**3** (1) $18a+9b$ (2) $5x-\dfrac{5}{y^2}+\dfrac{10y}{x}$ (3) $12x-4$

**4** (1) $-x^2-5xy+6y^2$ (2) $2a^2$ (3) $6x-2y$ (4) $-x+2y$

**5** (1) $2ab$ (2) $12x^2-9xy+2$ (3) $11ab^2+34b^3$

**6** (1) 5 (2) 11 (3) 14

## 쌍둥이 기출문제
P. 33~34

**1** (1) $5a+b$ (2) $\dfrac{5x+7y}{4}$ **2** (1) $x+8y$ (2) $\dfrac{a+7b}{6}$

**3** ② **4** ① **5** ⑤ **6** 10

**7** (1) $-x^2-6x+11$ (2) $x^2-11x+20$

**8** $10x^2-2x+1$ **9** ㄱ, ㄷ **10** ④

**11** $x^2-7x+4$ **12** ① **13** ⑤ **14** 13

**15** $9a^2b-12a$ **16** $22x^2y+4y^2$

## 단원 마무리
P. 35~37

**1** ①, ⑤ **2** $3^{11}$ **3** 22 **4** 14

**5** ⑤ **6** 13자리 **7** $-48a^9b^4$ **8** $8x^6y^4$

**9** $\dfrac{1}{5}$ **10** $-2x^2-3x-16$ **11** ④

**12** $-4x^2+xy$ **13** $3a-1$

## 1 부등식의 해와 그 성질

**1** ㄱ, ㄷ, ㅂ

**2** (1) $x-5 \leq 8$   (2) $12-x \leq 3x$   (3) $2x+10 < 5x-2$

**3** (1) $x > 130$   (2) $1600+500x < 3000$

    (3) $5+2x \leq 60$

**4**

| $x$ | 좌변 | 부등호 | 우변 | 참, 거짓 |
|---|---|---|---|---|
| $-2$ | $2 \times (-2)+1=-3$ | $<$ | $3$ | 거짓 |
| $-1$ | $2 \times (-1)+1=-1$ | $<$ | $3$ | 거짓 |
| $0$ | $2 \times 0+1=1$ | $<$ | $3$ | 거짓 |
| $1$ | $2 \times 1+1=3$ | $=$ | $3$ | 거짓 |
| $2$ | $2 \times 2+1=5$ | $>$ | $3$ | 참 |

   $2, 2$

**5** (1) $-1, 0, 1$   (2) $-2, -1$   (3) $-7, -6$   (4) $-1, 0$

**1** (1) $<, <$     (2) $<, <$     (3) $>, >$

**2** (1) $>$   (2) $>$   (3) $>$   (4) $>$   (5) $<$   (6) $<$

**3** (1) $>$   (2) $<$   (3) $\geq$   (4) $<$   (5) $\geq$   (6) $<$

**4** (1) $>, <$   (2) $<, <$   (3) $\geq, \leq$

**5** (1) $-2, 8, 1, 11$     (2) $-11 < 6x-5 \leq 19$

    (3) $1, -4, -4, 1, 0, 5$   (4) $-7 \leq -2x+1 < 3$

**1** ②     **2** ③     **3** ④     **4** ①, ④

**5** ②     **6** ④     **7** ⑤     **8** ③, ⑤

**9** ②, ⑤     **10** ⑤     **11** 5     **12** ⑤

## 2 일차부등식의 풀이

**1** (1) ×    (2) ×    (3) ○    (4) ×

   (5) ○    (6) ×    (7) ○

**2** $3x, 12, -2x, -10, 5, 5$

**3** (1) $x > 4$,   (2) $x > -5$,

   (3) $x \leq -2$,   (4) $x > 1$,

   (5) $x \leq -3$,   (6) $x > 3$,

   (7) $x < 0$,   (8) $x \leq -2$,

**1** (1) $3, 2, 2$     (2) $x < \dfrac{9}{2}$    (3) $x < 2$

   (4) $x \leq \dfrac{13}{5}$     (5) $x < 3$

**2** (1) $10, 5, 12, 4, 4$   (2) $x \leq -2$    (3) $x < 10$

   (4) $x < -2$        (5) $x < -\dfrac{2}{5}$

**3** (1) $4, 3, 24, -6, -3$   (2) $x > 5$    (3) $x > 5$

   (4) $x \leq -\dfrac{9}{7}$       (5) $x > 19$

**1** (1) $x < -\dfrac{1}{a}$   (2) $x > 2$   (3) $x < 7$

**2** (1) $x > \dfrac{7}{a}$   (2) $x \leq -\dfrac{4}{a}$

**3** (1) $7$    (2) $-5$    (3) $2$

**4** (1) $x < -3$   (2) $9$

## 쌍둥이 기출문제
P. 47~49

**1** ㄱ, ㅁ　**2** ⑤　**3** ④　**4** ③　**5** ③
**6** ④　**7** ⑤　**8** ①　**9** $x \geq -5$
**10** ④　**11** ①　**12** 8　**13** ②　**14** $x \leq -1$
**15** 8　**16** 11　**17** ③　**18** $-17$

# 3 일차부등식의 활용

## 유형 5
P. 50~51

**1** (1) $(x-1)+x+(x+1)>100$
　(2) $x>\dfrac{100}{3}$　　(3) 33, 34, 35

**2** (1) $\dfrac{1}{2} \times (x+8) \times 5 \geq 30$
　(2) $x \geq 4$　　(3) 4 cm

**3** (1) $800x+2500 \leq 22500$
　(2) $x \leq 25$　　(3) 25개

**4** (1) $1100x>900x+2200$
　(2) $x>11$　　(3) 12권

**5** (1)

| | 올라갈 때 | 내려올 때 | 전체 |
|---|---|---|---|
| 거리 | $x$ km | $x$ km | — |
| 속력 | 시속 3 km | 시속 4 km | — |
| 시간 | $\dfrac{x}{3}$시간 | $\dfrac{x}{4}$시간 | 4시간 이내 |

$\dfrac{x}{3}+\dfrac{x}{4} \leq 4$
(2) $x \leq \dfrac{48}{7}$　　(3) $\dfrac{48}{7}$ km

## 한 걸음 더 연습
P. 52

**1** (1)

| | 초콜릿 | 사탕 |
|---|---|---|
| 개수 | $x$개 | $(30-x)$개 |
| 가격 | $500x$원 | $400(30-x)$원 |

$500x+400(30-x) \leq 13000$
(2) $x \leq 10$　　(3) 10개

**2** (1) $4000+1000x>8000+300x$
　(2) $x>\dfrac{40}{7}$　　(3) 6개월 후

**3** (1) $1000x>1000 \times \left(1-\dfrac{20}{100}\right) \times 30$
　(2) $x>24$　　(3) 25명

**4** (1)

| | 자전거로 갈 때 | 걸어갈 때 | 전체 |
|---|---|---|---|
| 거리 | $x$ km | $(10-x)$ km | 10 km |
| 속력 | 시속 6 km | 시속 2 km | — |
| 시간 | $\dfrac{x}{6}$시간 | $\dfrac{10-x}{2}$시간 | 2시간 이내 |

$\dfrac{x}{6}+\dfrac{10-x}{2} \leq 2$
(2) $x \geq 9$　　(3) 9 km

## 쌍둥이 기출문제
P. 53~54

**1** ④　**2** 92점　**3** ①　**4** 9 cm　**5** ⑤
**6** ④　**7** 63장　**8** 7회　**9** ③　**10** $\dfrac{80}{9}$ km
**11** $\dfrac{5}{3}$ km　**12** $\dfrac{5}{4}$ km

## 단원 마무리
P. 55~57

**1** ③, ④　**2** ③　**3** ④　**4** ④　**5** ③
**6** 1　**7** ①　**8** ⑤　**9** 4　**10** 55개
**11** 36개월 후　　**12** 37개월

# 4 연립일차방정식

## 1 미지수가 2개인 일차방정식

유형 1      P. 60

**1** (1) ×   (2) ○   (3) ×   (4) ×
     (5) ○   (6) ×   (7) ×   (8) ○

**2** (1) $x+y=15$
     (2) $x=y+4$
     (3) $1000x+800y=11600$

**3** (1) ×   (2) ○   (3) ○

**4** (1) (차례로) 4, $\frac{7}{2}$, 3, $\frac{5}{2}$, 2, $\frac{3}{2}$, 1, $\frac{1}{2}$, 0
     해: $(1, 4)$, $(3, 3)$, $(5, 2)$, $(7, 1)$
     (2) (차례로) $\frac{21}{2}$, 9, $\frac{15}{2}$, 6, $\frac{9}{2}$, 3, $\frac{3}{2}$, 0
     해: $(3, 6)$, $(6, 4)$, $(9, 2)$

**5** (1) 1   (2) 11   (3) $-3$

## 2 미지수가 2개인 연립일차방정식

유형 2      P. 61

**1** (1) ㉠ (차례로) 5, 4, 3, 2, 1, 0
     해: $(1, 5)$, $(2, 4)$, $(3, 3)$, $(4, 2)$, $(5, 1)$
     ㉡ (차례로) 5, 3, 1, $-1$
     해: $(1, 5)$, $(2, 3)$, $(3, 1)$
     (2) $(1, 5)$

**2** (1) $(1, 9)$, $(2, 7)$, $(3, 5)$, $(4, 3)$, $(5, 1)$
     (2) $(1, 4)$, $(4, 3)$, $(7, 2)$, $(10, 1)$
     (3) $(4, 3)$

**3** (1) ○   (2) ×   (3) ○

**4** (1) 1,   1, 1,   1, 2, 1, $-1$, 1, $-1$, 4
     (2) $a=6$, $b=-3$
     (3) $a=5$, $b=11$

쌍둥이 기출문제      P. 62~63

**1** ③    **2** ④    **3** ⑤    **4** ③
**5** $(2, 3)$, $(5, 2)$, $(8, 1)$    **6** 5개    **7** ①
**8** 1    **9** 2    **10** $-1$    **11** ④    **12** ③
**13** ⑤    **14** 3    **15** 10    **16** $-5$

## 3 연립방정식의 풀이

유형 3      P. 64

**1** $3y+9$, $-2$, $-2$, 3, 3, $-2$
**2** $-6y+10$, $-6y+10$, 1, 1, 4, 4, 1
**3** (1) $x=-2$, $y=1$     (2) $x=-11$, $y=-19$
     (3) $x=3$, $y=-1$     (4) $x=2$, $y=0$
     (5) $x=2$, $y=4$     (6) $x=9$, $y=2$
     (7) $x=4$, $y=3$     (8) $x=2$, $y=1$

유형 4      P. 65

**1** 뺀다, $-$, $-2$, 3, 3, 3, 3, 3
**2** 2, 더한다, $+$, 17, 2, 2, 2, 2, 2
**3** (1) $x=1$, $y=-2$     (2) $x=-1$, $y=\frac{3}{2}$
     (3) $x=-10$, $y=-6$     (4) $x=0$, $y=1$
     (5) $x=-1$, $y=-1$     (6) $x=3$, $y=2$
     (7) $x=0$, $y=-4$     (8) $x=-2$, $y=2$

유형 5      P. 66

**1** (1) 6, 3, 2
     (2) $x=1$, $y=-3$     (3) $x=2$, $y=7$

**2** (1) 2, 4, 2, $-1$, 2
     (2) $x=4$, $y=2$     (3) $x=2$, $y=-2$

**3** (1) 4, 3, 3, 2, 2, 2
     (2) $x=1$, $y=2$     (3) $x=-\frac{1}{3}$, $y=-2$

**4** (1) 4, 7, 3, 4, 2, $\frac{5}{4}$
     (2) $x=-3$, $y=\frac{1}{2}$

## 유형 **6**       P. 67

**1** (1) ① $x+2y$ ② 6 ③ $x+2y$ (2) $x=6, y=0$
**2** (1) $x=-1, y=2$ (2) $x=1, y=-1$
    (3) $x=7, y=1$
**3** (1) 해가 무수히 많다. (2) 해가 무수히 많다.
    (3) 해가 없다. (4) 해가 없다.
**4** $-9, -12, -9$

## 쌍둥이 기출문제       P. 68~70

**1** $3y+2, -\dfrac{1}{5}, -\dfrac{1}{5}, -\dfrac{1}{5}, \dfrac{7}{5}, \dfrac{7}{5}, -\dfrac{1}{5}$    **2** 7
**3** ②    **4** ⑤    **5** ④    **6** $-7$    **7** $-1$
**8** 4    **9** $-1$    **10** 7    **11** $-1$    **12** 0
**13** $x=\dfrac{5}{2}, y=1$    **14** $x=-1, y=2$    **15** ②
**16** $x=-3, y=-5$    **17** $x=13, y=7$    **18** ⑤
**19** ⑤    **20** ⑤    **21** $a=4, b=-5$    **22** $-3$
**23** 2    **24** ③

## 4 연립방정식의 활용

## 유형 **7**       P. 71~72

**1** (1) $\begin{cases} x+y=64 \\ x-y=38 \end{cases}$ (2) $x=51, y=13$ (3) 51

**2** (1)

| | 십의 자리의 숫자 | 일의 자리의 숫자 | 자연수 |
|---|---|---|---|
| 처음 수 | $x$ | $y$ | $10x+y$ |
| 바꾼 수 | $y$ | $x$ | $10y+x$ |

   $\begin{cases} x+y=13 \\ 10y+x=(10x+y)-27 \end{cases}$
   (2) $x=8, y=5$ (3) 85

**3** (1) $\begin{cases} x+y=15 \\ 500x+300y=5900 \end{cases}$
   (2) $x=7, y=8$ (3) 어른: 7명, 학생: 8명

**4** (1) $\begin{cases} x+y=46 \\ x+16=2(y+16) \end{cases}$
   (2) $x=36, y=10$ (3) 아버지: 36세, 아들: 10세

**5** (1) $\begin{cases} 3x-y=20 \\ 3y-x=4 \end{cases}$ (2) $x=8, y=4$ (3) 8회

## 유형 **8**       P. 73

**1** (1)

| | 자전거를 탈 때 | 걸어갈 때 | 전체 |
|---|---|---|---|
| 거리 | $x$ km | $y$ km | 7 km |
| 속력 | 시속 8 km | 시속 3 km | — |
| 시간 | $\dfrac{x}{8}$ 시간 | $\dfrac{y}{3}$ 시간 | $1\dfrac{30}{60}$ 시간 |

   $\begin{cases} x+y=7 \\ \dfrac{x}{8}+\dfrac{y}{3}=1\dfrac{30}{60} \end{cases}$
   (2) $x=4, y=3$ (3) 4 km

**2** (1)

| | 올라갈 때 | 내려올 때 | 전체 |
|---|---|---|---|
| 거리 | $x$ km | $y$ km | — |
| 속력 | 시속 3 km | 시속 4 km | — |
| 시간 | $\dfrac{x}{3}$ 시간 | $\dfrac{y}{4}$ 시간 | 6시간 |

   $\begin{cases} y=x-4 \\ \dfrac{x}{3}+\dfrac{y}{4}=6 \end{cases}$
   (2) $x=12, y=8$ (3) 8 km

## 한 걸음 더 연습       P. 74

**1** (1) $\begin{cases} x+y=37 \\ x=4y+2 \end{cases}$ (2) $x=30, y=7$
   (3) 7, 30

**2** (1) $\begin{cases} x=y+7 \\ 2(x+y)=42 \end{cases}$ (2) $x=14, y=7$
   (3) 14 cm, 7 cm

**3** (1) $\begin{cases} x+y=100 \\ 2x+4y=272 \end{cases}$ (2) $x=64, y=36$
   (3) 64마리, 36마리

**4** (1)

| | 지희 | 민아 |
|---|---|---|
| 시간 | $x$ 분 | $y$ 분 |
| 속력 | 분속 40 m | 분속 90 m |
| 거리 | $40x$ m | $90y$ m |

   $\begin{cases} x=y+15 \\ 40x=90y \end{cases}$
   (2) $x=27, y=12$ (3) 12분 후

**5** (1) $\begin{cases} 15x+15y=2400 \\ 40x-40y=2400 \end{cases}$
   (2) $x=110, y=50$ (3) 분속 110 m

**쌍둥이 기출문제**

**1** 39  **2** 21  **3** ⑤
**4** 과자: 1000원, 아이스크림: 1500원  **5** ⑤
**6** 100원짜리: 12개, 500원짜리: 8개  **7** 60세
**8** ③  **9** 8회  **10** 10회  **11** $x=1$, $y=2$
**12** 4 km

**단원 마무리**

**1** ①, ⑤  **2** ②  **3** ②, ⑤  **4** ③  **5** 9
**6** ④  **7** ③  **8** 5  **9** 2
**10** $x=-2$, $y=1$  **11** 2  **12** ①
**13** 꿩: 23마리, 토끼: 12마리  **14** 6 km

# 5 일차함수와 그 그래프

## ~1 함수

### 유형 1

**1**

| $x$ | 1 | 2 | 3 | 4 | ⋯ |
|---|---|---|---|---|---|
| $y$ | $-2$ | $-4$ | $-6$ | $-8$ | ⋯ |

함수이다

**2**

| $x$ | 1 | 2 | 3 | 4 | ⋯ |
|---|---|---|---|---|---|
| $y$ | 6 | 3 | 2 | $\frac{3}{2}$ | ⋯ |

함수이다

**3**

| $x$ | 1 | 2 | 3 | 4 | ⋯ |
|---|---|---|---|---|---|
| $y$ | 1 | 1, 2 | 1, 3 | 1, 2, 4 | ⋯ |

함수가 아니다

**4**

| $x$ | 1 | 2 | 3 | 4 | ⋯ |
|---|---|---|---|---|---|
| $y$ | 4 | 8 | 12 | 16 | ⋯ |

함수이다

**5**

| $x$ | 1 | 2 | 3 | ⋯ | 50 |
|---|---|---|---|---|---|
| $y$ | 49 | 48 | 47 | ⋯ | 0 |

함수이다

**6**

| $x$ | 1 | 2 | 3 | 4 | ⋯ |
|---|---|---|---|---|---|
| $y$ | 없다. | 1 | 2 | 3 | ⋯ |

함수가 아니다

**7**

| $x$ | 0 | 1 | 2 | 3 | ⋯ |
|---|---|---|---|---|---|
| $y$ | 0 | $-1, 1$ | $-2, 2$ | $-3, 3$ | ⋯ |

함수가 아니다

**8**

| $x$ | 1 | 2 | 3 | ⋯ | 60 |
|---|---|---|---|---|---|
| $y$ | 60 | 30 | 20 | ⋯ | 1 |

함수이다

### 유형 2

**1** (1) 24  (2) 16  (3) $-32$
**2** (1) $-\frac{1}{2}$  (2) 3  (3) $\frac{2}{3}$
**3** (1) $-4$  (2) 2  (3) $-\frac{1}{2}$  **4** (1) 6  (2) $-1$
**5** (1) 1  (2) 0  (3) 2
**6** (1) 3  (2) $-2$  (3) 12

**1** ③　　**2** ④　　**3** ①　　**4** −1　　**5** 9
**6** 1

## 2 일차함수와 그 그래프

**1** (1) ○　(2) ×　(3) ×　(4) ○　(5) ×
　(6) ×　(7) ○　(8) ×　(9) ○
**2** (1) $y=16+x$, ○　(2) $y=x^2$, ×　(3) $y=3x$, ○
　(4) $y=\dfrac{400}{x}$, ×　(5) $y=5000-400x$, ○
　(6) $y=300-3x$, ○
**3** (1) −3　(2) −7　(3) 3　(4) 4　(5) −8　(6) −6

**1** (1) 4　(2) 2　(3) −2　(4) −5
**2** (1) $y=-\dfrac{2}{3}x+6$　(2) $y=-x-2$　(3) $y=5x-2$
**3** (1) ×　(2) ○　(3) ×　(4) ○
**4** (1) 3　(2) −4　(3) 4　(4) −1

**1** (1)　　　$(4, 0)$, 4, $(0, 2)$, 2

　(2)　　　　$(-2, 0)$, −2, $(0, 5)$, 5

**2** (1) 2, −6, 2, −6　(2) 4, 8　(3) $\dfrac{3}{7}$, −3　(4) 6, 4
**3** (1) −3　(2) 1　(3) $-\dfrac{3}{2}$
**4** (1) −4　(2) 2　(3) $\dfrac{3}{5}$
**5** 3, 2, 3, 2,　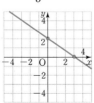

**1** (1) ❶ +5, ❷ +3, (기울기)$=\dfrac{3}{5}$
　(2) ❶ +4, ❷ −3, (기울기)$=\dfrac{-3}{4}=-\dfrac{3}{4}$
　(3) ❶ +3, ❷ +4, (기울기)$=\dfrac{4}{3}$
　(4) ❶ +2, ❷ −2, (기울기)$=\dfrac{-2}{2}=-1$
**2** (1) 1　(2) −3　(3) $\dfrac{4}{5}$　(4) 2　(5) $-\dfrac{1}{4}$　(6) 1
**3** (1) −2　(2) 6　(3) 1
**4** (1) 1　(2) $\dfrac{1}{2}$　(3) $-\dfrac{5}{2}$

**1** (1) 2, 5,　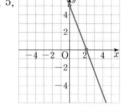

　(2) −3, 4,　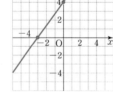

**2** (1) 3, 1,　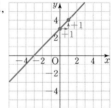

　(2) 4, −2,　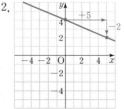

**1** ②　　**2** ②, ③　　**3** ②, ④　　**4** ㄱ, ㄴ, ㄹ

**5** $-2$　　**6** ③　　**7** 13　　**8** ③　　**9** ⑤

**10** $a=5, b=7$　　**11** ①　　**12** $-4$　　**13** 8

**14** $-4$　　**15** $-1$　　**16** $-3, -2$

**17** $\dfrac{2}{3}, 3, -2$　　**18** 7　　**19** ②　　**20** $\dfrac{1}{3}$

**21** (1) $-3$　(2) 30　　**22** 2　　**23** ②　　**24** ①

**25** (1) 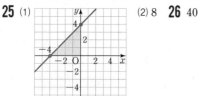　　(2) 8　　**26** 40

---

## 3 일차함수의 그래프의 성질과 식

**1** (1) ㄱ, ㄷ, ㅂ　(2) ㄴ, ㄹ, ㅁ　(3) ㄱ, ㄷ, ㅂ
　(4) ㄴ, ㄹ, ㅁ　(5) ㄴ, ㄷ, ㅂ　(6) ㄹ, ㅁ

**2** (1) >, >　　(2) <, <　　(3) >, <　　(4) <, >

**3** (1) ㄷ, ㄹ　(2) ㄱ, ㄴ　(3) ㄷ　(4) ㄴ

**1** (1) ㄱ과 ㅅ, ㅂ과 ㅇ　　(2) ㄴ과 ㅁ, ㄷ과 ㄹ
　(3) ㄱ　　(4) ㄴ, ㅁ

**2** (1) $-2$　(2) $\dfrac{2}{3}$　(3) 3　(4) $\dfrac{5}{2}$

**3** (1) 2, $-5$　(2) $-\dfrac{2}{3}$, 1　(3) 2, 7　(4) $-1$, 6

**1** (1) $y=x+6$　(2) $y=4x-3$　(3) $y=-3x+5$
　(4) $y=-2x-4$　(5) $y=\dfrac{3}{5}x-\dfrac{1}{2}$

**2** (1) $y=5x-1$　(2) $y=-x+4$　(3) $y=2x+3$
　(4) $y=-\dfrac{1}{2}x-2$

**3** (1) $y=-x-3$　(2) $y=\dfrac{2}{3}x+1$
　(3) $y=5x-\dfrac{1}{2}$　(4) $y=-\dfrac{3}{4}x+\dfrac{2}{5}$

**4** (1) $y=2x+5$　(2) $y=-3x-2$
　(3) $y=\dfrac{5}{2}x-3$　(4) $y=-\dfrac{3}{5}x+2$

**1** ❶ 2　❷ 2, $-1$, 3, 5, $2x+5$

**2** (1) $y=x+1$　(2) $y=-3x+5$　(3) $y=4x-1$
　(4) $y=\dfrac{2}{3}x+2$　(5) $y=-\dfrac{1}{2}x+\dfrac{1}{2}$

**3** (1) $y=5x+7$　(2) $y=-2x+1$

**4** (1) $y=-2x-6$　(2) $y=\dfrac{1}{3}x+4$　(3) $y=\dfrac{1}{2}x-2$

**5** (1) $y=\dfrac{3}{2}x-1$　(2) $y=-2x+3$　(3) $y=-\dfrac{2}{5}x+8$

**1** ❶ $-8$, 1, 3　❷ 3　❸ 1, $-5$, $3x-5$

**2** (1) 1, $y=x+2$　　(2) $\dfrac{1}{2}$, $y=\dfrac{1}{2}x$
　(3) $-1$, $y=-x-2$　(4) $-2$, $y=-2x-1$
　(5) $-\dfrac{1}{2}$, $y=-\dfrac{1}{2}x+\dfrac{3}{2}$

**3** (1) 1, $y=x-1$　　(2) $-\dfrac{1}{2}$, $y=-\dfrac{1}{2}x-\dfrac{3}{2}$
　(3) $-\dfrac{3}{2}$, $y=-\dfrac{3}{2}x-\dfrac{3}{2}$　(4) 4, $y=4x+2$

## 유형 12
P. 99

**1** ❶ 3, 4, 4, 3, $-\dfrac{4}{3}$  ❷ 4, $-\dfrac{4}{3}x+4$

**2** (1) 3, $y=3x-3$  (2) $\dfrac{7}{2}$, $y=\dfrac{7}{2}x+7$

  (3) $-1$, $y=-x-5$  (4) $\dfrac{3}{4}$, $y=\dfrac{3}{4}x+3$

  (5) $-4$, $y=-4x+4$

**3** (1) $-\dfrac{1}{3}$, $-1$, $y=-\dfrac{1}{3}x-1$

  (2) $\dfrac{1}{2}$, $-2$, $y=\dfrac{1}{2}x-2$

  (3) 3, 6, $y=3x+6$

  (4) $-\dfrac{3}{5}$, 3, $y=-\dfrac{3}{5}x+3$

### 쌍둥이 기출문제
P. 100~101

**1** ④  **2** (1) 제1, 3, 4사분면  (2) 제1, 2, 3사분면
**3** ④  **4** ㄱ과 ㄷ  **5** ③, ⑤
**6** ㄱ, ㄴ, ㄷ  **7** $y=4x-1$  **8** $y=-2x+2$
**9** ⑤  **10** $y=-2x+7$  **11** 15
**12** 3  **13** $y=\dfrac{3}{2}x+6$  **14** $y=-2x+6$

## 4 일차함수의 활용

### 유형 13
P. 102~103

**1** (1) 30, 2  (2) 15, 0.1  (3) 3, 24, 3  (4) $4x$, 100, 4
**2** (1) $y=30+0.2x$  (2) 15, 33, 33  (3) 37, 35, 35
**3** ① $\dfrac{1}{5}$

  (1) $y=35-\dfrac{1}{5}x$  (2) 23 cm  (3) 175분

**4** ① 2  ② $\dfrac{2}{5}$

  (1) $y=20+\dfrac{2}{5}x$  (2) 34℃  (3) 200초 후

**5** ① 10000

  (1) $80x$, $y=10000-80x$  (2) 2800 m  (3) 120분 후

### 쌍둥이 기출문제
P. 104

**1** 29 L  **2** 17초 후  **3** 1.2℃  **4** 7500원
**5** 86℉  **6** 15 cm  **7** 24 cm²  **8** 32 cm²

### 단원 마무리
P. 105~107

**1** ③  **2** ㄱ, ㄷ  **3** ④  **4** ④  **5** ⑤
**6** 0  **7** 12  **8** ④  **9** ①, ⑤  **10** 4
**11** $y=-3x+1$
**12** (1) $y=30-\dfrac{1}{5}x$  (2) 18 L

## 1 일차함수와 일차방정식

### 유형 1
P. 110

**1** (1) $-5$  (2) $0$  (3) $-2$  (4) $8$

**2** (1) $2x-5$, $2$, $\dfrac{5}{2}$, $-5$  (2) $-\dfrac{1}{3}x+2$, $-\dfrac{1}{3}$, $6$, $2$

(3) $\dfrac{3}{4}x+6$, $\dfrac{3}{4}$, $-8$, $6$  (4) $-\dfrac{3}{2}x+3$, $-\dfrac{3}{2}$, $2$, $3$

**3** (1)  (2)

(3) 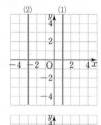 (4)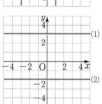

**4** (1) $\times$  (2) $\bigcirc$  (3) $\bigcirc$  (4) $\times$

### 유형 2
P. 111

**1** (1) $1$, $y$  (2) $-3$, $-3$, $x$

**2** (1) $3$, $x$  (2) $-2$, $-2$, $y$

**3** (1) $x=3$  (2) $x=-2$  (3) $y=4$  (4) $y=-1$

**4** (1) $y=1$  (2) $x=3$  (3) $x=-2$  (4) $y=-1$

(5) $x=2$  (6) $y=-5$

**1** ⑤　　**2** ④　　**3** ④　　**4** ③, ⑤

**5** $-4$　**6** $-1$　**7** ②　　**8** ⑤

**9** $y=-4$　**10** (1) $y=-1$　(2) $x=4$

**11** $3$　　**12** $x=-8$

## 2 일차함수의 그래프와 연립일차방정식

### 유형 3
P. 114

**1** (1) $x=-1$, $y=1$  (2) $x=-2$, $y=-3$

(3) $x=0$, $y=-2$

**2** 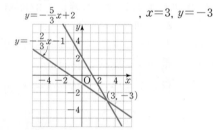, $x=3$, $y=-3$

**3** (1) $(-2, 5)$  (2) $(-3, -1)$

**4** (1) $a=-2$, $b=2$  (2) $a=-5$, $b=-7$

(3) $a=1$, $b=1$

### 유형 4
P. 115

**1** (1) ㄱ  (2) ㄷ  (3) ㄴ, ㄹ

**2** (1) $2$  (2) $3$

**3** (1) $a=-1$, $b\neq-12$  (2) $a=-1$, $b\neq-10$

**4** (1) $a=2$, $b=6$  (2) $a=1$, $b=4$

(3) $a=3$, $b=9$  (4) $a=-6$, $b=-3$

## 쌍둥이 기출문제

P. 116~117

**1** 1  **2** ④  **3** $a=3$, $b=2$  **4** $-12$

**5** ④  **6** $y=-\dfrac{1}{2}x+2$  **7** ④  **8** 2

**9** 12  **10** 10  **11** 3  **12** $-4$

**13** $a=-2$, $b=-4$  **14** $-10$

## 단원 마무리

P. 118~119

**1** ①, ④  **2** 1  **3** ㄱ, ㄷ  **4** ②

**5** 0  **6** $y=5$  **7** 9  **8** $a \neq \dfrac{5}{2}$, $b=4$

# 1 유리수와 순환소수

유형 **1**                                                                P. 6

**1** (1) 6, 1.1666…, 무한소수  (2) 0.9, 유한소수
  (3) 0.4375, 유한소수   (4) 0.2272727…, 무한소수
  (5) 0.060606…, 무한소수

**2** (1) 4, $0.\dot{4}$  (2) 70, $2.\dot{7}\dot{0}$  (3) 12, $3.0\dot{1}\dot{2}$
  (4) 010, $0.\dot{0}1\dot{0}$  (5) 125, $5.2\dot{1}2\dot{5}$

**3** $0.\dot{2}1\dot{6}$, 3, 3, 2, 2, 1

**4** (1) $0.\dot{2}\dot{7}$, 7  (2) $0.\dot{2}9\dot{6}$, 2  (3) $0.\dot{1}5384\dot{6}$, 8

---

**3** 분수 $\dfrac{8}{37}$ 을 순환소수로 나타내면

$$\frac{8}{37}=8\div37=0.216216216\cdots=\boxed{0.\dot{2}1\dot{6}}$$

이므로 순환마디를 이루는 숫자의 개수는 2, 1, 6의 $\boxed{3}$개이다. 이때 $50=\boxed{3}\times16+\boxed{2}$이므로 소수점 아래 50번째 자리의 숫자는 순환마디의 $\boxed{2}$번째 숫자인 $\boxed{1}$이다.

**4** (1) $\dfrac{3}{11}=0.272727\cdots=0.\dot{2}\dot{7}$이므로 순환마디를 이루는 숫자의 개수는 2, 7의 2개이다.
  이때 $70=2\times35$이므로 소수점 아래 70번째 자리의 숫자는 순환마디의 두 번째 숫자인 7이다.

  (2) $\dfrac{8}{27}=0.296296296\cdots=0.\dot{2}9\dot{6}$이므로 순환마디를 이루는 숫자의 개수는 2, 9, 6의 3개이다.
  이때 $70=3\times23+1$이므로 소수점 아래 70번째 자리의 숫자는 순환마디의 첫 번째 숫자인 2이다.

  (3) $\dfrac{2}{13}=0.153846153846\cdots=0.\dot{1}5384\dot{6}$이므로 순환마디를 이루는 숫자의 개수는 1, 5, 3, 8, 4, 6의 6개이다.
  이때 $70=6\times11+4$이므로 소수점 아래 70번째 자리의 숫자는 순환마디의 네 번째 숫자인 8이다.

유형 **2**                                                                P. 7

**1** (1) 2, 2, 6, 0.6  (2) $5^2$, $5^2$, 25, 0.25
  (3) $5^3$, $5^3$, 625, 0.625  (4) 5, 5, 85, 0.85

**2** (1) 50, 2, 5, 2, 5, 있다  (2) 14, 7, 7, 없다

**3** ㄱ, ㄷ, ㅂ                    **4** 12

**5** (1) 3  (2) 11  (3) 33  (4) 9

---

**1** (1) $\dfrac{3}{5}=\dfrac{3\times\boxed{2}}{5\times\boxed{2}}=\dfrac{\boxed{6}}{10}=\boxed{0.6}$

(2) $\dfrac{1}{4}=\dfrac{1}{2^2}=\dfrac{1\times\boxed{5^2}}{2^2\times\boxed{5^2}}=\dfrac{\boxed{25}}{10^2}=\boxed{0.25}$

(3) $\dfrac{5}{8}=\dfrac{5}{2^3}=\dfrac{5\times\boxed{5^3}}{2^3\times\boxed{5^3}}=\dfrac{\boxed{625}}{10^3}=\boxed{0.625}$

(4) $\dfrac{17}{20}=\dfrac{17}{2^2\times5}=\dfrac{17\times\boxed{5}}{2^2\times5\times\boxed{5}}=\dfrac{\boxed{85}}{10^2}=\boxed{0.85}$

**3** ㄱ. $\dfrac{3}{4}=\dfrac{3}{2^2}$  ㄴ. $\dfrac{2^2\times7}{3\times5^2}$

  ㄷ. $\dfrac{3\times11}{2^3\times5}$  ㄹ. $\dfrac{31}{70}=\dfrac{31}{2\times5\times7}$

  ㅁ. $\dfrac{46}{375}=\dfrac{46}{3\times5^3}$  ㅂ. $\dfrac{15}{16}=\dfrac{15}{2^4}$

따라서 유한소수로 나타낼 수 있는 것은 ㄱ, ㄷ, ㅂ이다.

**4** 각 분수를 기약분수로 나타냈을 때, 분모에 2 또는 5 이외의 소인수가 있는 칸을 색칠하면 다음과 같다.

| $\dfrac{1}{5\times13}$ | $\dfrac{3}{2^2\times5}$ | $\dfrac{1}{3\times5}$ | $\dfrac{7}{13}$ | $\dfrac{1}{3}$ |
|---|---|---|---|---|
| $\dfrac{7}{2\times3\times5}$ | $\dfrac{11}{2^2}$ | $\dfrac{3}{2^2\times5}$ | $\dfrac{9}{5^3}$ | $\dfrac{1}{3^2}$ |
| $\dfrac{8}{3\times5}$ | $\dfrac{3}{2}$ | $\dfrac{2}{3\times5}$ | $\dfrac{5}{2\times3}$ | $\dfrac{1}{3\times7}$ |
| $\dfrac{13}{2^2\times3}$ | $\dfrac{1}{5^2}$ | $\dfrac{1}{11}$ | $\dfrac{3}{2\times5}$ | $\dfrac{1}{2}$ |
| $\dfrac{12}{5^3\times7}$ | $\dfrac{2}{5^2}$ | $\dfrac{8}{11}$ | $\dfrac{2}{3\times5}$ | $\dfrac{3}{13}$ |

따라서 보이는 수는 12이다.

[5] 기약분수의 분모의 소인수가 2 또는 5만 남도록 2와 5를 제외한 소인수들의 곱의 배수를 곱해야 한다.

**5** (3) $\dfrac{23}{3\times5\times11}\times\square$가 유한소수가 되려면 $\square$는 3과 11의 공배수, 즉 33의 배수이어야 한다.
  따라서 구하는 가장 작은 자연수는 33이다.

  (4) $\dfrac{7}{2^2\times3^2\times7}\times\square=\dfrac{1}{2^2\times3^2}\times\square$가 유한소수가 되려면 $\square$는 $3^2$, 즉 9의 배수이어야 한다.
  따라서 구하는 가장 작은 자연수는 9이다.

---

쌍둥이 **기출문제**                                                        P. 8~9

| **1** ⑤ | **2** ①, ④ | **3** ② | **4** ③ |
|---|---|---|---|
| **5** 5 | **6** 1 | **7** $A=5^2$, $B=1000$, $C=0.075$ | |
| **8** 20 | **9** ④ | **10** ㄱ, ㄴ, ㅁ | **11** ⑤ |
| **12** 9 | **13** ⑤ | **14** 77  **15** ③ | **16** ⑤ |

## [1~2] 소수의 분류
- 유한소수: 소수점 아래에 0이 아닌 숫자가 유한 번 나타나는 소수
- 무한소수: 소수점 아래에 0이 아닌 숫자가 무한 번 나타나는 소수

**1**
① $\dfrac{3}{8}=0.375$   ② $\dfrac{7}{5}=1.4$

③ $\dfrac{5}{16}=0.3125$   ④ $\dfrac{13}{25}=0.52$

⑤ $\dfrac{11}{12}=0.91666\cdots$

따라서 무한소수인 것은 ⑤이다.

**2**
① $-\dfrac{9}{4}=-2.25$   ② $\dfrac{7}{30}=0.2333\cdots$

③ $\dfrac{14}{45}=0.3111\cdots$   ④ $\dfrac{21}{40}=0.525$

⑤ $\dfrac{15}{22}=0.6818181\cdots$

따라서 유한소수인 것은 ①, ④이다.

## [3~4] 순환소수는 순환마디의 양 끝의 숫자 위에 점을 찍어 간단히 나타낸다.

**3** ② 순환소수 $1.7040404\cdots$의 순환마디는 04이다.

**4**
① $8.222\cdots=8.\dot{2}$
② $2.452452452\cdots=2.\dot{4}5\dot{2}$
④ $1.333\cdots=1.\dot{3}$
⑤ $0.123123123\cdots=0.\dot{1}2\dot{3}$
따라서 옳은 것은 ③이다.

## [5~6] 소수점 아래 $n$번째 자리의 숫자 구하기
⇨ 순환마디를 이루는 숫자의 개수를 이용하여 순환마디가 소수점 아래 $n$번째 자리까지 몇 번 반복되는지 파악한다.

**5** $\dfrac{2}{37}=0.054054054\cdots=0.\dot{0}5\dot{4}$이므로 순환마디를 이루는 숫자는 0, 5, 4의 3개이다.   … (i)

이때 $80=3\times26+2$이므로 소수점 아래 80번째 자리의 숫자는 순환마디의 두 번째 숫자인 5이다.   … (ii)

| 채점 기준 | 비율 |
| --- | --- |
| (i) 순환마디를 이루는 숫자의 개수 구하기 | 50 % |
| (ii) 소수점 아래 80번째 자리의 숫자 구하기 | 50 % |

**6** $\dfrac{2}{11}=0.181818\cdots=0.\dot{1}\dot{8}$이므로 순환마디를 이루는 숫자는 1, 8의 2개이다.

이때 $37=2\times18+1$이므로 소수점 아래 37번째 자리의 숫자는 순환마디의 첫 번째 숫자인 1이다.

## [7~8] 어떤 분수의 분자, 분모에 2 또는 5의 거듭제곱을 곱하여 분모가 10의 거듭제곱인 분수로 나타낼 수 있으면 그 분수는 유한소수로 나타낼 수 있다.

**7** $\dfrac{3}{40}=\dfrac{3}{2^3\times5}=\dfrac{3\times5^2}{2^3\times5\times5^2}=\dfrac{75}{1000}=0.075$

$\therefore A=5^2,\ B=1000,\ C=0.075$

**8** $\dfrac{9}{2^2\times5^3}=\dfrac{9\times2}{2^2\times5^3\times2}=\dfrac{18}{1000}=0.018$이므로

$a=2,\ b=1000,\ c=0.018$

$\therefore a+bc=2+1000\times0.018=2+18=20$

## [9~10] 유한소수로 나타낼 수 있는 분수
정수가 아닌 유리수를 기약분수로 나타냈을 때
- 분모의 소인수가 2 또는 5뿐이면
  ➡ 유한소수로 나타낼 수 있다.
- 분모에 2 또는 5 이외의 소인수가 있으면
  ➡ 순환소수로 나타낼 수 있다.

**9**
① $\dfrac{2}{9}=\dfrac{2}{3^2}$   ② $\dfrac{15}{21}=\dfrac{5}{7}$

③ $\dfrac{12}{2^2\times3^2}=\dfrac{1}{3}$   ④ $\dfrac{6}{2\times3\times5}=\dfrac{1}{5}$

⑤ $\dfrac{22}{2^2\times7\times11}=\dfrac{1}{2\times7}$

따라서 유한소수로 나타낼 수 있는 분수는 ④이다.

**10**
ㄱ. $\dfrac{5}{16}=\dfrac{5}{2^4}$   ㄴ. $\dfrac{9}{2^2\times5}$

ㄷ. $\dfrac{1}{2\times3\times5}$   ㄹ. $\dfrac{21}{3^2\times5^2\times7}=\dfrac{1}{3\times5^2}$

ㅁ. $\dfrac{35}{56}=\dfrac{5}{8}=\dfrac{5}{2^3}$   ㅂ. $\dfrac{12}{45}=\dfrac{4}{15}=\dfrac{4}{3\times5}$

따라서 유한소수로 나타낼 수 있는 것은 ㄱ, ㄴ, ㅁ이다.

## [11~14] $\dfrac{B}{A}\times x$를 유한소수가 되도록 하는 $x$의 값 구하기
❶ 주어진 분수를 기약분수로 나타낸다.
❷ 분모를 소인수분해한다.
❸ 분모의 소인수가 2 또는 5뿐이어야 하므로 $x$의 값은 분모의 소인수 중 2와 5를 제외한 소인수들의 곱의 배수이다.

**11** $\dfrac{a}{2\times3\times5\times7}$가 유한소수가 되려면 $a$는 3과 7의 공배수, 즉 21의 배수이어야 한다.
따라서 $a$의 값이 될 수 있는 것은 ⑤ 21이다.

**12** $\dfrac{7}{126}\times a=\dfrac{1}{18}\times a=\dfrac{1}{2\times3^2}\times a$가 유한소수가 되려면 $a$는 $3^2$, 즉 9의 배수이어야 한다.
따라서 $a$의 값이 될 수 있는 가장 작은 자연수는 9이다.

**13** $\dfrac{5}{96}=\dfrac{5}{2^5\times3}$, $\dfrac{3}{26}=\dfrac{3}{2\times13}$이므로 두 분수에 자연수 $N$을 곱하여 모두 유한소수가 되게 하려면 $N$은 3과 13의 공배수, 즉 39의 배수이어야 한다.
따라서 $N$의 값이 될 수 있는 가장 작은 자연수는 39이다.

**14** $\dfrac{13}{14}=\dfrac{13}{2\times7}$, $\dfrac{6}{88}=\dfrac{3}{44}=\dfrac{3}{2^2\times11}$ ··· (i)

두 분수에 자연수 $N$을 곱하여 모두 유한소수가 되게 하려면 $N$은 7과 11의 공배수, 즉 77의 배수이어야 한다. ··· (ii)

따라서 $N$의 값이 될 수 있는 가장 작은 자연수는 77이다.

··· (iii)

| 채점 기준 | 비율 |
|---|---|
| (i) 두 분수의 분모를 소인수분해하기 | 40 % |
| (ii) 자연수 $N$의 조건 구하기 | 40 % |
| (iii) $N$의 값이 될 수 있는 가장 작은 자연수 구하기 | 20 % |

[15~16] $\dfrac{B}{A\times x}$를 유한소수가 되도록 하는 $x$의 값 구하기

❶ 주어진 분수를 기약분수로 나타낸다.

❷ 분모를 소인수분해한다.

❸ 분모의 소인수가 2 또는 5뿐이어야 하므로 $x$의 값은 소인수가 2나 5로만 이루어진 수 또는 분자의 약수 또는 이들의 곱으로 이루어진 수이다.

**15** $\dfrac{1}{x}$이 유한소수가 되려면 $x$는 소인수가 2 또는 5뿐이어야 한다.

따라서 1보다 큰 한 자리의 자연수 $x$는 2, 4, 5, 8의 4개이다.

**16** $\dfrac{7}{x}$이 유한소수가 되려면 기약분수로 나타냈을 때, 분모의 소인수가 2 또는 5뿐이어야 한다.

① $x=5$일 때, $\dfrac{7}{5}$     ② $x=8$일 때, $\dfrac{7}{8}=\dfrac{7}{2^3}$

③ $x=10$일 때, $\dfrac{7}{10}=\dfrac{7}{2\times5}$     ④ $x=14$일 때, $\dfrac{7}{14}=\dfrac{1}{2}$

⑤ $x=21$일 때, $\dfrac{7}{21}=\dfrac{1}{3}$

따라서 $x$의 값이 될 수 없는 것은 ⑤이다.

---

**유형 3**

**1** 100, 99, 34, 99

**2** (1) $\dfrac{2}{3}$   (2) $\dfrac{40}{99}$   (3) $\dfrac{7}{3}$   (4) $\dfrac{313}{99}$   (5) $\dfrac{125}{999}$

**3** 1000, 990, 122, 990, 495

**4** (1) $\dfrac{16}{45}$   (2) $\dfrac{52}{45}$   (3) $\dfrac{97}{900}$   (4) $\dfrac{211}{990}$   (5) $\dfrac{1037}{330}$

**1** $0.3\dot{4}$를 $x$라고 하면 $x=0.343434\cdots$이므로

$\boxed{100}\,x=34.343434\cdots$

$-)\quad\quad x=\;\,0.343434\cdots$

$\boxed{99}\,x=\boxed{34}$

$\therefore x=\dfrac{34}{\boxed{99}}$

**2** (1) $0.\dot{6}$을 $x$라고 하면 $x=0.666\cdots$이므로

$10x=6.666\cdots$

$-)\quad x=0.666\cdots$

$9x=6$

$\therefore x=\dfrac{6}{9}=\dfrac{2}{3}$

(2) $0.\dot{4}\dot{0}$을 $x$라고 하면 $x=0.404040\cdots$이므로

$100x=40.404040\cdots$

$-)\quad x=\;\,0.404040\cdots$

$99x=40$

$\therefore x=\dfrac{40}{99}$

(3) $2.\dot{3}$을 $x$라고 하면 $x=2.333\cdots$이므로

$10x=23.333\cdots$

$-)\quad x=\;\,2.333\cdots$

$9x=21$

$\therefore x=\dfrac{21}{9}=\dfrac{7}{3}$

(4) $3.\dot{1}\dot{6}$을 $x$라고 하면 $x=3.161616\cdots$이므로

$100x=316.161616\cdots$

$-)\quad x=\;\;\,3.161616\cdots$

$99x=313$

$\therefore x=\dfrac{313}{99}$

(5) $0.\dot{1}2\dot{5}$를 $x$라고 하면

$x=0.125125125\cdots$이므로

$1000x=125.125125125\cdots$

$-)\quad x=\;\;\;\,0.125125125\cdots$

$999x=125$

$\therefore x=\dfrac{125}{999}$

**3** $0.1\dot{2}\dot{3}$을 $x$라고 하면

$x=0.1232323\cdots$이므로

$\boxed{1000}\,x=123.232323\cdots$

$-)\quad\; 10x=\;\,1.232323\cdots$

$\boxed{990}\,x=\boxed{122}$

$\therefore x=\dfrac{122}{\boxed{990}}=\dfrac{61}{\boxed{495}}$

**4** (1) $0.3\dot{5}$를 $x$라고 하면 $x=0.3555\cdots$이므로

$100x=35.555\cdots$

$-)\;\;10x=\;\,3.555\cdots$

$90x=32$

$\therefore x=\dfrac{32}{90}=\dfrac{16}{45}$

(2) $1.1\dot{5}$를 $x$라고 하면 $x=1.1555\cdots$이므로

$100x=115.555\cdots$

$-)\;\;10x=\;\,11.555\cdots$

$90x=104$

$\therefore x=\dfrac{104}{90}=\dfrac{52}{45}$

(3) $0.10\dot{7}$을 $x$라고 하면 $x=0.10777\cdots$이므로

$$1000x=107.777\cdots$$
$$-\underline{)\ 100x=\ \ 10.777\cdots}$$
$$900x=97$$
$$\therefore x=\frac{97}{900}$$

(4) $0.2\dot{1}\dot{3}$을 $x$라고 하면 $x=0.2131313\cdots$이므로

$$1000x=213.131313\cdots$$
$$-\underline{)\ \ \ 10x=\ \ \ 2.131313\cdots}$$
$$990x=211$$
$$\therefore x=\frac{211}{990}$$

(5) $3.1\dot{4}\dot{2}$를 $x$라고 하면 $x=3.1424242\cdots$이므로

$$1000x=3142.424242\cdots$$
$$-\underline{)\ \ \ 10x=\ \ \ 31.424242\cdots}$$
$$990x=3111$$
$$\therefore x=\frac{3111}{990}=\frac{1037}{330}$$

---

**3**

(1) $0.\dot{4}\dot{3}=\dfrac{43}{99}$

(2) $1.\dot{5}1\dot{2}=\dfrac{1512-1}{999}=\dfrac{1511}{999}$

(3) $0.8\dot{7}\dot{4}=\dfrac{874-8}{990}=\dfrac{866}{990}=\dfrac{433}{495}$

(4) $1.0\dot{2}\dot{7}=\dfrac{1027-102}{900}=\dfrac{925}{900}=\dfrac{37}{36}$

(5) $2.4\dot{3}\dot{5}=\dfrac{2435-24}{990}=\dfrac{2411}{990}$

(6) $3.2\dot{7}\dot{4}=\dfrac{3274-32}{990}=\dfrac{3242}{990}=\dfrac{1621}{495}$

**4** (3) 순환소수가 아닌 무한소수는 유리수가 아니다.

(5) 순환소수를 기약분수로 나타내면 분모에 2와 5 이외의 소인수가 있다.

---

**유형 4**　　　　　　　　　　　　　　**P. 11**

**1** (1) 8　(2) 9, 9　(3) 258, 86　(4) 247, 2, 245

**2** (1) 25, 23　　(2) 10, 90, 45

　　(3) 13, 1, 75　(4) 3032, 30, 1501

**3** (1) $\dfrac{43}{99}$　(2) $\dfrac{1511}{999}$　(3) $\dfrac{433}{495}$

　　(4) $\dfrac{37}{36}$　(5) $\dfrac{2411}{990}$　(6) $\dfrac{1621}{495}$

**4** (1) ○　(2) ○　(3) ×　(4) ○　(5) ×

---

**1**

(1) $0.\dot{8}=\dfrac{\boxed{8}}{\boxed{9}}$

(2) $1.\dot{7}=\dfrac{17-1}{\boxed{9}}=\dfrac{\boxed{16}}{\boxed{9}}$

(3) $0.\dot{2}5\dot{8}=\dfrac{\boxed{258}}{999}=\dfrac{\boxed{86}}{333}$

(4) $2.\dot{4}\dot{7}=\dfrac{\boxed{247}-\boxed{2}}{99}=\dfrac{\boxed{245}}{99}$

**2**

(1) $0.2\dot{5}=\dfrac{\boxed{25}-2}{90}=\dfrac{\boxed{23}}{90}$

(2) $1.0\dot{4}=\dfrac{104-\boxed{10}}{\boxed{90}}=\dfrac{94}{90}=\dfrac{47}{\boxed{45}}$

(3) $0.01\dot{3}=\dfrac{\boxed{13}-\boxed{1}}{900}=\dfrac{12}{900}=\dfrac{1}{\boxed{75}}$

(4) $3.0\dot{3}\dot{2}=\dfrac{\boxed{3032}-\boxed{30}}{990}=\dfrac{3002}{990}=\dfrac{\boxed{1501}}{495}$

---

**쌍둥이 기출문제**　　　　　　　　　**P. 12~13**

**1** ⑤　　**2** 100, 100, 13.777$\cdots$, 90, 124, $\dfrac{62}{45}$

**3** ②　　**4** ④　　**5** ③　　**6** ⑤

**7** (1) 99　(2) 41　(3) $0.\dot{4}\dot{1}$　　**8** $0.6\dot{7}$　**9** ③

**10** ①　　**11** ④　　**12** ②, ③

**[1~2]** 순환소수를 분수로 나타내기 (1) – 10의 거듭제곱 이용하기

❶ 주어진 순환소수를 $x$로 놓는다.

❷ 양변에 10의 거듭제곱을 적당히 곱하여 소수점 아래의 부분이 같은 두 식을 만든다.

❸ ❷의 두 식을 변끼리 빼어 $x$의 값을 구한다.

**1** 순환소수 $0.\dot{4}\dot{2}$를 $x$라고 하면

$x=0.424242\cdots$　　　　　$\cdots$㉠

㉠의 양변에 $\boxed{100}$을 곱하면

$\boxed{100}\,x=42.424242\cdots$　$\cdots$㉡

㉡에서 ㉠을 변끼리 빼면

$\boxed{99}\,x=\boxed{42}$

$\therefore x=\dfrac{42}{99}=\dfrac{14}{\boxed{33}}$

**2** 순환소수 $1.3\dot{7}$을 $x$라고 하면

$x=1.3777\cdots$　　　　　$\cdots$㉠

㉠의 양변에 $\boxed{100}$을 곱하면

$\boxed{100}\,x=137.777\cdots$　$\cdots$㉡

⊙의 양변에 10을 곱하면
$$10x = \boxed{13.777\cdots} \qquad \cdots ⊙$$
⊙에서 ⓒ을 변끼리 빼면
$$\boxed{90}\,x = \boxed{124}$$
$$\therefore x = \frac{124}{90} = \boxed{\frac{62}{45}}$$

**[3~4]** 순환소수 $x=0.0\dot{a}\dot{b}$를 분수로 나타낼 때, 가장 편리한 식은
⇨ $\underline{1000x - 10x}$
└ 소수점을 첫 순환마디의 앞으로 옮긴다.
소수점을 첫 순환마디의 뒤로 옮긴다.

**3** $x=0.\dot{6}\dot{7}=0.676767\cdots$에서
$$\begin{array}{r} 100x = 67.676767\cdots \\ -)\quad x = 0.676767\cdots \\ \hline 99x = 67 \end{array} \qquad \therefore x = \frac{67}{99}$$
따라서 가장 편리한 식은 ② $100x - x$이다.

**4** $x=2.5\dot{8}\dot{3}=2.5838383\cdots$에서
$$\begin{array}{r} 1000x = 2583.838383\cdots \\ -)\quad 10x = 25.838383\cdots \\ \hline 990x = 2558 \end{array} \qquad \therefore x = \frac{2558}{990} = \frac{1279}{495}$$
따라서 가장 편리한 식은 ④ $1000x - 10x$이다.

**[5~10]** 순환소수를 분수로 나타내기 (2) – 공식 이용하기

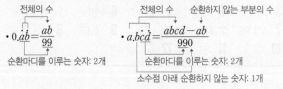

• $0.\dot{a}\dot{b} = \dfrac{ab}{99}$
순환마디를 이루는 숫자: 2개

• $a.b\dot{c}\dot{d} = \dfrac{abcd - ab}{990}$
순환마디를 이루는 숫자: 2개
소수점 아래 순환하지 않는 숫자: 1개

**5** ① $0.\dot{3}\dot{1} = \dfrac{31}{99}$

② $1.\dot{5}\dot{4} = \dfrac{154-1}{99} = \dfrac{153}{99} = \dfrac{17}{11}$

④ $1.7\dot{4} = \dfrac{174-17}{90}$

⑤ $0.8\dot{3}\dot{9} = \dfrac{839-8}{990}$

따라서 옳은 것은 ③이다.

**6** ① $0.\dot{3}\dot{0} = \dfrac{30}{99} = \dfrac{10}{33}$

② $8.0\dot{3} = \dfrac{803-80}{90} = \dfrac{723}{90} = \dfrac{241}{30}$

③ $2.\dot{3}\dot{4} = \dfrac{234-2}{99} = \dfrac{232}{99}$

④ $0.4\dot{8} = \dfrac{48-4}{90} = \dfrac{44}{90} = \dfrac{22}{45}$

⑤ $2.1\dot{5} = \dfrac{215-21}{90} = \dfrac{194}{90} = \dfrac{97}{45}$

따라서 옳지 않은 것은 ⑤이다.

**7** (1) $0.\dot{3}\dot{4} = \dfrac{34}{99}$이므로 $a=99$

(2) $0.4\dot{5} = \dfrac{45-4}{90} = \dfrac{41}{90}$이므로 $b=41$

(3) $\dfrac{b}{a} = \dfrac{41}{99}$이므로 $\dfrac{41}{99} = 0.414141\cdots = 0.\dot{4}\dot{1}$

**8** 태수는 분모를 제대로 보았으므로
$0.\dot{2}\dot{6} = \dfrac{26}{99}$에서 처음 기약분수의 분모는 99이다. $\cdots$ (i)
민호는 분자를 제대로 보았으므로
$0.7\dot{4} = \dfrac{74-7}{90} = \dfrac{67}{90}$에서 처음 기약분수의 분자는 67이다.
$\cdots$ (ii)
따라서 처음 기약분수는 $\dfrac{67}{99}$이므로

$\dfrac{67}{99} = 0.676767\cdots = 0.\dot{6}\dot{7}$ $\cdots$ (iii)

| 채점 기준 | 비율 |
|---|---|
| (i) 처음 기약분수의 분모 구하기 | 30 % |
| (ii) 처음 기약분수의 분자 구하기 | 30 % |
| (iii) 처음 기약분수를 순환소수로 나타내기 | 40 % |

**9** $0.\dot{2}\dot{1} = \dfrac{21}{99} = 21 \times \dfrac{1}{99} = 21 \times \square$

$\therefore \square = \dfrac{1}{99} = 0.010101\cdots = 0.\dot{0}\dot{1}$

**10** $0.\dot{2}0\dot{3} = \dfrac{203}{999} = 203 \times \dfrac{1}{999} = 203 \times a$

$\therefore a = \dfrac{1}{999} = 0.001001\cdots = 0.\dot{0}0\dot{1}$

**[11~12]** 유리수와 소수의 관계

소수
├ 유한소수 ─┐
└ 무한소수 ─┤ 순환소수 ──── 유리수
            └ 순환소수가 아닌 무한소수 — 유리수가 아니다.

**11** ① $\dfrac{1}{3} = 0.333\cdots$에서 $\dfrac{1}{3}$은 유리수이지만, 무한소수이다.

② 모든 순환소수는 유리수이다.

③ $\pi = 3.141592\cdots$와 같이 순환소수가 아닌 무한소수도 있다.

⑤ 기약분수를 소수로 나타내면 유한소수 또는 순환소수가 된다.

따라서 옳은 것은 ④이다.

**12** ①, ② 유한소수는 모두 유리수이다.

④ 순환소수는 모두 분수로 나타낼 수 있다.

⑤ $\dfrac{2}{3} = 0.666\cdots$과 같이 정수가 아닌 유리수 중에는 유한소수로 나타낼 수 없는 것도 있다.

따라서 옳은 것은 ②, ③이다.

| | | | | | | | | | |
|---|---|---|---|---|---|---|---|---|---|
| **1** | ②, ⑤ | **2** | 15 | **3** | ㄴ, ㅁ | **4** | ②, ④ | **5** | 63 |
| **6** | $\dfrac{503}{330}$ | **7** | ⑤ | **8** | $1.0\dot{4}$ | **9** | ④ | | |

**1** ② $6.060606\cdots=6.\dot{0}\dot{6}$

⑤ $7.10343434\cdots=7.10\dot{3}\dot{4}$

**2** $\dfrac{2}{7}=0.285714285714\cdots=0.\dot{2}8571\dot{4}$이므로 순환마디를 이루는 숫자는 2, 8, 5, 7, 1, 4의 6개이다.

이때 $50=6\times8+2$이므로 소수점 아래 50번째 자리의 숫자는 순환마디의 두 번째 숫자인 8이다. ∴ $a=8$

또 $70=6\times11+4$이므로 소수점 아래 70번째 자리의 숫자는 순환마디의 네 번째 숫자인 7이다. ∴ $b=7$

∴ $a+b=8+7=15$

**3** ㄱ. $\dfrac{7}{8}=\dfrac{7}{2^3}$       ㄴ. $\dfrac{2}{11}$

ㄷ. $\dfrac{3}{20}=\dfrac{3}{2^2\times5}$       ㄹ. $\dfrac{18}{72}=\dfrac{1}{4}=\dfrac{1}{2^2}$

ㅁ. $\dfrac{28}{132}=\dfrac{7}{33}=\dfrac{7}{3\times11}$       ㅂ. $\dfrac{84}{210}=\dfrac{2}{5}$

따라서 유한소수로 나타낼 수 없는 것은 ㄴ, ㅁ이다.

**4** $\dfrac{15}{72}\times x=\dfrac{5}{24}\times x=\dfrac{5}{2^3\times3}\times x$가 유한소수가 되려면 $x$는 3의 배수이어야 한다.

따라서 $x$의 값이 될 수 있는 수는 ② 3, ④ 6이다.

**5** $\dfrac{n}{28}=\dfrac{n}{2^2\times7}$, $\dfrac{n}{90}=\dfrac{n}{2\times3^2\times5}$이므로 두 분수가 모두 유한소수가 되려면 $n$은 7과 $3^2$의 공배수, 즉 63의 배수이어야 한다.

따라서 $n$의 값이 될 수 있는 가장 작은 자연수는 63이다.

**6** 순환소수 $1.5\dot{2}\dot{4}$를 $x$라고 하면

$x=1.5242424\cdots$      … ㉠

㉠의 양변에 1000을 곱하면

$1000x=1524.242424\cdots$      … ㉡      … (ⅰ)

㉠의 양변에 10을 곱하면

$10x=15.242424\cdots$      … ㉢      … (ⅱ)

㉡－㉢을 하면

$990x=1509$

∴ $x=\dfrac{1509}{990}=\dfrac{503}{330}$      … (ⅲ)

| 채점 기준 | 비율 |
|---|---|
| (ⅰ) ㉠의 양변에 1000을 곱하기 | 30 % |
| (ⅱ) ㉠의 양변에 10을 곱하기 | 30 % |
| (ⅲ) 순환소수를 기약분수로 나타내기 | 40 % |

**7** ① $0.\dot{3}=\dfrac{3}{9}=\dfrac{1}{3}$

② $0.4\dot{7}=\dfrac{47-4}{90}=\dfrac{43}{90}$

③ $0.\dot{3}4\dot{5}=\dfrac{345}{999}=\dfrac{115}{333}$

④ $1.0\dot{6}=\dfrac{106-10}{90}=\dfrac{96}{90}=\dfrac{16}{15}$

⑤ $1.\dot{8}\dot{7}=\dfrac{187-1}{99}=\dfrac{186}{99}=\dfrac{62}{33}$

따라서 옳은 것은 ⑤이다.

**8** 민석이는 분자를 제대로 보았으므로

$1.1\dot{4}=\dfrac{114-11}{90}=\dfrac{103}{90}$에서 처음 기약분수의 분자는 103이다.

준기는 분모를 제대로 보았으므로

$0.\dot{2}\dot{3}=\dfrac{23}{99}$에서 처음 기약분수의 분모는 99이다.

따라서 처음 기약분수는 $\dfrac{103}{99}$이므로

$\dfrac{103}{99}=1.040404\cdots=1.\dot{0}\dot{4}$

**9** ④ 순환소수는 유한소수로 나타낼 수 없는 수이지만 유리수이다.

# 1 지수법칙

**1** (1) $a^9$    (2) $a^{14}$    (3) $x^6$    (4) $2^{23}$

**2** (1) $a^8$    (2) $x^{18}$    (3) $x^{10}$    (4) $3^{15}$

**3** (1) $x^{10}y^{12}$   (2) $a^6b^8$   (3) $x^9y^6$   (4) $a^6b^5$

**4** (1) $x^6$    (2) $a^{20}$    (3) $2^{15}$    (4) $5^{14}$

**5** (1) $a^{24}$    (2) $x^{20}$

**6** (1) $a^{10}$    (2) $x^{13}$    (3) $x^{18}$    (4) $5^{27}$

**7** (1) $x^5y^{16}$   (2) $a^{18}b^{19}$   (3) $2^{12}a^{23}$   (4) $3^{15}x^7$

**1** (1) $a^3 \times a^6 = a^{3+6} = a^9$      (2) $a^{10} \times a^4 = a^{10+4} = a^{14}$
    (3) $x \times x^5 = x^{1+5} = x^6$      (4) $2^8 \times 2^{15} = 2^{8+15} = 2^{23}$

**2** (1) $a^4 \times a \times a^3 = a^{4+1+3} = a^8$
    (2) $x^{10} \times x^3 \times x^5 = x^{10+3+5} = x^{18}$
    (3) $x \times x^2 \times x^3 \times x^4 = x^{1+2+3+4} = x^{10}$
    (4) $3^2 \times 3^3 \times 3^{10} = 3^{2+3+10} = 3^{15}$

**3** (1) $x^2 \times x^8 \times y^5 \times y^7 = x^{2+8}y^{5+7} = x^{10}y^{12}$
    (2) $a^4 \times b^2 \times a^2 \times b^6 = a^4 \times a^2 \times b^2 \times b^6$
                    $= a^{4+2}b^{2+6} = a^6b^8$
    (3) $x^6 \times y^2 \times x^3 \times y^4 = x^6 \times x^3 \times y^2 \times y^4$
                    $= x^{6+3}y^{2+4} = x^9y^6$
    (4) $a \times b^4 \times a^2 \times b \times a^3 = a \times a^2 \times a^3 \times b^4 \times b$
                        $= a^{1+2+3}b^{4+1} = a^6b^5$

**4** (1) $(x^3)^2 = x^{3\times2} = x^6$      (2) $(a^4)^5 = a^{4\times5} = a^{20}$
    (3) $(2^5)^3 = 2^{5\times3} = 2^{15}$      (4) $(5^2)^7 = 5^{2\times7} = 5^{14}$

**5** (1) $\{(a^2)^3\}^4 = (a^{2\times3})^4 = a^{2\times3\times4} = a^{24}$
    (2) $\{(x^5)^2\}^2 = (x^{5\times2})^2 = x^{5\times2\times2} = x^{20}$

**6** (1) $a^4 \times (a^2)^3 = a^4 \times a^6 = a^{4+6} = a^{10}$
    (2) $(x^5)^2 \times x^3 = x^{10} \times x^3 = x^{10+3} = x^{13}$
    (3) $(x^2)^4 \times x^{10} = x^8 \times x^{10} = x^{8+10} = x^{18}$
    (4) $(5^2)^6 \times (5^3)^5 = 5^{12} \times 5^{15} = 5^{12+15} = 5^{27}$

**7** (1) $x^5 \times (y^5)^2 \times (y^3)^2 = x^5 \times y^{10} \times y^6$
                         $= x^5 y^{10+6} = x^5y^{16}$
    (2) $a^2 \times (b^3)^3 \times (a^4)^4 \times (b^2)^5 = a^2 \times b^9 \times a^{16} \times b^{10}$
                                $= a^{2+16}b^{9+10} = a^{18}b^{19}$
    (3) $(2^6)^2 \times a^2 \times (a^3)^7 = 2^{12} \times a^2 \times a^{21}$
                         $= 2^{12}a^{2+21} = 2^{12}a^{23}$
    (4) $x^3 \times (3^5)^3 \times (x^2)^2 = x^3 \times 3^{15} \times x^4$
                         $= 3^{15}x^{3+4} = 3^{15}x^7$

**1** (1) $x^5$    (2) $x^6$    (3) $a^3$    (4) $5^6$

**2** (1) $\dfrac{1}{a^5}$    (2) $\dfrac{1}{x^9}$    (3) $1$    (4) $\dfrac{1}{2^7}$

**3** (1) $a^6$    (2) $1$    (3) $\dfrac{1}{x^4}$

**4** (1) $a^2$    (2) $x^5$    (3) $\dfrac{1}{y^2}$

**5** (1) $x^2y^4$   (2) $a^{12}b^{18}$   (3) $x^{15}y^{20}z^5$

**6** (1) $8a^{12}$   (2) $5^9a^6$   (3) $x^{16}$   (4) $-27x^6$   (5) $25x^6y^{10}$

**7** (1) $\dfrac{y^3}{x^6}$   (2) $\dfrac{b^6}{a^2}$   (3) $-\dfrac{x^3}{27}$   (4) $\dfrac{b^{20}}{a^8}$   (5) $\dfrac{9y^2}{4x^6}$

**1** (2) $x^{10} \div x^4 = x^{10-4} = x^6$      (3) $a^8 \div a^5 = a^{8-5} = a^3$
    (4) $5^9 \div 5^3 = 5^{9-3} = 5^6$

**2** (2) $x^3 \div x^{12} = \dfrac{1}{x^{12-3}} = \dfrac{1}{x^9}$      (4) $2^7 \div 2^{14} = \dfrac{1}{2^{14-7}} = \dfrac{1}{2^7}$

**3** (1) $(a^3)^4 \div a^6 = a^{12} \div a^6 = a^{12-6} = a^6$
    (2) $a^{10} \div (a^5)^2 = a^{10} \div a^{10} = 1$
    (3) $(x^2)^6 \div (x^4)^4 = x^{12} \div x^{16} = \dfrac{1}{x^{16-12}} = \dfrac{1}{x^4}$

**4** (1) $a^7 \div a^2 \div a^3 = a^{7-2} \div a^3 = a^5 \div a^3 = a^{5-3} = a^2$
    (2) $x^{16} \div (x^2)^4 \div x^3 = x^{16} \div x^8 \div x^3 = x^{16-8} \div x^3$
                           $= x^8 \div x^3 = x^{8-3} = x^5$
    (3) $y^5 \div (y^9 \div y^2) = y^5 \div y^{9-2} = y^5 \div y^7 = \dfrac{1}{y^{7-5}} = \dfrac{1}{y^2}$

**5** (1) $(xy^2)^2 = x^2(y^2)^2 = x^2y^4$
    (2) $(a^2b^3)^6 = (a^2)^6(b^3)^6 = a^{12}b^{18}$
    (3) $(x^3y^4z)^5 = (x^3)^5(y^4)^5z^5 = x^{15}y^{20}z^5$

**6** (1) $(2a^4)^3 = 2^3(a^4)^3 = 8a^{12}$
    (2) $(5^3a^2)^3 = (5^3)^3(a^2)^3 = 5^9a^6$
    (3) $(-x^4)^4 = (-1)^4(x^4)^4 = x^{16}$
    (4) $(-3x^2)^3 = (-3)^3(x^2)^3 = -27x^6$
    (5) $(-5x^3y^5)^2 = (-5)^2(x^3)^2(y^5)^2 = 25x^6y^{10}$

**7** (1) $\left(\dfrac{y}{x^2}\right)^3 = \dfrac{y^3}{(x^2)^3} = \dfrac{y^3}{x^6}$
    (2) $\left(\dfrac{b^3}{a}\right)^2 = \dfrac{(b^3)^2}{a^2} = \dfrac{b^6}{a^2}$
    (3) $\left(-\dfrac{x}{3}\right)^3 = \dfrac{x^3}{(-3)^3} = -\dfrac{x^3}{27}$
    (4) $\left(-\dfrac{b^5}{a^2}\right)^4 = \dfrac{(-1)^4(b^5)^4}{(a^2)^4} = \dfrac{b^{20}}{a^8}$
    (5) $\left(\dfrac{3y}{2x^3}\right)^2 = \dfrac{3^2y^2}{2^2(x^3)^2} = \dfrac{9y^2}{4x^6}$

**1** (1) 8   (2) 4   (3) 4     **2** (1) 3   (2) 6   (3) 6

**3** (1) $a=2$, $b=3$   (2) $a=4$, $b=81$, $c=8$

   (3) $a=3$, $b=2$   (4) $a=3$, $b=8$, $c=12$

**4** (1) 3   (2) 2      **5** (1) 2, 1, 3   (2) $3^5$   (3) $5^4$

**6** (1) 6, 3, 3   (2) $A^5$   (3) $A^6$

**7** (1) 3, 3, 8, 800000, 6   (2) 8자리   (3) 10자리

---

**1**
(1) $a^2 \times a^\square = a^{2+\square} = a^{10}$이므로

   $2+\square=10$   $\therefore \square=8$

(2) $x \times x^3 \times x^\square = x^{1+3+\square} = x^8$이므로

   $1+3+\square=8$   $\therefore \square=4$

(3) $(a^\square)^5 = a^{\square \times 5} = a^{20}$이므로

   $\square \times 5 = 20$   $\therefore \square=4$

**2**
(1) $(a^3)^\square \div a^4 = a^{3 \times \square - 4} = a^5$이므로

   $3 \times \square - 4 = 5$   $\therefore \square=3$

(2) $x^9 \div x^\square \div x^3 = x^{9-\square} \div x^3 = 1$이므로

   $x^{9-\square} = x^3$에서 $9-\square=3$   $\therefore \square=6$

(3) $a^5 \times a^2 \div a^\square = a^{5+2-\square} = a$이므로

   $5+2-\square=1$   $\therefore \square=6$

**3**
(1) $(x^a y^4)^b = x^{ab} y^{4b} = x^6 y^{12}$이므로

   $y^{4b}=y^{12}$에서 $4b=12$   $\therefore b=3$

   $x^{ab}=x^6$, 즉 $x^{3a}=x^6$에서 $3a=6$   $\therefore a=2$

(2) $(-3xy^2)^a = (-3)^a x^a y^{2a} = bx^4 y^c$이므로

   $x^a=x^4$에서 $a=4$

   $(-3)^a=b$, 즉 $(-3)^4=b$에서 $b=81$

   $y^{2a}=y^c$, 즉 $y^8=y^c$에서 $c=8$

(3) $\left(\dfrac{x^a}{y}\right)^2 = \dfrac{x^{2a}}{y^2} = \dfrac{x^6}{y^b}$이므로

   $x^{2a}=x^6$에서 $2a=6$   $\therefore a=3$

   $y^2=y^b$에서 $b=2$

(4) $\left(-\dfrac{y}{2x^4}\right)^a = \dfrac{y^a}{(-2)^a x^{4a}} = -\dfrac{y^3}{bx^c}$이므로

   $y^a=y^3$에서 $a=3$

   $(-2)^a=-b$, 즉 $(-2)^3=-b$에서 $b=8$

   $x^{4a}=x^c$, 즉 $x^{12}=x^c$에서 $c=12$

**4**
(1) $64=2^6$이므로 $2^3 \times 2^x = 2^{3+x} = 2^6$에서

   $3+x=6$   $\therefore x=3$

(2) $\dfrac{1}{27} = \dfrac{1}{3^3}$이므로 $3^x \div 3^5 = \dfrac{1}{3^{5-x}} = \dfrac{1}{3^3}$에서

   $5-x=3$   $\therefore x=2$

**5**
(2) $3^4 + 3^4 + 3^4 = 3 \times 3^4 = 3^{1+4} = 3^5$

(3) $5^3 + 5^3 + 5^3 + 5^3 + 5^3 = 5 \times 5^3 = 5^{1+3} = 5^4$

---

**6** $2^2 = A$이므로

(2) $4^5 = (2^2)^5 = A^5$

(3) $8^4 = (2^3)^4 = 2^{12} = (2^2)^6 = A^6$

**[7]** $a$, $n$이 자연수일 때

(자연수 $a \times 10^n$의 자릿수)$=$($a$의 자릿수)$+n$

**7**
(2) $2^6 \times 5^8 = 2^6 \times 5^{6+2} = 2^6 \times 5^6 \times 5^2$

          $= 5^2 \times 2^6 \times 5^6 = 5^2 \times (2 \times 5)^6$

          $= 25 \times 10^6 = 25000000$

                   └6개┘

   따라서 $2^6 \times 5^8$은 8자리의 자연수이다.

(3) $3 \times 2^{10} \times 5^9 = 3 \times 2^{1+9} \times 5^9 = 3 \times 2 \times 2^9 \times 5^9$

                  $= 3 \times 2 \times (2 \times 5)^9$

                  $= 6 \times 10^9 = 600 \cdots 0$

                      └9개┘

   따라서 $3 \times 2^{10} \times 5^9$은 10자리의 자연수이다.

---

**쌍둥이 기출문제**      P. 21~22

**1** ⑤    **2** ③, ⑤    **3** (1) $a^4$   (2) $x^2$   (3) $3^3$

**4** (1) $5^{12}$   (2) $a^{15}$   (3) $x^3$     **5** $2^{12}$    **6** 3

**7** ②    **8** 5    **9** ⑤    **10** 17    **11** ①

**12** 5    **13** ③    **14** ①    **15** 4자리    **16** ③

**[1~10]** 지수법칙

$m$, $n$이 자연수일 때

(1) 지수의 합: $a^m \times a^n = a^{m+n}$

(2) 지수의 곱: $(a^m)^n = a^{mn}$

(3) 지수의 차: $a^m \div a^n = \begin{cases} a^{m-n} & (m>n) \\ 1 & (m=n) \text{ (단, } a \neq 0) \\ \dfrac{1}{a^{n-m}} & (m<n) \end{cases}$

(4) 지수의 분배: $(ab)^n = a^n b^n$, $\left(\dfrac{b}{a}\right)^n = \dfrac{b^n}{a^n}$ (단, $a \neq 0$)

**1**
① $x^3 \times x^3 = x^{3+3} = x^6$      ② $(x^2)^4 = x^{2 \times 4} = x^8$

③ $x^2 \div x^2 = 1$      ④ $\left(\dfrac{y}{x^2}\right)^2 = \dfrac{y^2}{x^4}$

따라서 옳은 것은 ⑤이다.

**2**
① $3^2 \times 3^4 = 3^{2+4} = 3^6$

② $a^3 \div a^6 = \dfrac{1}{a^{6-3}} = \dfrac{1}{a^3}$

④ $(x^3)^4 = x^{3 \times 4} = x^{12}$

따라서 옳은 것은 ③, ⑤이다.

**3**
(1) $a^6 \div a^3 \times a = a^3 \times a = a^4$

(2) $(x^4)^2 \div x^4 \times x^2 = x^8 \div x^4 \times x^2 = x^4 \times x^2 = x^2$

(3) $3^2 \times (3^2)^2 \div 3^3 = 3^2 \times 3^4 \div 3^3 = 3^6 \div 3^3 = 3^3$

**4**
(1) $5^{10} \times 5^5 \div 5^3 = 5^{15} \div 5^3 = 5^{12}$
(2) $(a^3)^2 \times a \times (a^2)^5 = a^6 \div a \times a^{10} = a^5 \times a^{10} = a^{15}$
(3) $x^4 \div (x^2 \div x) = x^4 \div x = x^3$

**5**
$16^8 \div 32^4 = (2^4)^8 \div (2^5)^4 = 2^{32} \div 2^{20} = 2^{12}$

**6**
$27 \times 81^2 \div 9^4 = 3^3 \times (3^4)^2 \div (3^2)^4$
$\qquad\qquad = 3^3 \times 3^8 \div 3^8 = 3^{11} \div 3^8 = 3^3$
$\therefore \square = 3$

**7**
$243 = 3^5$이므로 $3^2 \times 3^n = 3^{2+n} = 3^5$에서
$2 + n = 5 \quad \therefore n = 3$

**8**
$64 = 2^6$이므로 $2^a \times 2^4 = 2^{a+4} = 2^6$에서
$a + 4 = 6 \quad \therefore a = 2$
$x^6 \div x^b \div x^2 = x^{6-b-2} = x$에서
$6 - b - 2 = 1 \quad \therefore b = 3$
$\therefore a + b = 2 + 3 = 5$

**9**
$(3x^a)^3 = 27x^{3a} = bx^{12}$이므로
$b = 27$
$x^{3a} = x^{12}$에서 $3a = 12 \quad \therefore a = 4$
$\therefore a + b = 4 + 27 = 31$

**10**
$\left(\dfrac{2^a}{3^5}\right)^4 = \dfrac{2^{4a}}{3^{20}} = \dfrac{2^{12}}{3^b}$이므로
$2^{4a} = 2^{12}$에서 $4a = 12 \quad \therefore a = 3$ $\qquad \cdots$ (i)
$3^{20} = 3^b$에서 $b = 20$ $\qquad\qquad\qquad\qquad \cdots$ (ii)
$\therefore b - a = 20 - 3 = 17$ $\qquad\qquad\qquad \cdots$ (iii)

| 채점 기준 | 비율 |
|---|---|
| (i) $a$의 값 구하기 | 40 % |
| (ii) $b$의 값 구하기 | 40 % |
| (iii) $b-a$의 값 구하기 | 20 % |

**[11~12]** 같은 수의 덧셈은 곱셈으로 나타낼 수 있다.
$\Rightarrow \underbrace{a^2 + a^2 + a^2}_{3개} = 3 \times a^2$

**11**
$3^3 + 3^3 + 3^3 = 3 \times 3^3 = 3^{1+3} = 3^4$

**12**
$5^4 + 5^4 + 5^4 + 5^4 + 5^4 = 5 \times 5^4 = 5^{1+4} = 5^5$
$\therefore a = 5$

**[13~14]** 문자를 사용하여 나타내기
$a^x = A$라고 할 때, 다음 식을 $A$를 사용하여 나타내면
(1) $a^{xy} = (a^x)^y = A^y$
(2) $a^{x+y} = a^x a^y = a^y a^x = a^y A$

**13**
$9^3 = (3^2)^3 = (3^3)^2 = A^2$

**14**
$16^{10} = (2^4)^{10} = 2^{40} = (2^5)^8 = a^8$

**[15~16]** 자릿수 구하기
$2^n \times 5^n = (2 \times 5)^n = 10^n$임을 이용하여 주어진 수를
$a \times 10^n$ 꼴로 나타내면 (단, $a$, $n$은 자연수)
$\Rightarrow (a \times 10^n$의 자릿수$) = (a$의 자릿수$) + n$

**15**
$2^5 \times 5^3 = 2^2 \times 2^3 \times 5^3 = 2^2 \times (2 \times 5)^3 = 4 \times 10^3 = 4\underbrace{000}_{3개}$
따라서 $2^5 \times 5^3$은 4자리의 자연수이다.

**16**
$2^7 \times 3 \times 5^9 = 2^7 \times 3 \times 5^7 \times 5^2$
$\qquad\qquad = 3 \times 5^2 \times 2^7 \times 5^7 = 3 \times 5^2 \times (2 \times 5)^7$
$\qquad\qquad = 75 \times 10^7 = 7500\underbrace{\cdots 0}_{7개}$
따라서 $2^7 \times 3 \times 5^9$은 9자리의 자연수이므로 $n = 9$

## ⁀2 단항식의 계산

**유형 3** P. 23

**1**
(1) $12x^3$ (2) $-10ab$ (3) $-x^6 y$ (4) $15a^2 b^3$

**2**
(1) $-2x^5$ (2) $2a^{11}$ (3) $16x^{14} y^2$ (4) $8a^{11} b^7$

**3**
(1) $6a^6$ (2) $-8x^4 y^6$ (3) $12a^3 b^4$

**4**
(1) $\dfrac{9}{x}$ (2) $-\dfrac{1}{3a^2}$ (3) $-\dfrac{2}{x}$ (4) $\dfrac{4}{3xy^2}$

**5**
(1) $5x$, $2x$ (2) $2a^2$ (3) $-\dfrac{2}{3}x$ (4) $8a^2$ (5) $\dfrac{1}{y}$

**6**
(1) $\dfrac{4}{3a}$, $4a^2$ (2) $4x^7$ (3) $-21x^2$ (4) $6$ (5) $\dfrac{5a^4}{4b^6}$

**7**
(1) $-\dfrac{2}{a}$ (2) $\dfrac{4y}{3x^2}$

**2**
(1) $(-x)^3 \times 2x^2 = (-x^3) \times 2x^2 = -2x^5$
(2) $(-2a^2) \times (-a^3)^3 = (-2a^2) \times (-a^9) = 2a^{11}$
(3) $(4x^3 y)^2 \times (-x^2)^4 = 16x^6 y^2 \times x^8 = 16x^{14} y^2$
(4) $(ab^2)^2 \times (2a^3 b)^3 = a^2 b^4 \times 8a^9 b^3 = 8a^{11} b^7$

**4**
(2) $-3a^2 = -\dfrac{3a^2}{1}$이므로 역수는 $-\dfrac{1}{3a^2}$이다.
(3) $-\dfrac{1}{2}x = -\dfrac{x}{2}$이므로 역수는 $-\dfrac{2}{x}$이다.
(4) $\dfrac{3}{4}xy^2 = \dfrac{3xy^2}{4}$이므로 역수는 $\dfrac{4}{3xy^2}$이다.

**5**
(1) $10x^2 \div 5x = \dfrac{10x^2}{\boxed{5x}} = \boxed{2x}$
(2) $6a^3 b \div 3ab = \dfrac{6a^3 b}{3ab} = 2a^2$
(3) $4x^2 y \div (-6xy) = \dfrac{4x^2 y}{-6xy} = -\dfrac{2}{3}x$

(4) $(-4a^5)^2 \div 2a^8 = \dfrac{16a^{10}}{2a^8} = 8a^2$

(5) $27x^6y^2 \div (3x^2y)^3 = \dfrac{27x^6y^2}{27x^6y^3} = \dfrac{1}{y}$

**6** (1) $3a^3 \div \dfrac{3}{4}a = 3a^3 \times \boxed{\dfrac{4}{3a}} = \boxed{4a^2}$

(2) $2x^9 \div \dfrac{x^2}{2} = 2x^9 \times \dfrac{2}{x^2} = 4x^7$

(3) $14x^4y \div \left(-\dfrac{2}{3}x^2y\right) = 14x^4y \times \left(-\dfrac{3}{2x^2y}\right) = -21x^2$

(4) $(-3a)^3 \div \left(-\dfrac{9}{2}a^3\right) = (-27a^3) \times \left(-\dfrac{2}{9a^3}\right) = 6$

(5) $\dfrac{1}{5}a^6b^2 \div \left(\dfrac{2}{5}ab^4\right)^2 = \dfrac{1}{5}a^6b^2 \div \dfrac{4}{25}a^2b^8$

$\qquad = \dfrac{1}{5}a^6b^2 \times \dfrac{25}{4a^2b^8} = \dfrac{5a^4}{4b^6}$

**7** (1) $16a^2b \div (-2ab) \div 4a^2 = 16a^2b \times \left(-\dfrac{1}{2ab}\right) \times \dfrac{1}{4a^2}$

$\qquad\qquad = -\dfrac{2}{a}$

(2) $2xy^2 \div \left(-\dfrac{1}{2}xy\right) \div (-3x^2)$

$\qquad = 2xy^2 \times \left(-\dfrac{2}{xy}\right) \times \left(-\dfrac{1}{3x^2}\right) = \dfrac{4y}{3x^2}$

---

### 유형 4 　　　　P. 24

**1** (1) $\dfrac{1}{C}, \dfrac{AB}{C}$ 　(2) $\dfrac{AC}{B}$ 　(3) $\dfrac{A}{BC}$

**2** (1) $\dfrac{B}{C}, \dfrac{AB}{C}$ 　(2) $\dfrac{A}{BC}$ 　(3) $\dfrac{AC}{B}$

**3** (1) $12x^2$ 　(2) $-\dfrac{6b}{a}$ 　(3) $-64a^4b^4$ 　(4) $\dfrac{3x}{4y}$

(5) $\dfrac{6}{5}y^7$ 　(6) $\dfrac{1}{2}a^2b^4$

**4** (1) $-3a^2$ 　(2) $16xy^2$ 　(3) $\dfrac{2}{b^5}$ 　(4) $-9x^{12}y$

(5) $4ab$ 　(6) $\dfrac{5}{3}x^7y^7$

---

**3** (1) $9xy \times 4x^2 \div 3xy = 9xy \times 4x^2 \times \dfrac{1}{3xy} = 12x^2$

(2) $3ab \times (-8b) \div 4a^2b = 3ab \times (-8b) \times \dfrac{1}{4a^2b} = -\dfrac{6b}{a}$

(3) $8a^3b^2 \times 16a^2b^3 \div (-2ab) = 8a^3b^2 \times 16a^2b^3 \times \left(-\dfrac{1}{2ab}\right)$

$\qquad\qquad = -64a^4b^4$

(4) $6x^2y \div 12xy^3 \times \dfrac{3}{2}y = 6x^2y \times \dfrac{1}{12xy^3} \times \dfrac{3}{2}y = \dfrac{3x}{4y}$

(5) $(-2xy^3) \div 5x^3y \times (-3x^2y^5)$

$\qquad = (-2xy^3) \times \dfrac{1}{5x^3y} \times (-3x^2y^5) = \dfrac{6}{5}y^7$

---

(6) $\dfrac{1}{14}a^4b^2 \div a^5b \times 7a^3b^3$

$\qquad = \dfrac{1}{14}a^4b^2 \times \dfrac{1}{a^5b} \times 7a^3b^3 = \dfrac{1}{2}a^2b^4$

**4** (1) $(-3a)^2 \times \dfrac{5}{3}a \div (-5a) = 9a^2 \times \dfrac{5}{3}a \times \left(-\dfrac{1}{5a}\right)$

$\qquad\qquad = -3a^2$

(2) $8xy \div 2x^2y \times (-2xy)^2 = 8xy \times \dfrac{1}{2x^2y} \times 4x^2y^2$

$\qquad\qquad = 16xy^2$

(3) $(3a^2)^2 \times 2b \div (-3a^2b^3)^2 = 9a^4 \times 2b \div 9a^4b^6$

$\qquad\qquad = 9a^4 \times 2b \times \dfrac{1}{9a^4b^6}$

$\qquad\qquad = \dfrac{2}{b^5}$

(4) $(-2x^2y)^3 \div \left(\dfrac{y}{3}\right)^2 \times \left(\dfrac{x^2}{2}\right)^3 = (-8x^6y^3) \div \dfrac{y^2}{9} \times \dfrac{x^6}{8}$

$\qquad\qquad = (-8x^6y^3) \times \dfrac{9}{y^2} \times \dfrac{x^6}{8}$

$\qquad\qquad = -9x^{12}y$

(5) $(-a^2b)^2 \div (-a^5b^2) \times (-4a^2b)$

$\qquad = a^4b^2 \times \left(-\dfrac{1}{a^5b^2}\right) \times (-4a^2b) = 4ab$

(6) $(5x^3y^4)^2 \times \dfrac{3}{5}x^3y \div (-3xy)^2$

$\qquad = 25x^6y^8 \times \dfrac{3}{5}x^3y \div 9x^2y^2$

$\qquad = 25x^6y^8 \times \dfrac{3}{5}x^3y \times \dfrac{1}{9x^2y^2} = \dfrac{5}{3}x^7y^7$

---

### 한 걸음 🔼 연습 　　　　P. 25

**1** (1) $3x^2$ 　(2) $-2x^2y^2$ 　(3) $-6ab$

**2** (1) $-3x$ 　(2) $\dfrac{3}{8}ab$ 　　**3** (1) $\dfrac{5}{2}a$ 　(2) $48x^7y^3$

**4** (1) $12a^4b^2$ 　(2) $14x^2y^3$ 　　**5** (1) $18x^6$ 　(2) $8\pi a^3b^2$

**6** $32x^4y^7$ 　　**7** $2x^3y$

---

**1** (1) $\boxed{\phantom{xx}} \times 2xy = 6x^3y$에서

$\boxed{\phantom{xx}} = 6x^3y \div 2xy = \dfrac{6x^3y}{2xy} = 3x^2$

(2) $(-4x^2y) \times \boxed{\phantom{xx}} = 8x^4y^3$에서

$\boxed{\phantom{xx}} = 8x^4y^3 \div (-4x^2y) = \dfrac{8x^4y^3}{-4x^2y} = -2x^2y^2$

(3) $\boxed{\phantom{xx}} \div \dfrac{a}{3} = -18b$에서

$\boxed{\phantom{xx}} = (-18b) \times \dfrac{a}{3} = -6ab$

**2** (1) $6x^3y \div \boxed{\phantom{xx}} = -2x^2y$에서 $6x^3y \times \dfrac{1}{\boxed{\phantom{xx}}} = -2x^2y$

$\qquad \therefore \boxed{\phantom{xx}} = 6x^3y \div (-2x^2y) = \dfrac{6x^3y}{-2x^2y} = -3x$

(2) $\dfrac{3}{2}a^2b^4 \div \boxed{\phantom{x}} = 4ab^3$에서 $\dfrac{3}{2}a^2b^4 \times \dfrac{1}{\boxed{\phantom{x}}} = 4ab^3$

$\therefore \boxed{\phantom{x}} = \dfrac{3}{2}a^2b^4 \div 4ab^3 = \dfrac{3}{2}a^2b^4 \times \dfrac{1}{4ab^3} = \dfrac{3}{8}ab$

**3** (1) $4a^2 \times \boxed{\phantom{x}} \div (-5a) = -2a^2$에서

$\boxed{\phantom{x}} = (-2a^2) \div 4a^2 \times (-5a)$

$= (-2a^2) \times \dfrac{1}{4a^2} \times (-5a) = \dfrac{5}{2}a$

(2) $(-3x^2y^2) \times \boxed{\phantom{x}} \div (-8x^8y^2) = 18xy^3$에서

$\boxed{\phantom{x}} = 18xy^3 \div (-3x^2y^2) \times (-8x^8y^2)$

$= 18xy^3 \times \left(-\dfrac{1}{3x^2y^2}\right) \times (-8x^8y^2) = 48x^7y^3$

**4** (1) (직사각형의 넓이) $=$ (가로의 길이) $\times$ (세로의 길이)

$= 6ab^2 \times 2a^3 = 12a^4b^2$

(2) (삼각형의 넓이) $= \dfrac{1}{2} \times$ (밑변의 길이) $\times$ (높이)

$= \dfrac{1}{2} \times 7x^2y \times 4y^2 = 14x^2y^3$

**5** (1) (직육면체의 부피) $=$ (밑넓이) $\times$ (높이)

$= (3x^2 \times 2x^2) \times 3x^2 = 18x^6$

(2) (원뿔의 부피) $= \dfrac{1}{3} \times$ (밑넓이) $\times$ (높이)

$= \dfrac{1}{3} \times \{\pi \times (2a)^2\} \times 6ab^2$

$= \dfrac{1}{3} \times \pi \times 4a^2 \times 6ab^2 = 8\pi a^3b^2$

**6** (넓이) $= \dfrac{1}{2} \times$ (밑변의 길이) $\times 3x^4y^2 = 48x^8y^9$이므로

(밑변의 길이) $\times \dfrac{3}{2}x^4y^2 = 48x^8y^9$

$\therefore$ (밑변의 길이) $= 48x^8y^9 \div \dfrac{3}{2}x^4y^2$

$= 48x^8y^9 \times \dfrac{2}{3x^4y^2} = 32x^4y^7$

**7** (부피) $= \pi \times (3xy^2)^2 \times$ (높이) $= 18\pi x^5y^5$이므로

$9\pi x^2y^4 \times$ (높이) $= 18\pi x^5y^5$

$\therefore$ (높이) $= 18\pi x^5y^5 \div 9\pi x^2y^4 = \dfrac{18\pi x^5y^5}{9\pi x^2y^4} = 2x^3y$

---

**쌍둥이 기출문제**　　　　　　　　　　　P. 26~27

**1** (1) $-8a^2b$　(2) $45x^5y^5$　　**2** $-6x^3y^2$

**3** ①　　**4** $\dfrac{2}{y^2}$　　**5** $a=3,\ b=4$　　**6** 0

**7** $x^4y^6,\ x^{12}y^4,\ x^4y^6,\ \dfrac{1}{x^{12}y^4},\ \dfrac{6y^3}{x^4}$　　**8** ③　　**9** 27

**10** 48　　**11** $a^4b^2$　　**12** $4a^3$　　**13** ④　　**14** $3y^3$

**15** $4x^4y^3$　　**16** $5a$

---

계수는 계수끼리, 문자는 문자끼리 곱한다.

**1** (2) $(-3x^2y)^2 \times 5xy^3 = 9x^4y^2 \times 5xy^3 = 45x^5y^5$

**2** $(2x)^2 \times 6xy \times \left(-\dfrac{1}{4}y\right) = 4x^2 \times 6xy \times \left(-\dfrac{1}{4}y\right)$

$= -6x^3y^2$

**[3~6] 단항식의 나눗셈**

방법1  분수 꼴로 바꾸어 계산하기

$\Rightarrow A \div B = \dfrac{A}{B}$

방법2  나눗셈을 역수의 곱셈으로 고쳐서 계산하기

$\Rightarrow A \div B = A \times \dfrac{1}{B} = \dfrac{A}{B}$

**3** $12a^2b \div 6ab = \dfrac{12a^2b}{6ab} = 2a$

**4** $72x^5y^2 \div (-3xy^2)^2 \div 4x^3$

$= 72x^5y^2 \div 9x^2y^4 \div 4x^3$ 　　　$\cdots$ (i)

$= 72x^5y^2 \times \dfrac{1}{9x^2y^4} \times \dfrac{1}{4x^3}$ 　　$\cdots$ (ii)

$= \dfrac{2}{y^2}$ 　　　$\cdots$ (iii)

| 채점 기준 | 비율 |
|---|---|
| (i) 괄호의 거듭제곱 계산하기 | 30 % |
| (ii) 역수를 이용하여 나눗셈을 곱셈으로 고치기 | 30 % |
| (iii) 답 구하기 | 40 % |

**5** $x^8y^3 \div x^ay^7 = \dfrac{x^8y^3}{x^ay^7} = \dfrac{x^{8-a}}{y^{7-3}} = \dfrac{x^5}{y^b}$이므로

$x^{8-a} = x^5$에서 $8-a=5$ 　　$\therefore a=3$

$y^{7-3} = y^b$에서 $7-3=b$ 　　$\therefore b=4$

**6** $(2x^2y^p)^2 \div (x^qy^3)^5 = \dfrac{4x^4y^{2p}}{x^{5q}y^{15}} = \dfrac{4}{x^{5q-4}y^{15-2p}} = \dfrac{4}{x^6y^{11}}$이므로

$x^{5q-4} = x^6$에서 $5q-4=6$ 　　$\therefore q=2$

$y^{15-2p} = y^{11}$에서 $15-2p=11$ 　　$\therefore p=2$

$\therefore p-q = 2-2 = 0$

**[7~10] 단항식의 곱셈과 나눗셈의 혼합 계산**

❶ 괄호의 거듭제곱은 지수법칙을 이용하여 계산한다.

❷ 나눗셈은 역수를 이용하여 곱셈으로 고친다.

❸ 계수는 계수끼리, 문자는 문자끼리 곱한다.

**8** $(-3a^3)^3 \div 9a^2b^3 \times \left(\dfrac{1}{3}b^4\right)^2 = (-27a^9) \times \dfrac{1}{9a^2b^3} \times \dfrac{1}{9}b^8$

$= -\dfrac{1}{3}a^7b^5$

**9**
$$6ab^2 \times 2a^2b \div 4ab = 6ab^2 \times 2a^2b \times \frac{1}{4ab}$$
$$= 3a^2b^2$$
$$= 3 \times 1^2 \times 3^2 = 27$$

**10**
$$8a^4b^2 \div \frac{4}{3}a^2b \times (-ab^3) = 8a^4b^2 \times \frac{3}{4a^2b} \times (-ab^3)$$
$$= -6a^3b^4$$
$$= (-6) \times (-2)^3 \times (-1)^4$$
$$= 48$$

**[11~14]** □ 안에 알맞은 식 구하기
- $A \times \boxed{\phantom{x}} = B \quad \Rightarrow \boxed{\phantom{x}} = B \div A$
- $A \div \boxed{\phantom{x}} = B \quad \Rightarrow A \times \dfrac{1}{\boxed{\phantom{x}}} = B \quad \Rightarrow \boxed{\phantom{x}} = A \div B$
- $A \times \boxed{\phantom{x}} \div B = C \Rightarrow A \times \boxed{\phantom{x}} \times \dfrac{1}{B} = C \Rightarrow \boxed{\phantom{x}} = C \div A \times B$

**11** $(-8a^3b^6) \times \boxed{\phantom{x}} = -8a^7b^8$ 에서
$$\boxed{\phantom{x}} = (-8a^7b^8) \div (-8a^3b^6) = \frac{-8a^7b^8}{-8a^3b^6} = a^4b^2$$

**12** $6a^3b \div A = \frac{3}{2}b$ 에서 $6a^3b \times \frac{1}{A} = \frac{3}{2}b$
$$\therefore A = 6a^3b \div \frac{3}{2}b = 6a^3b \times \frac{2}{3b} = 4a^3$$

**13** $a^2b^2 \times \boxed{\phantom{x}} \div 2ab^2 = a^2b^3$ 에서
$$\boxed{\phantom{x}} = a^2b^3 \div a^2b^2 \times 2ab^2$$
$$= a^2b^3 \times \frac{1}{a^2b^2} \times 2ab^2 = 2ab^3$$

**14** $x^4y \div 3x^2y^2 \times \boxed{\phantom{x}} = x^2y^2$ 에서
$$\boxed{\phantom{x}} = x^2y^2 \div x^4y \times 3x^2y^2$$
$$= x^2y^2 \times \frac{1}{x^4y} \times 3x^2y^2 = 3y^3$$

**[15~16]** 도형에서 단항식의 계산의 활용
도형의 넓이 또는 부피를 구하는 공식을 이용하여 식을 계산한다.

**15** (넓이)=(가로의 길이)$\times 2xy^4 = 8x^5y^7$ 이므로
$$(가로의 길이) = 8x^5y^7 \div 2xy^4 = \frac{8x^5y^7}{2xy^4} = 4x^4y^3$$

**16** (부피)$= 2a^2b \times 3ab^2 \times (높이) = 30a^4b^3$ 이므로
$$6a^3b^3 \times (높이) = 30a^4b^3$$
$$\therefore (높이) = 30a^4b^3 \div 6a^3b^3 = \frac{30a^4b^3}{6a^3b^3} = 5a$$

---

## ~3 다항식의 계산

**유형 5** P. 28

**1** (1) $-x-y+z$ (2) $-6a+2b$ (3) $2x+\frac{1}{3}y-\frac{2}{3}$

**2** (1) $8x-5y$ (2) $4x+y-2$ (3) $2x+4y$
(4) $-3x+5y+7$

**3** (1) $-2a$ (2) $-3x+13y$ (3) $-8a+15b$
(4) $-5x+2y+21$

**4** (1) $-\frac{1}{6}a+5b$ (2) $\frac{7a-2b}{12}$ (3) $\frac{-5x-3y}{4}$

**5** (1) $a-2b$ (2) $6x+y$ (3) $x-4y$

**6** (1) $7a-6b+4$ (2) $x-7y+1$ (3) $5x-7y-2$

**2** (3) $(3x+2y)-(x-2y)$
$$= 3x+2y-x+2y$$
$$= 2x+4y$$
(4) $(x+6y+5)-(4x+y-2)$
$$= x+6y+5-4x-y+2$$
$$= -3x+5y+7$$

**3** (1) $4(a-b)+2(-3a+2b)$
$$= 4a-4b-6a+4b$$
$$= -2a$$
(2) $(2x+3y+5)+5(-x+2y-1)$
$$= 2x+3y+5-5x+10y-5$$
$$= -3x+13y$$
(3) $(a+3b)-3(3a-4b)$
$$= a+3b-9a+12b$$
$$= -8a+15b$$
(4) $3(-x+y+6)-\frac{1}{2}(4x+2y-6)$
$$= -3x+3y+18-2x-y+3$$
$$= -5x+2y+21$$

**4** (1) $\left(\frac{2}{3}a+4b\right)+\left(-\frac{5}{6}a+b\right) = \frac{4}{6}a+4b-\frac{5}{6}a+b$
$$= -\frac{1}{6}a+5b$$
(2) $\frac{a+b}{3}+\frac{a-2b}{4} = \frac{4(a+b)+3(a-2b)}{12}$
$$= \frac{4a+4b+3a-6b}{12}$$
$$= \frac{7a-2b}{12}$$
(3) $\frac{x-y}{4}-\frac{3x+y}{2} = \frac{(x-y)-2(3x+y)}{4}$
$$= \frac{x-y-6x-2y}{4}$$
$$= \frac{-5x-3y}{4}$$

**5** (1) $a-[b-\{a-(b+a)\}]=a-\{b-(a-b-a)\}$
$\qquad\qquad\qquad\qquad\quad=a-\{b-(-b)\}$
$\qquad\qquad\qquad\qquad\quad=a-(b+b)$
$\qquad\qquad\qquad\qquad\quad=a-2b$

(2) $(3x+2y)-\{x-(4x-y)\}=3x+2y-(x-4x+y)$
$\qquad\qquad\qquad\qquad\qquad\quad=3x+2y-(-3x+y)$
$\qquad\qquad\qquad\qquad\qquad\quad=3x+2y+3x-y$
$\qquad\qquad\qquad\qquad\qquad\quad=6x+y$

(3) $2x-[3y-\{x-(2x+y)\}]=2x-\{3y-(x-2x-y)\}$
$\qquad\qquad\qquad\qquad\qquad\quad=2x-\{3y-(-x-y)\}$
$\qquad\qquad\qquad\qquad\qquad\quad=2x-(3y+x+y)$
$\qquad\qquad\qquad\qquad\qquad\quad=2x-(x+4y)$
$\qquad\qquad\qquad\qquad\qquad\quad=2x-x-4y$
$\qquad\qquad\qquad\qquad\qquad\quad=x-4y$

**6** (1) $\boxed{\phantom{xx}}=(6a+9)+(a-6b-5)=7a-6b+4$

(2) $\boxed{\phantom{xx}}=(4x-3y-7)-(3x+4y-8)$
$\qquad\quad=4x-3y-7-3x-4y+8$
$\qquad\quad=x-7y+1$

(3) $\boxed{\phantom{xx}}=(4x-2y+1)-(-x+5y+3)$
$\qquad\quad=4x-2y+1+x-5y-3$
$\qquad\quad=5x-7y-2$

---

**유형 6**  P. 29

**1** (1) × (2) ○ (3) × (4) × (5) ○

**2** (1) $5a^2+5a+7$  (2) $x^2+10x-10$
(3) $x^2+8x-5$  (4) $-4a^2-9a+4$
(5) $-8a^2-3a+11$  (6) $-5x^2+17x-10$

**3** (1) $-\dfrac{1}{8}a^2-8a-2$  (2) $\dfrac{18x^2+5x+8}{15}$  (3) $\dfrac{-a^2+1}{6}$

**4** (1) $3x^2+x+1$  (2) $-x^2-2x-7$
(3) $4x^2-9x+6$

**5** (1) $7a^2-4a+2$  (2) $-7a^2-3a-2$

**[1]** 이차식을 찾을 때는 식을 간단히 정리한 후에 차수를 확인해야 한다.

**1** (4) $\dfrac{2}{x^2}+1$은 $x^2$이 분모에 있으므로 다항식이 아니다.
(5) $a^3+2a^2+3-a^3=2a^2+3 \Rightarrow a$에 대한 이차식

**2** (2) $(-3x^2+2x-5)-(-4x^2-8x+5)$
$\qquad=-3x^2+2x-5+4x^2+8x-5$
$\qquad=x^2+10x-10$

(3) $2(3x^2+x+2)+(-5x^2+6x-9)$
$\qquad=6x^2+2x+4-5x^2+6x-9$
$\qquad=x^2+8x-5$

(4) $(-8a^2+3a-4)+4(a^2-3a+2)$
$\qquad=-8a^2+3a-4+4a^2-12a+8$
$\qquad=-4a^2-9a+4$

(5) $3(-2a^2-4a+1)-(2a^2-9a-8)$
$\qquad=-6a^2-12a+3-2a^2+9a+8$
$\qquad=-8a^2-3a+11$

(6) $(-3x^2+15x-6)-2(x^2-x+2)$
$\qquad=-3x^2+15x-6-2x^2+2x-4$
$\qquad=-5x^2+17x-10$

**3** (1) $\left(\dfrac{1}{4}a^2-5a-\dfrac{7}{3}\right)-\left(\dfrac{3}{8}a^2+3a-\dfrac{1}{3}\right)$
$\qquad=\dfrac{2}{8}a^2-5a-\dfrac{7}{3}-\dfrac{3}{8}a^2-3a+\dfrac{1}{3}$
$\qquad=-\dfrac{1}{8}a^2-8a-2$

(2) $\dfrac{3x^2+x-2}{3}+\dfrac{x^2+6}{5}$
$\qquad=\dfrac{5(3x^2+x-2)+3(x^2+6)}{15}$
$\qquad=\dfrac{15x^2+5x-10+3x^2+18}{15}$
$\qquad=\dfrac{18x^2+5x+8}{15}$

(3) $\dfrac{a^2-2a+1}{2}-\dfrac{2a^2-3a+1}{3}$
$\qquad=\dfrac{3(a^2-2a+1)-2(2a^2-3a+1)}{6}$
$\qquad=\dfrac{3a^2-6a+3-4a^2+6a-2}{6}$
$\qquad=\dfrac{-a^2+1}{6}$

**4** (1) $5x^2-\{2x^2+2x-(3x+1)\}$
$\qquad=5x^2-(2x^2+2x-3x-1)$
$\qquad=5x^2-(2x^2-x-1)$
$\qquad=5x^2-2x^2+x+1$
$\qquad=3x^2+x+1$

(2) $-2x^2-\{-x^2+3(2x+5)-4x\}+8$
$\qquad=-2x^2-(-x^2+6x+15-4x)+8$
$\qquad=-2x^2-(-x^2+2x+15)+8$
$\qquad=-2x^2+x^2-2x-15+8$
$\qquad=-x^2-2x-7$

(3) $x^2-3x-[2x-1-\{3x^2-(4x-5)\}]$
$\qquad=x^2-3x-\{2x-1-(3x^2-4x+5)\}$
$\qquad=x^2-3x-(2x-1-3x^2+4x-5)$
$\qquad=x^2-3x-(-3x^2+6x-6)$
$\qquad=x^2-3x+3x^2-6x+6$
$\qquad=4x^2-9x+6$

**5** (1) $\boxed{\phantom{xx}}=(5a^2-a+2)-(-2a^2+3a)$

$\qquad =5a^2-a+2+2a^2-3a$

$\qquad =7a^2-4a+2$

(2) $\boxed{\phantom{xx}}=(-5a^2+7)-(2a^2+3a+9)$

$\qquad =-5a^2+7-2a^2-3a-9$

$\qquad =-7a^2-3a-2$

**1** (1) $3a^2-15a$  (2) $-8a^2+12a$

(3) $-10a^2b+5ab^2$  (4) $\dfrac{3}{2}x^2y-3xy-4y$

(5) $a^3b^2+4a^2b^3$  (6) $-\dfrac{2}{3}x^2y+xy^2+2xy$

**2** (1) $b-a^3$  (2) $7a+5b-4$

(3) $-x^2+x-3y$

**3** (1) $2a,\ 3a-2$  (2) $-x-y^2$

(3) $ab^2+2$  (4) $-3x+4y-\dfrac{4y^2}{3x}$

**4** (1) $\dfrac{3}{x},\ 3y-9$  (2) $\dfrac{4}{3}x+\dfrac{8}{3}y$

(3) $16a^2-24b$  (4) $4a-2b^2+6b$

**1** (4) $\dfrac{y}{4}(6x^2-12x-16)$

$\qquad =\dfrac{y}{4}\times 6x^2+\dfrac{y}{4}\times(-12x)+\dfrac{y}{4}\times(-16)$

$\qquad =\dfrac{3}{2}x^2y-3xy-4y$

(5) $(2a^2b+8ab^2)\times\dfrac{ab}{2}$

$\qquad =2a^2b\times\dfrac{ab}{2}+8ab^2\times\dfrac{ab}{2}$

$\qquad =a^3b^2+4a^2b^3$

(6) $-\dfrac{1}{3}xy(2x-3y-6)$

$\qquad =-\dfrac{1}{3}xy\times 2x-\dfrac{1}{3}xy\times(-3y)-\dfrac{1}{3}xy\times(-6)$

$\qquad =-\dfrac{2}{3}x^2y+xy^2+2xy$

**3** (2) $(x^2y+xy^3)\div(-xy)=\dfrac{x^2y+xy^3}{-xy}=-x-y^2$

(3) $(4a^5b^4+8a^4b^2)\div(-2a^2b)^2=(4a^5b^4+8a^4b^2)\div 4a^4b^2$

$\qquad\qquad =\dfrac{4a^5b^4+8a^4b^2}{4a^4b^2}$

$\qquad\qquad =ab^2+2$

(4) $(-9x^2y+12xy^2-4y^3)\div 3xy$

$\qquad =\dfrac{-9x^2y+12xy^2-4y^3}{3xy}$

$\qquad =-3x+4y-\dfrac{4y^2}{3x}$

---

**4** (2) $(x^2y+2xy^2)\div\dfrac{3}{4}xy=(x^2y+2xy^2)\times\dfrac{4}{3xy}$

$\qquad\qquad =\dfrac{4}{3}x+\dfrac{8}{3}y$

(3) $(-2a^5b^3+3a^3b^4)\div\left(-\dfrac{1}{2}ab\right)^3$

$\qquad =(-2a^5b^3+3a^3b^4)\div\left(-\dfrac{1}{8}a^3b^3\right)$

$\qquad =(-2a^5b^3+3a^3b^4)\times\left(-\dfrac{8}{a^3b^3}\right)$

$\qquad =16a^2-24b$

(4) $(10a^2-5ab^2+15ab)\div\dfrac{5}{2}a$

$\qquad =(10a^2-5ab^2+15ab)\times\dfrac{2}{5a}$

$\qquad =4a-2b^2+6b$

**1** (1) $6a^2+a$  (2) $-4a^2+21ab$

(3) $-x^2-5xy$  (4) $3x^2-8xy$

**2** (1) $4x-3y$  (2) $-a+5b$

**3** (1) $-2x^2+x-4$  (2) $a^2b$

**4** (1) $\dfrac{7}{3}x^3+\dfrac{5}{4}x^2y$  (2) $6x^2y-xy^2$

(3) $5a^2b-4a$  (4) $\dfrac{1}{6}a^2-10ab$

**5** (1) $16xy-4y^2$  (2) $32x^2y^2+48y^3$

(3) $-\dfrac{3}{2}a^2+a$  (4) $-2a^3b^3+\dfrac{1}{3}a^2b$

**1** (1) $a(4a-5)+2a(a+3)=4a^2-5a+2a^2+6a$

$\qquad\qquad =6a^2+a$

(2) $2a(a+3b)-3a(2a-5b)$

$\qquad =2a^2+6ab-6a^2+15ab$

$\qquad =-4a^2+21ab$

(3) $4x(x-y)+(5x+y)(-x)=4x^2-4xy-5x^2-xy$

$\qquad\qquad\qquad =-x^2-5xy$

(4) $\left(x+\dfrac{2}{3}y\right)(-3x)-6x(y-x)$

$\qquad =-3x^2-2xy-6xy+6x^2$

$\qquad =3x^2-8xy$

**2** (1) $\dfrac{2x^2-4xy}{2x}+\dfrac{6xy-2y^2}{2y}=x-2y+3x-y$

$\qquad\qquad\qquad =4x-3y$

(2) $\dfrac{4a^2+2ab}{a}-\dfrac{5ab-3b^2}{b}=4a+2b-(5a-3b)$

$\qquad\qquad =4a+2b-5a+3b$

$\qquad\qquad =-a+5b$

**3** (1) $(2x^2-4x)\div x+(6x^2+3x)\div(-3)$

$=\dfrac{2x^2-4x}{x}+\dfrac{6x^2+3x}{-3}$

$=2x-4-2x^2-x$

$=-2x^2+x-4$

(2) $(a^3b-3ab)\div(-a)-(6b^3-4a^2b^3)\div 2b^2$

$=\dfrac{a^3b-3ab}{-a}-\dfrac{6b^3-4a^2b^3}{2b^2}$

$=-a^2b+3b-(3b-2a^2b)$

$=-a^2b+3b-3b+2a^2b=a^2b$

**4** (1) $\dfrac{3x^3y+x^2y^2}{y}-\left(\dfrac{2}{3}x^2-\dfrac{1}{4}xy\right)\times x$

$=3x^3+x^2y-\left(\dfrac{2}{3}x^3-\dfrac{1}{4}x^2y\right)$

$=3x^3+x^2y-\dfrac{2}{3}x^3+\dfrac{1}{4}x^2y$

$=\dfrac{7}{3}x^3+\dfrac{5}{4}x^2y$

(2) $(8x^3y^2-4x^2y^3)\div 2xy+xy(2x+y)$

$=\dfrac{8x^3y^2-4x^2y^3}{2xy}+2x^2y+xy^2$

$=4x^2y-2xy^2+2x^2y+xy^2$

$=6x^2y-xy^2$

(3) $2a(3ab-1)-(5a^2b^2+10ab)\div 5b$

$=6a^2b-2a-\dfrac{5a^2b^2+10ab}{5b}$

$=6a^2b-2a-(a^2b+2a)$

$=6a^2b-2a-a^2b-2a$

$=5a^2b-4a$

(4) $(8a^3b-2a^4)\div(2a)^2-4a\left(3b-\dfrac{1}{6}a\right)$

$=\dfrac{8a^3b-2a^4}{4a^2}-12ab+\dfrac{2}{3}a^2$

$=2ab-\dfrac{1}{2}a^2-12ab+\dfrac{2}{3}a^2$

$=\dfrac{1}{6}a^2-10ab$

**5** (1) $(8x^2-2xy)\div x\times 2y=\dfrac{8x^2-2xy}{x}\times 2y$

$=(8x-2y)\times 2y$

$=16xy-4y^2$

(2) $4y\times(4x^3y+6xy^2)\div\dfrac{1}{2}x=(16x^3y^2+24xy^3)\div\dfrac{1}{2}x$

$=(16x^3y^2+24xy^3)\times\dfrac{2}{x}$

$=32x^2y^2+48y^3$

(3) $\dfrac{1}{3}ab\div(-2ab^2)\times(9a^2b-6ab)$

$=\dfrac{1}{3}ab\times\left(-\dfrac{1}{2ab^2}\right)\times(9a^2b-6ab)$

$=\left(-\dfrac{1}{6b}\right)\times(9a^2b-6ab)$

$=-\dfrac{3}{2}a^2+a$

(4) $(18a^4b^2-3a^3)\div(3a)^2\times(-ab)$

$=(18a^4b^2-3a^3)\times\dfrac{1}{9a^2}\times(-ab)$

$=\left(2a^2b^2-\dfrac{1}{3}a\right)\times(-ab)$

$=-2a^3b^3+\dfrac{1}{3}a^2b$

---

한 번 **더** 연습  P. 32

**1** (1) $5a^3-20a^2b$   (2) $\dfrac{1}{3}x^2-2xy$

(3) $-8a^2b-4ab^2+4ab$   (4) $-8xy+6y^2$

**2** (1) $2x-y$   (2) $a^2+\dfrac{1}{2}ab-2b^2$   (3) $\dfrac{3y}{x^2}-\dfrac{1}{2}x$

**3** (1) $18a+9b$   (2) $5x-\dfrac{5}{y^2}+\dfrac{10y}{x}$   (3) $12x-4$

**4** (1) $-x^2-5xy+6y^2$   (2) $2a^2$   (3) $6x-2y$   (4) $-x+2y$

**5** (1) $2ab$   (2) $12x^2-9xy+2$   (3) $11ab^2+34b^3$

**6** (1) $5$   (2) $11$   (3) $14$

**2** (1) $(14xy-7y^2)\div 7y$

$=\dfrac{14xy-7y^2}{7y}=2x-y$

(2) $(4a^3b+2a^2b^2-8ab^3)\div 4ab$

$=\dfrac{4a^3b+2a^2b^2-8ab^3}{4ab}$

$=a^2+\dfrac{1}{2}ab-2b^2$

(3) $(12y^3-2x^3y^2)\div(-2xy)^2$

$=(12y^3-2x^3y^2)\div 4x^2y^2$

$=\dfrac{12y^3-2x^3y^2}{4x^2y^2}$

$=\dfrac{3y}{x^2}-\dfrac{1}{2}x$

**3** (1) $(6a^2+3ab)\div\dfrac{a}{3}=(6a^2+3ab)\times\dfrac{3}{a}$

$=18a+9b$

(2) $(x^2y^2-x+2y^3)\div\dfrac{1}{5}xy^2=(x^2y^2-x+2y^3)\times\dfrac{5}{xy^2}$

$=5x-\dfrac{5}{y^2}+\dfrac{10y}{x}$

(3) $(27x^3-9x^2)\div\left(-\dfrac{3}{2}x\right)^2=(27x^3-9x^2)\div\dfrac{9}{4}x^2$

$=(27x^3-9x^2)\times\dfrac{4}{9x^2}$

$=12x-4$

**4**

(1) $-x(x+2y)-3y(x-2y)$
$=-x^2-2xy-3xy+6y^2$
$=-x^2-5xy+6y^2$

(2) $2a(3a-2b)+(a-b)(-4a)$
$=6a^2-4ab-4a^2+4ab$
$=2a^2$

(3) $\dfrac{18x^2y-3xy^2}{6xy}-\dfrac{3xy-6x^2}{2x}=3x-\dfrac{1}{2}y-\left(\dfrac{3}{2}y-3x\right)$
$=3x-\dfrac{1}{2}y-\dfrac{3}{2}y+3x$
$=6x-2y$

(4) $(16x^2-8xy)\div4x-(12y^2-15xy)\div(-3y)$
$=\dfrac{16x^2-8xy}{4x}-\dfrac{12y^2-15xy}{-3y}$
$=4x-2y+4y-5x$
$=-x+2y$

**5**

(1) $(5a-b)a-\dfrac{10a^2b-6ab^2}{2b}$
$=5a^2-ab-(5a^2-3ab)$
$=5a^2-ab-5a^2+3ab$
$=2ab$

(2) $4x(3x-2y)+(16y-8xy^2)\div8y$
$=12x^2-8xy+\dfrac{16y-8xy^2}{8y}$
$=12x^2-8xy+2-xy$
$=12x^2-9xy+2$

(3) $(15a^2b^3+6ab^4)\div ab-(a-7b)\times(-2b)^2$
$=\dfrac{15a^2b^3+6ab^4}{ab}-(a-7b)\times4b^2$
$=15ab^2+6b^3-(4ab^2-28b^3)$
$=15ab^2+6b^3-4ab^2+28b^3$
$=11ab^2+34b^3$

**6**

(1) $(x^2y+2xy^2)\div xy=\dfrac{x^2y+2xy^2}{xy}$
$=x+2y$
$=1+2\times2=5$

(2) $x(2x+3y)-(x^2y-2xy^2)\div y$
$=2x^2+3xy-\dfrac{x^2y-2xy^2}{y}$
$=2x^2+3xy-(x^2-2xy)$
$=2x^2+3xy-x^2+2xy$
$=x^2+5xy$
$=1^2+5\times1\times2=11$

(3) $7y+(8x^3-4x^2y)\div(2x)^2$
$=7y+(8x^3-4x^2y)\div4x^2$
$=7y+\dfrac{8x^3-4x^2y}{4x^2}$
$=7y+2x-y$
$=2x+6y$
$=2\times1+6\times2=14$

 **기출문제** P. 33~34

**1** (1) $5a+b$ (2) $\dfrac{5x+7y}{4}$ **2** (1) $x+8y$ (2) $\dfrac{a+7b}{6}$
**3** ② **4** ① **5** ⑤ **6** 10
**7** (1) $-x^2-6x+11$ (2) $x^2-11x+20$
**8** $10x^2-2x+1$ **9** ㄱ, ㄷ **10** ④
**11** $x^2-7x+4$ **12** ① **13** ⑤ **14** 13
**15** $9a^2b-12a$ **16** $22x^2y+4y^2$

**[1~4] 다항식의 덧셈과 뺄셈**
• 괄호를 풀고, 동류항끼리 모아서 간단히 한다.
• 괄호 앞에 − 부호가 있으면 괄호를 풀 때 부호에 주의한다.
　⇨ $-(A-B)=-A+B$
• 다항식이 분수 꼴일 때는 분모의 최소공배수로 통분하여 계산한다.

**1** (1) $(3a+5b)+(2a-4b)=3a+5b+2a-4b$
$=5a+b$

(2) $\dfrac{x+4y}{2}+\dfrac{3x-y}{4}=\dfrac{2(x+4y)+(3x-y)}{4}$
$=\dfrac{2x+8y+3x-y}{4}$
$=\dfrac{5x+7y}{4}$

**2** (1) $3(x+2y)-2(x-y)=3x+6y-2x+2y$
$=x+8y$

(2) $\dfrac{a+b}{2}-\dfrac{a-2b}{3}=\dfrac{3(a+b)-2(a-2b)}{6}$
$=\dfrac{3a+3b-2a+4b}{6}$
$=\dfrac{a+7b}{6}$

**3** $(6x^2+2x-4)-(2x^2-5x+3)$
$=6x^2+2x-4-2x^2+5x-3$
$=4x^2+7x-7$

**4** $(2a^2-a+3)-3(a^2+3a-1)$
$=2a^2-a+3-3a^2-9a+3$
$=-a^2-10a+6$

**[5~6] 여러 가지 괄호가 있는 식의 계산**
( 　 ) → { 　 } → [ 　 ]의 순서로 괄호를 풀어 계산한다.

**5** $x-\{y-(2x+5y)$
$=x-(y-2x-5y)$
$=x-(-2x-4y)$
$=x+2x+4y$
$=3x+4y$

**6** $3x^2-2x-[-2x^2-\{3x^2-5(x^2+x)\}]$
$=3x^2-2x-\{-2x^2-(3x^2-5x^2-5x)\}$
$=3x^2-2x-\{-2x^2-(-2x^2-5x)\}$
$=3x^2-2x-(-2x^2+2x^2+5x)$
$=3x^2-2x-5x$
$=3x^2-7x$
따라서 $a=3$, $b=-7$이므로
$a-b=3-(-7)=10$

**[7~8]** 바르게 계산한 식 구하기
어떤 식에 $X$를 더해야 할 것을 잘못하여 뺐더니 $Y$가 되었다.
$\Rightarrow$ (어떤 식)$-X=Y$ $\quad \therefore$ (어떤 식)$=Y+X$
$\therefore$ (바르게 계산한 식)$=$(어떤 식)$+X$

**7** (1) $A-(2x^2-5x+9)=-3x^2-x+2$
$\therefore A=(-3x^2-x+2)+(2x^2-5x+9)$
$=-x^2-6x+11$
(2) $(-x^2-6x+11)+(2x^2-5x+9)=x^2-11x+20$

**8** 어떤 식을 $A$라고 하면
$A+(-2x^2+3x-2)=6x^2+4x-3$
$\therefore A=(6x^2+4x-3)-(-2x^2+3x-2)$
$=6x^2+4x-3+2x^2-3x+2$
$=8x^2+x-1$ $\qquad \cdots$ (i)
따라서 바르게 계산한 식은
$(8x^2+x-1)-(-2x^2+3x-2)$
$=8x^2+x-1+2x^2-3x+2$
$=10x^2-2x+1$ $\qquad \cdots$ (ii)

| 채점 기준 | 비율 |
|---|---|
| (i) 어떤 식 구하기 | 50 % |
| (ii) 바르게 계산한 식 구하기 | 50 % |

**[9~10]** 다항식과 단항식의 곱셈과 나눗셈
(1) (단항식)×(다항식)
① $A(B+C)=AB+AC$ ② $(A+B)C=AC+BC$
(2) (다항식)÷(단항식)
방법1 분수 꼴로 바꾸어 계산하기
$\Rightarrow (A+B)\div C=\dfrac{A+B}{C}=\dfrac{A}{C}+\dfrac{B}{C}$
방법2 나눗셈을 역수의 곱셈으로 고쳐서 계산하기
$\Rightarrow (A+B)\div C=(A+B)\times\dfrac{1}{C}=A\times\dfrac{1}{C}+B\times\dfrac{1}{C}$

**9** ㄴ. $(a-4b+3)(-2b)=-2ab+8b^2-6b$
ㄷ. $(15xy^2-10xy)\div 5xy=\dfrac{15xy^2-10xy}{5xy}=3y-2$
ㄹ. $\left(\dfrac{1}{2}a^3b^5+4ab^3\right)\div\left(-\dfrac{1}{2}a^2\right)$
$=\left(\dfrac{1}{2}a^3b^5+4ab^3\right)\times\left(-\dfrac{2}{a^2}\right)=-ab^5-\dfrac{8b^3}{a}$
따라서 옳은 것은 ㄱ, ㄷ이다.

**10** ① $(2a-4b)(-3b)=-6ab+12b^2$
② $2x(x^2-5x+3)=2x^3-10x^2+6x$
③ $(6x^2+4xy)\div 2x=\dfrac{6x^2+4xy}{2x}=3x+2y$
④ $(a^3-3a)\div\dfrac{a}{2}=(a^3-3a)\times\dfrac{2}{a}=2a^2-6$
⑤ $(-2x^2+3x)\div\left(-\dfrac{1}{3}x\right)=(-2x^2+3x)\times\left(-\dfrac{3}{x}\right)$
$=6x-9$
따라서 옳은 것은 ④이다.

**[11~14]** 덧셈, 뺄셈, 곱셈, 나눗셈이 혼합된 식의 계산
❶ 지수법칙을 이용하여 괄호의 거듭제곱을 계산한다.
❷ 분배법칙을 이용하여 곱셈, 나눗셈을 한다.
❸ 동류항끼리 모아서 덧셈, 뺄셈을 한다.

**11** $\dfrac{1}{3}x(3x-12)-\dfrac{6x^2-8x}{2x}=x^2-4x-(3x-4)$
$=x^2-4x-3x+4$
$=x^2-7x+4$

**12** $(3x^2y-4xy^2)\div\dfrac{3}{2}x+(3x+y)\left(-\dfrac{4}{3}y\right)$
$=(3x^2y-4xy^2)\times\dfrac{2}{3x}-4xy-\dfrac{4}{3}y^2$
$=2xy-\dfrac{8}{3}y^2-4xy-\dfrac{4}{3}y^2=-2xy-4y^2$
따라서 $xy$의 계수는 $-2$, $y^2$의 계수는 $-4$이므로 그 차는
$-2-(-4)=2$

**13** $(8xy^2-4y^3)\div(2y)^2=(8xy^2-4y^3)\div 4y^2$
$=\dfrac{8xy^2-4y^3}{4y^2}$
$=2x-y$
$=2\times1-(-1)=3$

**14** $\dfrac{6x^2+4xy}{2x}-\dfrac{9y^2-6xy}{3y}=3x+2y-(3y-2x)$
$=3x+2y-3y+2x$
$=5x-y$
$=5\times2-(-3)=13$

**[15~16]** 도형에서 다항식의 계산의 활용
도형의 넓이 또는 부피를 구하는 공식을 이용하여 식을 계산한다.

**15** (넓이)$=\dfrac{1}{3}a^2b^3\times$(세로의 길이)$=3a^4b^4-4a^3b^3$이므로
(세로의 길이)$=(3a^4b^4-4a^3b^3)\div\dfrac{1}{3}a^2b^3$
$=(3a^4b^4-4a^3b^3)\times\dfrac{3}{a^2b^3}=9a^2b-12a$

**16** (넓이)=(가로의 길이)$\times 4x^2y=28x^4y^2+8x^2y^3$이므로

(가로의 길이)$=(28x^4y^2+8x^2y^3)\div 4x^2y$

$\qquad\qquad\qquad\quad =\dfrac{28x^4y^2+8x^2y^3}{4x^2y}=7x^2y+2y^2$

$\therefore$ (둘레의 길이)$=2\times\{(7x^2y+2y^2)+4x^2y\}$

$\qquad\qquad\qquad\quad =2\times(11x^2y+2y^2)=22x^2y+4y^2$

---

**단원 마무리**　　　　　　　　　　　P. 35~37

| 1 | ①, ⑤ | **2** | $3^{11}$ | **3** | 22 | **4** | 14 |
|---|---|---|---|---|---|---|---|
| **5** | ⑤ | **6** | 13자리 | **7** | $-48a^9b^4$ | **8** | $8x^6y^4$ |
| **9** | $\dfrac{1}{5}$ | **10** | $-2x^2-3x-16$ | **11** | ④ | | |
| **12** | $-4x^2+xy$ | | | **13** | $3a-1$ | | |

**1** ① $x^4\times x^2\times x=x^{4+2+1}=x^7$

⑤ $x^{10}\times x^4\div x^7=x^{10+4-7}=x^7$

**2** $27^4\div 3^5\times 9^2=(3^3)^4\div 3^5\times(3^2)^2=3^{12}\div 3^5\times 3^4$

$\qquad\qquad\qquad\qquad\quad =3^7\times 3^4=3^{11}$

**3** $\left(\dfrac{-4x^3}{y^a}\right)^b=\dfrac{(-4)^bx^{3b}}{y^{ab}}=\dfrac{cx^6}{y^8}$이므로

$x^{3b}=x^6$에서 $3b=6$　　$\therefore b=2$

$(-4)^b=c$, 즉 $(-4)^2=c$에서 $c=16$

$y^{ab}=y^8$, 즉 $y^{2a}=y^8$에서 $2a=8$　　$\therefore a=4$

$\therefore a+b+c=4+2+16=22$

**4** $16^3+16^3+16^3+16^3=4\times 16^3=2^2\times(2^4)^3=2^2\times 2^{12}=2^{14}$

$\therefore x=14$

**5** $125^4=(5^3)^4=5^{12}=(5^2)^6=a^6$

**6** $2^{11}\times 3^2\times 5^{12}=2^{11}\times 3^2\times 5^{11}\times 5=3^2\times 5\times 2^{11}\times 5^{11}$

$\qquad\qquad\qquad\quad =3^2\times 5\times(2\times 5)^{11}$

$\qquad\qquad\qquad\quad =45\times 10^{11}=4500\cdots 0$　　$\cdots$ (i)

$\qquad\qquad\qquad\qquad\qquad\quad \underset{11개}{\underbrace{\qquad}}$

따라서 $2^{11}\times 3^2\times 5^{12}$은 13자리의 자연수이다.　　$\cdots$ (ii)

| 채점 기준 | 비율 |
|---|---|
| (i) 주어진 수를 $a\times 10^n$ 꼴로 나타내기 | 70 % |
| (ii) 자릿수 구하기 | 30 % |

**7** $(-4a^2b)^3\div 4ab\times 3a^4b^2=(-64a^6b^3)\div 4ab\times 3a^4b^2$

$\qquad\qquad\qquad\qquad\qquad =(-64a^6b^3)\times\dfrac{1}{4ab}\times 3a^4b^2$

$\qquad\qquad\qquad\qquad\qquad =-48a^9b^4$

**8** $\boxed{\phantom{xx}}\div x^2y^4\times 3x^2=24x^6$에서

$\boxed{\phantom{xx}}=24x^6\times x^2y^4\div 3x^2$

$\qquad\quad =24x^6\times x^2y^4\times\dfrac{1}{3x^2}=8x^6y^4$

**9** $\dfrac{x-y}{4}-\dfrac{2x-3y}{5}=\dfrac{5(x-y)-4(2x-3y)}{20}$

$\qquad\qquad\qquad\qquad\quad =\dfrac{5x-5y-8x+12y}{20}$

$\qquad\qquad\qquad\qquad\quad =\dfrac{-3x+7y}{20}=-\dfrac{3}{20}x+\dfrac{7}{20}y$

따라서 $a=-\dfrac{3}{20}$, $b=\dfrac{7}{20}$이므로

$a+b=-\dfrac{3}{20}+\dfrac{7}{20}=\dfrac{4}{20}=\dfrac{1}{5}$

**10** 어떤 식을 $A$라고 하면

$(x^2-2x-5)+A=4x^2-x+6$

$\therefore A=4x^2-x+6-(x^2-2x-5)$

$\qquad =4x^2-x+6-x^2+2x+5=3x^2+x+11$

따라서 바르게 계산한 식은

$(x^2-2x-5)-(3x^2+x+11)=x^2-2x-5-3x^2-x-11$

$\qquad\qquad\qquad\qquad\qquad\qquad\quad =-2x^2-3x-16$

**11** ③ $(4x^2-8xy)\div 2x=\dfrac{4x^2-8xy}{2x}=2x-4y$

④ $(4a^2b^5-2a^5b^7)\div\dfrac{1}{2}ab=(4a^2b^5-2a^5b^7)\times\dfrac{2}{ab}$

$\qquad\qquad\qquad\qquad\qquad\qquad\qquad =8ab^4-4a^4b^6$

⑤ $\dfrac{2x^4-x^3}{x^3}-\dfrac{3x^3-9x^5}{3x^3}=2x-1-(1-3x^2)$

$\qquad\qquad\qquad\qquad\qquad\quad =2x-1-1+3x^2$

$\qquad\qquad\qquad\qquad\qquad\quad =3x^2+2x-2$

따라서 옳지 않은 것은 ④이다.

**12** $6x\left(\dfrac{1}{3}x+\dfrac{3}{2}y\right)+(6x^3y+8x^2y^2)\div(-xy)$

$=2x^2+9xy+\dfrac{6x^3y+8x^2y^2}{-xy}$

$=2x^2+9xy-6x^2-8xy$　　　　　　　　$\cdots$ (i)

$=-4x^2+xy$　　　　　　　　　　　　　$\cdots$ (ii)

| 채점 기준 | 비율 |
|---|---|
| (i) 곱셈, 나눗셈 계산하기 | 60 % |
| (ii) 답 구하기 | 40 % |

**13** (부피)$=6a\times 2b\times$(높이)$=36a^2b-12ab$이므로

$12ab\times$(높이)$=36a^2b-12ab$

$\therefore$ (높이)$=(36a^2b-12ab)\div 12ab$

$\qquad\qquad\quad =\dfrac{36a^2b-12ab}{12ab}=3a-1$

## 1 부등식의 해와 그 성질

**유형 1** P. 40

**1** ㄱ, ㄷ, ㅂ

**2** (1) $x-5 \le 8$ (2) $12-x \le 3x$ (3) $2x+10 < 5x-2$

**3** (1) $x > 130$ (2) $1600+500x < 3000$
(3) $5+2x \le 60$

**4** 표는 풀이 참조, 2, 2

**5** (1) $-1, 0, 1$ (2) $-2, -1$ (3) $-7, -6$ (4) $-1, 0$

**1** ㄴ, ㅁ. 등식
ㄹ. 다항식(일차식)
따라서 부등식은 ㄱ, ㄷ, ㅂ이다.

**[2~3]** 주어진 문장을 좌변 / 우변 / 부등호로 끊어서 생각한다.

**2** (1) $x$에 $-5$를 더하면 / $8$ / 이하이다.
$x+(-5)$ $\le$ $8$
(2) $12$에서 $x$를 빼면 / $x$의 3배보다 / 크지 않다.
$12-x$ $\le$ $3x$
(3) $x$의 2배에 10을 더한 수는 / $x$의 5배에서 2를 뺀 수
$2x+10$ $<$ $5x-2$
보다 / 작다.

**3** (1) 어떤 놀이 기구에 탈 수 있는 사람의 키 $x$ cm는 /
$x$ $>$
$130$ cm / 초과이다.
$130$
(2) 한 개에 200원인 사탕 8개와 한 개에 500원인 젤리 $x$개의
$200 \times 8 + 500x$
가격은 / 3000원 / 미만이다.
$<$ $3000$
(3) 무게가 5 kg인 바구니에 2 kg짜리 멜론 $x$통을
$5+2x$
담으면 / 전체 무게는 60 kg을 / 넘지 않는다.
$\le$ $60$

**[4~5]** $x$의 값을 하나씩 주어진 부등식에 대입하여 부등식을 참이 되게 하는 것을 찾는다.

**4**

| $x$ | 좌변 | 부등호 | 우변 | 참, 거짓 |
|---|---|---|---|---|
| $-2$ | $2 \times (-2)+1=-3$ | $<$ | $3$ | 거짓 |
| $-1$ | $2 \times (-1)+1=-1$ | $<$ | $3$ | 거짓 |
| $0$ | $2 \times 0+1=1$ | $<$ | $3$ | 거짓 |
| $1$ | $2 \times 1+1=3$ | $=$ | $3$ | 거짓 |
| $2$ | $2 \times 2+1=5$ | $>$ | $3$ | 참 |

⇨ 부등식 $2x+1>3$을 참이 되게 하는 $x$의 값은 $\boxed{2}$이므로 부등식의 해는 $\boxed{2}$이다.

**5** (1) 부등식 $-x<2$에서
$x=-2$일 때, $-(-2)=2$ (거짓)
$x=-1$일 때, $-(-1)<2$ (참)
$x=0$일 때, $0<2$ (참)
$x=1$일 때, $-1<2$ (참)
따라서 주어진 부등식의 해는 $-1, 0, 1$이다.
(2) 부등식 $3-x \ge 4$에서
$x=-2$일 때, $3-(-2)>4$ (참)
$x=-1$일 때, $3-(-1)=4$ (참)
$x=0$일 때, $3-0<4$ (거짓)
$x=1$일 때, $3-1<4$ (거짓)
따라서 주어진 부등식의 해는 $-2, -1$이다.
(3) 부등식 $-\dfrac{x}{5}>1$에서
$x=-7$일 때, $-\dfrac{-7}{5}>1$ (참)
$x=-6$일 때, $-\dfrac{-6}{5}>1$ (참)
$x=-5$일 때, $-\dfrac{-5}{5}=1$ (거짓)
$x=-4$일 때, $-\dfrac{-4}{5}<1$ (거짓)
따라서 주어진 부등식의 해는 $-7, -6$이다.
(4) 부등식 $2-x>x$에서
$x=-1$일 때, $2-(-1)>-1$ (참)
$x=0$일 때, $2-0>0$ (참)
$x=1$일 때, $2-1=1$ (거짓)
$x=2$일 때, $2-2<2$ (거짓)
따라서 주어진 부등식의 해는 $-1, 0$이다.

**유형 2** P. 41

**1** (1) $<$, $<$ (2) $<$, $<$ (3) $>$, $>$

**2** (1) $>$ (2) $>$ (3) $>$ (4) $>$ (5) $<$ (6) $<$

**3** (1) $>$ (2) $<$ (3) $\ge$ (4) $<$ (5) $\ge$ (6) $<$

**4** (1) $>$, $<$ (2) $<$, $<$ (3) $\ge$, $\le$

**5** (1) $-2, 8, 1, 11$ (2) $-11<6x-5 \le 19$
(3) $1, -4, -4, 1, 0, 5$ (4) $-7 \le -2x+1 < 3$

**[3~5]** 부등호의 방향이 바뀌는 경우는 양변에 같은 음수를 곱하거나 양변을 같은 음수로 나누는 경우이다.

**3** (1) $a+8>b+8$의 양변에서 8을 빼면 $a>b$
(2) $a-\dfrac{1}{2}<b-\dfrac{1}{2}$의 양변에 $\dfrac{1}{2}$을 더하면 $a<b$

(3) $7a \geq 7b$의 양변을 7로 나누면 $a \geq b$

(4) $\dfrac{a}{10} < \dfrac{b}{10}$의 양변에 10을 곱하면 $a < b$

(5) $-5a \leq -5b$의 양변을 $-5$로 나누면 $a \geq b$

(6) $-\dfrac{a}{2} > -\dfrac{b}{2}$의 양변에 $-2$를 곱하면 $a < b$

**4**
(1) $-3a+2 > -3b+2$의 양변에서 2를 빼면
$-3a \boxed{>} -3b$ … ㉠
㉠의 양변을 $-3$으로 나누면 $a \boxed{<} b$

(2) $\dfrac{1}{8}a-4 < \dfrac{1}{8}b-4$의 양변에 4를 더하면
$\dfrac{1}{8}a \boxed{<} \dfrac{1}{8}b$ … ㉠
㉠의 양변에 8을 곱하면 $a \boxed{<} b$

(3) $10-a \geq 10-b$의 양변에서 10을 빼면
$-a \boxed{\geq} -b$ … ㉠
㉠의 양변에 $-1$을 곱하면 $a \boxed{\leq} b$

**5**
(2) $-1 < x \leq 4$의 각 변에 6을 곱하면
$-6 < 6x \leq 24$ … ㉠
㉠의 각 변에서 5를 빼면
$-11 < 6x-5 \leq 19$

(4) $-1 < x \leq 4$의 각 변에 $-2$를 곱하면
$2 > -2x \geq -8$, 즉 $-8 \leq -2x < 2$ … ㉠
㉠의 각 변에 1을 더하면
$-7 \leq -2x+1 < 3$

**쌍둥이 기출문제** P.42~43

| 1 | ② | 2 | ③ | 3 | ④ | 4 | ①, ④ |
| 5 | ② | 6 | ④ | 7 | ⑤ | 8 | ③, ⑤ |
| 9 | ②, ⑤ | 10 | ⑤ | 11 | 5 | 12 | ⑤ |

**[1~2] 문장을 부등식으로 나타내기**
문장을 적당히 끊어서 비교하는 두 값 또는 식을 찾고, 그 대소 관계를 부등호를 사용하여 나타낸다.

**2**
① $x+3 < 5$  ② $2x+3 \geq 23$
④ $50+x < 60$  ⑤ $x+(x+1) \leq 21$
따라서 바르게 나타낸 것은 ③이다.

**[3~6] 부등식의 해**
$x$에 대한 부등식에 $x=a$를 대입했을 때
• 부등식이 참이면 ⇨ $x=a$는 해이다.
• 부등식이 거짓이면 ⇨ $x=a$는 해가 아니다.

**3** 각 부등식에 $x=2$를 대입하면
① $x+16 \geq 19$에서 $2+16 < 19$ (거짓)
② $x+1 > 2x+1$에서 $2+1 < 2 \times 2+1$ (거짓)
③ $2x+1 \geq 6$에서 $2 \times 2+1 < 6$ (거짓)
④ $5-3x < x-2$에서 $5-3 \times 2 < 2-2$ (참)
⑤ $3x-1 > 2x+1$에서 $3 \times 2-1 = 2 \times 2+1$ (거짓)
따라서 $x=2$일 때, 참인 것은 ④이다.

**4** 각 부등식에 [ ] 안의 수를 대입하면
① $x \leq 3x$에서 $-3 > 3 \times (-3)$ (거짓)
② $x+1 > 2$에서 $5+1 > 2$ (참)
③ $2x-1 \leq 4$에서 $2 \times 0-1 < 4$ (참)
④ $3x > 2x+1$에서 $3 \times (-1) < 2 \times (-1)+1$ (거짓)
⑤ $-3x+4 \geq -2$에서 $-3 \times 2+4 = -2$ (참)
따라서 [ ] 안의 수가 주어진 부등식의 해가 아닌 것은 ①, ④이다.

**5** 부등식 $3x-4 < 5$에서
$x=-1$일 때, $3 \times (-1)-4 < 5$ (참)
$x=0$일 때, $3 \times 0-4 < 5$ (참)
$x=1$일 때, $3 \times 1-4 < 5$ (참)
$x=2$일 때, $3 \times 2-4 < 5$ (참)
$x=3$일 때, $3 \times 3-4 = 5$ (거짓)
따라서 주어진 부등식 해는 $-1$, 0, 1, 2이다.

**6** 부등식 $3x-1 \geq 2(x+1)$에서
$x=1$일 때, $3 \times 1-1 < 2 \times (1+1)$ (거짓)
$x=2$일 때, $3 \times 2-1 < 2 \times (2+1)$ (거짓)
$x=3$일 때, $3 \times 3-1 = 2 \times (3+1)$ (참)
$x=4$일 때, $3 \times 4-1 > 2 \times (4+1)$ (참)
$x=5$일 때, $3 \times 5-1 > 2 \times (5+1)$ (참)
따라서 주어진 부등식의 해는 3, 4, 5이므로 그 합은
$3+4+5 = 12$

**[7~10] 부등식의 성질**
(1) $a > b$이면 $a+c > b+c$, $a-c > b-c$
(2) $a > b$, $c > 0$이면 $ac > bc$, $\dfrac{a}{c} > \dfrac{b}{c}$
(3) $a > b$, $c < 0$이면 $ac < bc$, $\dfrac{a}{c} < \dfrac{b}{c}$

**7** ⑤ $a < b$에서 $-\dfrac{2}{7}a > -\dfrac{2}{7}b$이므로 $1-\dfrac{2}{7}a > 1-\dfrac{2}{7}b$

**8**
① $a > b$에서 $a-3 > b-3$
② $a < b$에서 $-3a > -3b$이므로 $-3a+1 > -3b+1$
③ $a > b$에서 $\dfrac{a}{4} > \dfrac{b}{4}$이므로 $\dfrac{a}{4}-1 > \dfrac{b}{4}-1$
④ $a < b$에서 $-\dfrac{2}{5}a > -\dfrac{2}{5}b$
⑤ $a > b$에서 $a+6 > b+6$이므로 $\dfrac{a+6}{10} > \dfrac{b+6}{10}$
따라서 옳은 것은 ③, ⑤이다.

**9** ① $1-2a>1-2b$에서 $-2a>-2b$이므로 $a<b$

② $a<b$에서 $-\dfrac{a}{2}>-\dfrac{b}{2}$

③ $a<b$에서 $3a<3b$이므로 $2+3a<2+3b$

④ $a<b$에서 $-2+a<-2+b$

⑤ $a<b$에서 $-5a>-5b$이므로 $-5a-3>-5b-3$

따라서 옳은 것은 ②, ⑤이다.

**10** ④ $2a-3>2b-3$에서 $2a>2b$이므로 $a>b$

⑤ $-\dfrac{a}{3}+\dfrac{1}{2}>-\dfrac{b}{3}+\dfrac{1}{2}$에서 $-\dfrac{a}{3}>-\dfrac{b}{3}$이므로 $a<b$

따라서 옳지 않은 것은 ⑤이다.

---

**[11~12]** $x$의 값의 범위를 알 때, $ax+b$의 값의 범위 구하기

❶ 주어진 부등식($x$의 값의 범위)의 각 변에 $a$를 곱한다.

❷ ❶의 부등식의 각 변에 $b$를 더한다.

---

**11** $1\le x<4$의 각 변에 3을 곱하면 $3\le 3x<12$ $\cdots$ ㉠

㉠의 각 변에서 5를 빼면 $-2\le 3x-5<7$ $\cdots$ (i)

따라서 $a=-2$, $b=7$이므로 $\cdots$ (ii)

$a+b=-2+7=5$ $\cdots$ (iii)

| 채점 기준 | 비율 |
|---|---|
| (i) $3x-5$의 값의 범위 구하기 | 60% |
| (ii) $a$, $b$의 값 구하기 | 20% |
| (iii) $a+b$의 값 구하기 | 20% |

**12** $-4<x\le 1$의 각 변에 $-2$를 곱하면

$8>-2x\ge -2$, 즉 $-2\le -2x<8$ $\cdots$ ㉠

㉠의 각 변에 4를 더하면 $2\le -2x+4<12$

$\therefore 2\le A<12$

---

## ⌐2 일차부등식의 풀이

유형 3 P.44

**1** (1) × (2) × (3) ○ (4) ×
(5) ○ (6) × (7) ○

**2** $3x$, $12$, $-2x$, $-10$, $5$, $5$

**3** (1) $x>4$,
(2) $x>-5$,
(3) $x\le -2$,
(4) $x>1$,
(5) $x\le -3$,
(6) $x>3$,
(7) $x<0$,
(8) $x\le -2$,

---

**1** (2) $x-2\ge x+2$에서 $x-2-x-2\ge 0$ $\therefore -4\ge 0$
⇨ 일차부등식이 아니다.

(3) $x+1\ge 2x-4$에서 $x+1-2x+4\ge 0$
$\therefore -x+5\ge 0$
⇨ 일차부등식이다.

(4) $x^2>x+1$에서 $x^2-x-1>0$ ⇨ 일차부등식이 아니다.

(5) $2x(1-x)\le -2x^2$에서 $2x-2x^2\le -2x^2$
$2x-2x^2+2x^2\le 0$ $\therefore 2x\le 0$
⇨ 일차부등식이다.

(6) $\dfrac{2}{x}+3>-1$에서 $\dfrac{2}{x}+3+1>0$ $\therefore \dfrac{2}{x}+4>0$
⇨ 일차부등식이 아니다.

**2**
$$x+12\ge 3x+2$$
$$x-\boxed{3x}\ge 2-\boxed{12}$$
$$\boxed{-2x}\ge \boxed{-10}$$
$$\therefore x\le \boxed{5}$$

이 해를 수직선 위에 나타내면 오른쪽 그림과 같다.

**3** (1) $x+2>6$에서 $x>6-2$ $\therefore x>4$

(2) $2x>x-5$에서 $2x-x>-5$ $\therefore x>-5$

(3) $x\ge 7x+12$에서 $x-7x\ge 12$
$-6x\ge 12$ $\therefore x\le -2$

(4) $x+1>-x+3$에서 $x+x>3-1$
$2x>2$ $\therefore x>1$

(5) $-2-4x\ge 7-x$에서 $-4x+x\ge 7+2$
$-3x\ge 9$ $\therefore x\le -3$

(6) $7-3x<x-5$에서 $-3x-x<-5-7$
$-4x<-12$ $\therefore x>3$

(7) $4+2x>3x+4$에서 $2x-3x>4-4$
$-x>0$ $\therefore x<0$

(8) $3x-9\le -x-17$에서 $3x+x\le -17+9$
$4x\le -8$ $\therefore x\le -2$

유형 4 P.45

**1** (1) $3$, $2$, $2$ (2) $x<\dfrac{9}{2}$ (3) $x<2$

(4) $x\le \dfrac{13}{5}$ (5) $x<3$

**2** (1) $10$, $5$, $12$, $4$, $4$ (2) $x\le -2$ (3) $x<10$

(4) $x<-2$ (5) $x<-\dfrac{2}{5}$

**3** (1) $4$, $3$, $24$, $-6$, $-3$ (2) $x>5$ (3) $x>5$

(4) $x\le -\dfrac{9}{7}$ (5) $x>19$

34 • 정답과 해설 _ 유형편 라이트

**1** (1) 분배법칙을 이용하여 괄호를 풀면

$$3 - \boxed{3}\,x + 5x \leq 7$$
$$\boxed{2}\,x \leq 4$$
$$\therefore\ x \leq \boxed{2}$$

(2) $5 - 2(3-x) < 8$에서 $5 - 6 + 2x < 8$

$$2x < 9 \qquad \therefore\ x < \dfrac{9}{2}$$

(3) $2x - 8 < -(x+2)$에서 $2x - 8 < -x - 2$

$$3x < 6 \qquad \therefore\ x < 2$$

(4) $7 - 3x \geq 2(x-3)$에서 $7 - 3x \geq 2x - 6$

$$-5x \geq -13 \qquad \therefore\ x \leq \dfrac{13}{5}$$

(5) $-2(2x+1) > 3(x-6) - 5$에서

$$-4x - 2 > 3x - 18 - 5$$
$$-7x > -21 \qquad \therefore\ x < 3$$

**2** (1) $0.5x - 2.8 < 0.1x - 1.2$의 양변에 $\boxed{10}$을 곱하면

$$\boxed{5}\,x - 28 \leq x - \boxed{12}$$
$$\boxed{4}\,x \leq 16$$
$$\therefore\ x \leq \boxed{4}$$

(2) $0.4x - 0.6 \geq 0.7x$의 양변에 10을 곱하면

$$4x - 6 \geq 7x,\ -3x \geq 6 \qquad \therefore\ x \leq -2$$

(3) $0.7x < 10 - 0.3x$의 양변에 10을 곱하면

$$7x < 100 - 3x,\ 10x < 100 \qquad \therefore\ x < 10$$

(4) $0.01x > 0.1x + 0.18$의 양변에 100을 곱하면

$$x > 10x + 18,\ -9x > 18 \qquad \therefore\ x < -2$$

(5) $0.3(x+4) < 0.6 - 1.2x$의 양변에 10을 곱하면

$$3(x+4) < 6 - 12x,\ 3x + 12 < 6 - 12x$$
$$15x < -6 \qquad \therefore\ x < -\dfrac{2}{5}$$

**3** (1) $\dfrac{3}{2} - \dfrac{3}{4}x \geq \dfrac{3}{4}x + 6$의 양변에

분모의 최소공배수인 $\boxed{4}$를 곱하면

$$6 - \boxed{3}\,x \geq 3x + \boxed{24}$$
$$\boxed{-6}\,x \geq 18$$
$$\therefore\ x \leq \boxed{-3}$$

(2) $\dfrac{2x-1}{9} > 1$의 양변에 9를 곱하면

$$2x - 1 > 9,\ 2x > 10 \qquad \therefore\ x > 5$$

(3) $\dfrac{x+3}{8} < \dfrac{x-1}{4}$의 양변에 분모의 최소공배수인 8을 곱하면

$$x + 3 < 2(x-1),\ x + 3 < 2x - 2$$
$$-x < -5 \qquad \therefore\ x > 5$$

(4) $\dfrac{x-2}{3} - \dfrac{3}{2}x \geq \dfrac{5}{6}$의 양변에 분모의 최소공배수인 6을 곱하면

$$2(x-2) - 9x \geq 5,\ 2x - 4 - 9x \geq 5$$
$$-7x \geq 9 \qquad \therefore\ x \leq -\dfrac{9}{7}$$

(5) $\dfrac{3x-7}{5} > 1 + \dfrac{x-1}{2}$의 양변에 분모의 최소공배수인 10을 곱하면

$$2(3x-7) > 10 + 5(x-1)$$
$$6x - 14 > 10 + 5x - 5 \qquad \therefore\ x > 19$$

**한 걸음 더 연습**  P. 46

**1** (1) $x < -\dfrac{1}{a}$  (2) $x > 2$  (3) $x < 7$

**2** (1) $x > \dfrac{7}{a}$  (2) $x \leq -\dfrac{4}{a}$

**3** (1) 7  (2) $-5$  (3) 2

**4** (1) $x < -3$  (2) 9

**1** (1) $ax + 1 > 0$에서 $ax > -1$

이때 $a < 0$이므로 $ax > -1$의 양변을 $a$로 나누면

$$\dfrac{ax}{a} < -\dfrac{1}{a} \qquad \therefore\ x < -\dfrac{1}{a}$$

(2) $a < 0$이므로 $ax < 2a$의 양변을 $a$로 나누면

$$\dfrac{ax}{a} > \dfrac{2a}{a} \qquad \therefore\ x > 2$$

(3) $a(x-3) > 4a$에서 $ax - 3a > 4a,\ ax > 7a$

이때 $a < 0$이므로 $ax > 7a$의 양변을 $a$로 나누면

$$\dfrac{ax}{a} < \dfrac{7a}{a} \qquad \therefore\ x < 7$$

**2** (1) $6 - ax < -1$에서 $-ax < -7$

이때 $a > 0$에서 $-a < 0$이므로

$-ax > -7$의 양변을 $-a$로 나누면

$$\dfrac{-ax}{-a} > \dfrac{-7}{-a} \qquad \therefore\ x > \dfrac{7}{a}$$

(2) $2 - ax \leq 6$에서 $-ax \leq 4$

이때 $a < 0$에서 $-a > 0$이므로

$-ax \leq 4$의 양변을 $-a$로 나누면

$$\dfrac{-ax}{-a} \leq \dfrac{4}{-a} \qquad \therefore\ x \leq -\dfrac{4}{a}$$

**3** (1) $1 > a - 3x$에서 $3x > a - 1 \qquad \therefore\ x > \dfrac{a-1}{3}$

이때 주어진 부등식의 해가 $x > 2$이므로

$$\dfrac{a-1}{3} = 2,\ a - 1 = 6 \qquad \therefore\ a = 7$$

(2) $-x + 7 < 3x + a$에서 $-4x < a - 7 \qquad \therefore\ x > -\dfrac{a-7}{4}$

이때 주어진 부등식의 해가 $x > 3$이므로

$$-\dfrac{a-7}{4} = 3,\ a - 7 = -12 \qquad \therefore\ a = -5$$

(3) $\dfrac{-2x+a}{3} > 2$에서 $-2x + a > 6$

$$-2x > 6 - a \qquad \therefore\ x < -\dfrac{6-a}{2}$$

이때 주어진 부등식의 해가 $x < -2$이므로

$$-\dfrac{6-a}{2} = -2,\ 6 - a = 4 \qquad \therefore\ a = 2$$

**4** (1) $0.3x+2<1.1$의 양변에 10을 곱하면

$3x+20<11$, $3x<-9$    $\therefore x<-3$

(2) $-5x-a>6$에서 $-5x>6+a$    $\therefore x<-\dfrac{6+a}{5}$

이때 주어진 부등식의 해가 $x<-3$이므로

$-\dfrac{6+a}{5}=-3$, $6+a=15$    $\therefore a=9$

## 쌍둥이 기출문제      P. 47~49

| | | | | | | | | | |
|---|---|---|---|---|---|---|---|---|---|
| **1** | ㄱ, ㅁ | **2** | ⑤ | **3** | ④ | **4** | ③ | **5** | ③ |
| **6** | ④ | **7** | ⑤ | **8** | ① | **9** | $x\geq-5$ | | |
| **10** | ④ | **11** | ① | **12** | 8 | **13** | ② | **14** | $x\leq-1$ |
| **15** | 8 | **16** | 11 | **17** | ③ | **18** | $-17$ | | |

**[1~2]** 일차부등식

⇨ 모든 항을 좌변으로 이항하여 정리한 식이

  (일차식)<0, (일차식)>0, (일차식)≤0, (일차식)≥0 중 하나의 꼴이다.

**1** ㄱ. $2x-1\leq2$에서 $2x-3\leq0$ ⇨ 일차부등식이다.

ㄴ. $x-3=4$는 등식이다. ⇨ 일차부등식이 아니다.

ㄷ. $\dfrac{2}{x}<3$에서 $\dfrac{2}{x}-3<0$ ⇨ 일차부등식이 아니다.

ㄹ. $3x+1$은 다항식이다. ⇨ 일차부등식이 아니다.

ㅁ. $x<-2$에서 $x+2<0$ ⇨ 일차부등식이다.

ㅂ. $x^2+1>2x$에서 $x^2-2x+1>0$ ⇨ 일차부등식이 아니다.

따라서 일차부등식인 것은 ㄱ, ㅁ이다.

**2** ① $x+2<5+x$에서 $-3<0$ ⇨ 일차부등식이 아니다.

② $4x=5-2x$는 등식이다. ⇨ 일차부등식이 아니다.

③ $2x^2+1\geq7$에서 $2x^2-6\geq0$ ⇨ 일차부등식이 아니다.

④ $3+5\geq6$에서 $2\geq0$ ⇨ 일차부등식이 아니다.

⑤ $x+2\leq-3x-5$에서 $4x+7\leq0$ ⇨ 일차부등식이다.

따라서 일차부등식인 것은 ⑤이다.

**[3~6]** 일차부등식의 풀이

⇨ 일차항은 좌변으로, 상수항은 우변으로 이항하여 정리한 후, $x$의 계수로 양변을 나누어 해를 구한다.

  이때 $x$의 계수가 음수이면 부등호의 방향이 바뀐다.

**3** ① $-4x<12$에서 $x>-3$

② $4x>x-9$에서 $3x>-9$    $\therefore x>-3$

③ $11>-7-6x$에서 $6x>-18$    $\therefore x>-3$

④ $3x+8<-x+20$에서 $4x<12$    $\therefore x<3$

⑤ $x-1<4x+8$에서 $-3x<9$    $\therefore x>-3$

따라서 해가 나머지 넷과 다른 하나는 ④이다.

**4** ① $3-x<-1$에서 $-x<-4$    $\therefore x>4$

② $2x-7>-11$에서 $2x>-4$    $\therefore x>-2$

③ $2x-10>7x$에서 $-5x>10$    $\therefore x<-2$

④ $3+6x<-1-2x$에서 $8x<-4$    $\therefore x<-\dfrac{1}{2}$

⑤ $5x+6>7x-2$에서 $-2x>-8$    $\therefore x<4$

따라서 해가 $x<-2$인 것은 ③이다.

**5** $7x-1\geq5x+3$에서 $2x\geq4$    $\therefore x\geq2$

따라서 해를 수직선 위에 바르게 나타낸 것은 ③이다.

**6** 주어진 그림에서 해는 $x>-1$이다.

① $4x-3<-9$에서 $4x<-6$    $\therefore x<-\dfrac{3}{2}$

② $-2x+3>5$에서 $-2x>2$    $\therefore x<-1$

③ $x-9>-x-3$에서 $2x>6$    $\therefore x>3$

④ $x+2<3x+4$에서 $-2x<2$    $\therefore x>-1$

⑤ $-3x+4<-x-1$에서 $-2x<-5$    $\therefore x>\dfrac{5}{2}$

따라서 해를 수직선 위에 나타냈을 때, 주어진 그림과 같은 것은 ④이다.

**[7~12]** 여러 가지 일차부등식

• 괄호가 있으면 분배법칙을 이용하여 괄호를 푼다.

• 계수가 소수 또는 분수이면 양변에 적당한 수를 곱하여 계수를 정수로 고쳐서 푼다.

**7** $2x-1\geq3(x-1)$에서 $2x-1\geq3x-3$

$2x-3x\geq-3+1$, $-x\geq-2$    $\therefore x\leq2$

이 해를 수직선 위에 나타내면 오른쪽 그림과 같다.

따라서 처음으로 틀린 곳은 ㉢이다.

**8** $-2(3x+6)>3(x-1)+9$에서

$-6x-12>3x-3+9$

$-9x>18$    $\therefore x<-2$

**9** $0.4x+0.5\geq0.3x$의 양변에 10을 곱하면

$4x+5\geq3x$    $\therefore x\geq-5$

**10** $x-1.4<0.5x+0.6$의 양변에 10을 곱하면

$10x-14<5x+6$, $5x<20$    $\therefore x<4$

**11** $\dfrac{1}{4}x-\dfrac{1}{2}\geq\dfrac{3}{8}x+1$의 양변에 분모의 최소공배수인 8을 곱하면

$2x-4\geq3x+8$, $-x\geq12$    $\therefore x\leq-12$

**12** $\dfrac{x}{2}-\dfrac{x+4}{3}<\dfrac{1}{6}$의 양변에 분모의 최소공배수인 6을 곱하면

$3x-2(x+4)<1$, $3x-2x-8<1$    $\therefore x<9$    $\cdots$(i)

따라서 주어진 부등식을 만족시키는 $x$의 값 중 가장 큰 정수는 8이다.    $\cdots$(ii)

| 채점 기준 | 비율 |
|---|---|
| (i) 일차부등식 풀기 | 70 % |
| (ii) 가장 큰 정수 구하기 | 30 % |

**[13~14] 계수가 문자인 일차부등식의 풀이**

❶ 주어진 부등식을 $ax<b$, $ax>b$, $ax\le b$, $ax\ge b$ 중 하나의 꼴로 고친다.
❷ $a$가 음수인지 양수인지 확인한 후 양변을 $a$로 양변을 나눈다. 이때 $a$가 음수이면 부등호의 방향을 바뀐다.

**13** $a<0$에서 $-a>0$이므로

$-\frac{x}{a}>1$의 양변에 $-a$를 곱하면 $x>-a$

**14** $ax+a\ge0$에서 $ax\ge-a$

$a<0$이므로 $ax\ge-a$의 양변을 $a$로 나누면

$\frac{ax}{a}\le\frac{-a}{a}$  $\therefore x\le-1$

**[15~16] 일차부등식의 해가 주어질 때, 상수의 값 구하기**

⇨ 주어진 부등식을 $x<$(수), $x>$(수), $x\le$(수), $x\ge$(수) 중 하나의 꼴로 나타낸 후, 주어진 해와 비교한다.

**15** $-3x+5>a$에서 $-3x>a-5$

$\therefore x<-\frac{a-5}{3}$ … (i)

이때 주어진 부등식의 해가 $x<-1$이므로

$-\frac{a-5}{3}=-1$ … (ii)

$a-5=3$  $\therefore a=8$ … (iii)

| 채점 기준 | 비율 |
|---|---|
| (i) 일차부등식의 해를 $a$를 사용하여 나타내기 | 40 % |
| (ii) $a$에 대한 식 세우기 | 40 % |
| (iii) $a$의 값 구하기 | 20 % |

**16** $2x-a<-x+1$에서 $3x<1+a$  $\therefore x<\frac{1+a}{3}$

이때 주어진 그림에서 부등식의 해가 $x<4$이므로

$\frac{1+a}{3}=4$, $1+a=12$  $\therefore a=11$

**[17~18] 두 일차부등식의 해가 서로 같을 때, 상수의 값 구하기**

❶ 계수와 상수항이 모두 주어진 부등식의 해를 먼저 구한다.
❷ 다른 부등식의 해가 ❶의 해와 같음을 이용하여 상수의 값을 구한다.

**17** $4x-2\le9x-12$에서 $-5x\le-10$  $\therefore x\ge2$

$2x-a\ge7$에서 $2x\ge7+a$  $\therefore x\ge\frac{7+a}{2}$

따라서 $\frac{7+a}{2}=2$이므로

$7+a=4$  $\therefore a=-3$

**18** $-x-3<x+7$에서 $-2x<10$  $\therefore x>-5$

$6x-a>3x+2$에서 $3x>2+a$  $\therefore x>\frac{2+a}{3}$

따라서 $\frac{2+a}{3}=-5$이므로

$2+a=-15$  $\therefore a=-17$

# 3 일차부등식의 활용

## 유형 5

P. 50~51

**1** (1) $(x-1)+x+(x+1)>100$
(2) $x>\frac{100}{3}$
(3) 33, 34, 35

**2** (1) $\frac{1}{2}\times(x+8)\times5\ge30$
(2) $x\ge4$
(3) 4 cm

**3** (1) $800x+2500\le22500$
(2) $x\le25$
(3) 25개

**4** (1) $1100x>900x+2200$
(2) $x>11$
(3) 12권

**5** (1) 표는 풀이 참조, $\frac{x}{3}+\frac{x}{4}\le4$
(2) $x\le\frac{48}{7}$ (3) $\frac{48}{7}$ km

**1** (1) 연속하는 세 자연수는 $x-1$, $x$, $x+1$이므로
$(x-1)+x+(x+1)>100$ … ㉠
(2) ㉠에서 $3x>100$  $\therefore x>\frac{100}{3}\left(=33\frac{1}{3}\right)$
(3) $x$의 값 중 가장 작은 수는 34이므로 구하는 가장 작은 세 자연수는 33, 34, 35이다.

**2** (1) $\frac{1}{2}\times(x+8)\times5\ge30$ … ㉠
(2) ㉠에서 $5x+40\ge60$
$5x\ge20$  $\therefore x\ge4$
(3) 윗변의 길이는 최소 4 cm이다.

**3** (1) (도넛의 가격)+(상자의 가격)$\le$22500(원)이므로
$800x+2500\le22500$ … ㉠
(2) ㉠에서 $800x\le20000$  $\therefore x\le25$
(3) 도넛은 최대 25개까지 살 수 있다.

**4** (1) 공책을 $x$권 살 때,
동네 문구점에서는 $1100x$원,
할인 매장에서는 $(900x+2200)$원이 든다.
이때 할인 매장에서 사는 것이 유리하려면
(동네 문구점의 전체 비용)>(할인 매장의 전체 비용)
이므로
$1100x>900x+2200$ … ㉠
(2) ㉠에서 $200x>2200$  $\therefore x>11$
(3) 공책을 12권 이상 사는 경우에 할인 매장에서 사는 것이 유리하다.

**5** (1)

| | 올라갈 때 | 내려올 때 | 전체 |
|---|---|---|---|
| 거리 | $x$ km | $x$ km | − |
| 속력 | 시속 3 km | 시속 4 km | − |
| 시간 | $\dfrac{x}{3}$시간 | $\dfrac{x}{4}$시간 | 4시간 이내 |

$\left(\begin{array}{c}\text{올라갈 때}\\\text{걸린 시간}\end{array}\right)+\left(\begin{array}{c}\text{내려올 때}\\\text{걸린 시간}\end{array}\right)\leq 4(\text{시간})$이므로

$\dfrac{x}{3}+\dfrac{x}{4}\leq 4 \quad \cdots \text{㉠}$

(2) ㉠의 양변에 12를 곱하면

$4x+3x\leq 48,\ 7x\leq 48 \quad \therefore x\leq \dfrac{48}{7}$

(3) 최대 $\dfrac{48}{7}$ km 떨어진 지점까지 올라갔다 내려올 수 있다.

---

**한 걸음 더 연습**　　　　　　　　　P. 52

**1** (1) 표는 풀이 참조, $500x+400(30-x)\leq 13000$

(2) $x\leq 10$　　　　(3) 10개

**2** (1) $4000+1000x>8000+300x$

(2) $x>\dfrac{40}{7}$　　　(3) 6개월 후

**3** (1) $1000x>1000\times\left(1-\dfrac{20}{100}\right)\times 30$

(2) $x>24$　　　(3) 25명

**4** (1) 표는 풀이 참조, $\dfrac{x}{6}+\dfrac{10-x}{2}\leq 2$

(2) $x\geq 9$　　　(3) 9 km

---

**1** (1)

| | 초콜릿 | 사탕 |
|---|---|---|
| 개수 | $x$개 | $(30-x)$개 |
| 가격 | $500x$원 | $400(30-x)$원 |

$(\text{초콜릿의 가격})+(\text{사탕의 가격})\leq 13000(\text{원})$이므로

$500x+400(30-x)\leq 13000 \quad \cdots \text{㉠}$

(2) ㉠에서 $500x+12000-400x\leq 13000$

$100x\leq 1000 \quad \therefore x\leq 10$

(3) 초콜릿은 최대 10개까지 살 수 있다.

**2** (1) $x$개월 후 형의 저금액은 $(8000+300x)$원,

동생의 저금액은 $(4000+1000x)$원이므로

$4000+1000x>8000+300x \quad \cdots \text{㉠}$

(2) ㉠에서 $700x>4000 \quad \therefore x>\dfrac{40}{7}\left(=5\dfrac{5}{7}\right)$

(3) 동생의 저금액이 형의 저금액보다 많아지는 것은 6개월
후부터이다.

---

**3** (1) $x$명의 기본 입장료는 $1000x$원,

30명의 단체 입장료는 $\left\{1000\times\left(1-\dfrac{20}{100}\right)\times 30\right\}$원이다.

이때 30명의 단체 입장권을 사는 것이 유리하려면

$1000x>1000\times\left(1-\dfrac{20}{100}\right)\times 30 \quad \cdots \text{㉠}$

(2) ㉠의 양변을 1000으로 나누면

$x>\left(1-\dfrac{20}{100}\right)\times 30 \quad \therefore x>24$

(3) 25명 이상부터 30명의 단체 입장권을 사는 것이 유리하다.

**4** (1)

| | 자전거로 갈 때 | 걸어갈 때 | 전체 |
|---|---|---|---|
| 거리 | $x$ km | $(10-x)$ km | 10 km |
| 속력 | 시속 6 km | 시속 2 km | − |
| 시간 | $\dfrac{x}{6}$시간 | $\dfrac{10-x}{2}$시간 | 2시간 이내 |

$(\text{자전거로 간 시간})+(\text{걸어간 시간})\leq 2(\text{시간})$이므로

$\dfrac{x}{6}+\dfrac{10-x}{2}\leq 2 \quad \cdots \text{㉠}$

(2) ㉠의 양변에 6을 곱하면

$x+3(10-x)\leq 12$

$x+30-3x\leq 12$

$-2x\leq -18 \quad \therefore x\geq 9$

(3) 자전거를 타고 간 거리는 최소 9 km이다.

---

**쌍둥이 기출문제**　　　　　　　　P. 53~54

**1** ④　**2** 92점　**3** ①　**4** 9 cm　**5** ⑤
**6** ④　**7** 63장　**8** 7회　**9** ③　**10** $\dfrac{80}{9}$ km
**11** $\dfrac{5}{3}$ km　**12** $\dfrac{5}{4}$ km

**[1~2] 평균에 대한 문제**

· 두 수 $a$, $b$에 대한 평균 ⇨ $\dfrac{a+b}{2}$

· 세 수 $a$, $b$, $c$에 대한 평균 ⇨ $\dfrac{a+b+c}{3}$

**1** 수학 점수를 $x$점이라고 하면

$\dfrac{72+85+x}{3}\geq 80$

$157+x\geq 240 \quad \therefore x\geq 83$

따라서 수학 점수는 83점 이상이어야 한다.

**2** 네 번째 과학 시험에서 $x$점을 받는다고 하면
$$\frac{78+86+92+x}{4}\geq 87$$
$256+x\geq 348$  $\therefore x\geq 92$
따라서 네 번째 과학 시험에서 92점 이상을 받아야 한다.

**[3~4]** 도형에 대한 문제
• (삼각형의 넓이)$=\frac{1}{2}\times$(밑변의 길이)$\times$(높이)
• (사각형의 둘레의 길이)$=2\times\{$(가로의 길이)$+$(세로의 길이)$\}$

**3** $\frac{1}{2}\times 16\times h\geq 32$이므로
$8h\geq 32$  $\therefore h\geq 4$

**4** 직사각형의 세로의 길이를 $x$ cm라고 하면
$2(6+x)\leq 30,\ 6+x\leq 15$  $\therefore x\leq 9$
따라서 직사각형의 세로의 길이는 9 cm 이하가 되어야 한다.

**[5~6]** 최대 개수에 대한 문제
물건 A, B를 합하여 $k$개를 살 때, 물건 A를 $x$개 산다고 하면 물건 B는 $(k-x)$개 살 수 있다.
⇨ (물건 A의 가격)$+$(물건 B의 가격) $\square$ (이용 가능 금액)
$\hookrightarrow$ 이하이면 $\leq$, 미만이면 $<$

**5** ③ 연필은 $(15-x)$자루를 살 수 있으므로
연필 전체의 가격은 $300(15-x)=4500-300x$(원)
④, ⑤ $500x+300(15-x)<5300$에서
$500x+4500-300x<5300$
$200x<800$  $\therefore x<4$
즉, 펜은 최대 3자루까지 살 수 있다.
따라서 옳지 않은 것은 ⑤이다.

**6** 사과를 $x$개 산다고 하면 귤은 $(40-x)$개 살 수 있으므로
$800x+500(40-x)\leq 25000$
$800x+20000-500x\leq 25000$
$300x\leq 5000$  $\therefore x\leq\frac{50}{3}\left(=16\frac{2}{3}\right)$
따라서 사과는 최대 16개까지 살 수 있다.

**[7~8]** 유리한 방법을 선택하는 문제
방법 A가 방법 B보다 유리한 경우
⇨ (방법 A에 드는 비용)$<$(방법 B에 드는 비용)

**7** 사진을 $x$장 출력한다고 하면
동네 사진관에서 출력하는 비용은 $200x$원,
인터넷 사진관에서 출력하는 비용은 $(160x+2500)$원이다.
이때 인터넷 사진관을 이용하는 것이 유리하려면
$200x>160x+2500$
$40x>2500$  $\therefore x>\frac{125}{2}\left(=62\frac{1}{2}\right)$
따라서 최소 63장의 사진을 출력하는 경우에 인터넷 사진관을 이용하는 것이 유리하다.

**8** 1년에 $x$회 주문한다고 하면 1년간 상품을 주문하는 데 드는 비용은 회원, 비회원이 각각 $(1500x+10000)$원, $3000x$원이다.
이때 회원 가입을 하는 것이 유리하려면
$1500x+10000<3000x$
$-1500x<-10000$  $\therefore x>\frac{20}{3}\left(=6\frac{2}{3}\right)$
따라서 1년에 7회 이상 주문해야 회원 가입을 하는 것이 유리하다.

**[9~12]** 거리, 속력, 시간에 대한 문제
(거리)$=$(속력)$\times$(시간), (속력)$=\dfrac{(거리)}{(시간)}$, (시간)$=\dfrac{(거리)}{(속력)}$

**9** $x$ km 떨어진 지점까지 갔다 온다고 하면

| | 갈 때 | 올 때 | 전체 |
|---|---|---|---|
| 거리 | $x$ km | $x$ km | — |
| 속력 | 시속 6 km | 시속 3 km | — |
| 시간 | $\dfrac{x}{6}$시간 | $\dfrac{x}{3}$시간 | 3시간 이내 |

(갈 때 걸린 시간)$+$(올 때 걸린 시간)$\leq 3$(시간)이므로
$\dfrac{x}{6}+\dfrac{x}{3}\leq 3,\ x+2x\leq 18$
$3x\leq 18$  $\therefore x\leq 6$
따라서 상미는 최대 6 km 떨어진 지점까지 갔다 올 수 있다.

**10** $x$ km 떨어진 지점까지 올라갔다 내려온다고 하면
등산하는 데 걸리는 시간이 4시간 이내이어야 하므로
$\dfrac{x}{4}+\dfrac{x}{5}\leq 4$ $\cdots$ (i)
$5x+4x\leq 80,\ 9x\leq 80$  $\therefore x\leq\dfrac{80}{9}$ $\cdots$ (ii)
따라서 최대 $\dfrac{80}{9}$ km 떨어진 지점까지 올라갔다 내려올 수 있다. $\cdots$ (iii)

| 채점 기준 | 비율 |
|---|---|
| (i) 일차부등식 세우기 | 40 % |
| (ii) 일차부등식 풀기 | 40 % |
| (iii) 최대 몇 km 떨어진 지점까지 올라갔다 내려올 수 있는지 구하기 | 20 % |

**11** 버스 터미널에서 상점까지의 거리를 $x$ km라고 하면
$\left(\begin{array}{c}가는 데\\걸리는 시간\end{array}\right)+\left(\begin{array}{c}물건을 사는 데\\걸리는 시간\end{array}\right)+\left(\begin{array}{c}오는 데\\걸리는 시간\end{array}\right)\leq\dfrac{50}{60}$(시간)
이므로
$\dfrac{x}{5}+\dfrac{10}{60}+\dfrac{x}{5}\leq\dfrac{50}{60},\ \dfrac{x}{5}+\dfrac{1}{6}+\dfrac{x}{5}\leq\dfrac{5}{6}$
$6x+5+6x\leq 25,\ 12x\leq 20$  $\therefore x\leq\dfrac{5}{3}$
따라서 버스 터미널에서 최대 $\dfrac{5}{3}$ km 떨어진 곳에 있는 상점까지 다녀올 수 있다.

**12** 역에서 서점까지의 거리를 $x$ km라고 하면

$$\left(\begin{array}{c}\text{가는 데}\\ \text{걸리는 시간}\end{array}\right)+\left(\begin{array}{c}\text{책을 사는 데}\\ \text{걸리는 시간}\end{array}\right)+\left(\begin{array}{c}\text{오는 데}\\ \text{걸리는 시간}\end{array}\right)\leq 1\frac{10}{60}(\text{시간})$$

이므로

$$\frac{x}{3}+\frac{20}{60}+\frac{x}{3}\leq 1\frac{10}{60},\ \frac{x}{3}+\frac{1}{3}+\frac{x}{3}\leq\frac{7}{6}$$

$$2x+2+2x\leq 7,\ 4x\leq 5$$

$$\therefore x\leq\frac{5}{4}$$

따라서 역에서 최대 $\frac{5}{4}$ km 떨어져 있는 서점을 이용할 수 있다.

---

단원 **마무리**     P. 55~57

| **1** | ③, ④ | **2** | ③ | **3** | ④ | **4** | ④ | **5** | ③ |
|---|---|---|---|---|---|---|---|---|---|
| **6** | 1 | **7** | ① | **8** | ⑤ | **9** | 4 | **10** | 55개 |
| **11** | 36개월 후 | | | **12** | 37개월 | | | | |

**1** ① $x+3>1$

② $3x\leq 4000$

⑤ $200$ g$=0.2$ kg이므로 $0.8x+0.2<3$

따라서 바르게 나타낸 것은 ③, ④이다.

**2** 부등식 $2x+7\geq 13$에서

$x=1$일 때, $2\times 1+7<13$ (거짓)

$x=2$일 때, $2\times 2+7<13$ (거짓)

$x=3$일 때, $2\times 3+7=13$ (참)

$x=4$일 때, $2\times 4+7>13$ (참)

$x=5$일 때, $2\times 5+7>13$ (참)

$x=6$일 때, $2\times 6+7>13$ (참)

따라서 주어진 부등식의 해는 3, 4, 5, 6의 4개이다.

**3** ① $-\dfrac{a}{2}>-\dfrac{b}{2}$에서 $a<b$

② $2a+3<2b+3$에서 $2a<2b$이므로 $a<b$

③ $a>b$에서 $-a<-b$이므로 $-a+\dfrac{3}{2}<-b+\dfrac{3}{2}$

④ $-\dfrac{a}{3}+4<-\dfrac{b}{3}+4$에서 $-\dfrac{a}{3}<-\dfrac{b}{3}$이므로 $a>b$

⑤ $a<b$에서 $a-2<b-2$이므로 $\dfrac{a-2}{5}<\dfrac{b-2}{5}$

따라서 부등호의 방향이 나머지 넷과 다른 하나는 ④이다.

**4** ② $3x-4\geq x+1$에서 $2x-5\geq 0$ ⇨ 일차부등식이다.

③ $9-x\leq x+1$에서 $-2x+8\leq 0$ ⇨ 일차부등식이다.

④ $2x-7<2(x-3)$에서 $-1<0$ ⇨ 일차부등식이 아니다.

⑤ $x(x-3)>x^2$에서 $-3x>0$ ⇨ 일차부등식이다.

따라서 일차부등식이 아닌 것은 ④이다.

**5** $8x+2\leq 5x-7$에서 $3x\leq -9$

$\therefore x\leq -3$

따라서 해를 수직선 위에 바르게 나타낸 것은 ③이다.

**6** $0.4x-\dfrac{x-1}{5}>\dfrac{1}{4}$에서 $\dfrac{2}{5}x-\dfrac{x-1}{5}>\dfrac{1}{4}$

이 식의 양변에 20을 곱하면

$8x-4(x-1)>5,\ 8x-4x+4>5$

$4x>1\quad\therefore x>\dfrac{1}{4}$

따라서 주어진 부등식의 해 중 가장 작은 정수는 1이다.

**7** $ax+1<2(ax+1)$에서 $ax+1<2ax+2$

$\therefore -ax<1$

이때 $a<0$에서 $-a>0$이므로

$-ax<1$의 양변을 $-a$로 나누면

$\dfrac{-ax}{-a}<\dfrac{1}{-a}\quad\therefore x<-\dfrac{1}{a}$

**8** $6(x+1)-3\geq 5x+a$에서

$6x+6-3\geq 5x+a$

$\therefore x\geq a-3$

이때 주어진 부등식의 해가 $x\geq 3$이므로

$a-3=3\quad\therefore a=6$

**9** $9-x>3(x-1)$에서 $9-x>3x-3$

$-4x>-12\quad\therefore x<3$

$5(x-2)<2a-x$에서 $5x-10<2a-x$

$6x<2a+10\quad\therefore x<\dfrac{a+5}{3}$

따라서 $\dfrac{a+5}{3}=3$이므로

$a+5=9\quad\therefore a=4$

**10** 한 번에 $x$개의 상자를 운반한다고 하면

$10x+45\leq 600$        … (ⅰ)

$10x\leq 555\quad\therefore x\leq\dfrac{111}{2}\left(=55\dfrac{1}{2}\right)$    … (ⅱ)

따라서 한 번에 상자를 최대 55개까지 운반할 수 있다.

                                     … (ⅲ)

| 채점 기준 | 비율 |
|---|---|
| (ⅰ) 일차부등식 세우기 | 40 % |
| (ⅱ) 일차부등식 풀기 | 40 % |
| (ⅲ) 한 번에 운반할 수 있는 상자의 최대 개수 구하기 | 20 % |

**11** 정우의 저금액이 $x$개월 후부터 은비의 저금액의 2배보다 많아진다고 하면
$x$개월 후 정우의 저금액은 $(6000+1400x)$원,
은비의 저금액은 $(10000+500x)$원이므로
$6000+1400x>2(10000+500x)$
$6000+1400x>20000+1000x$
$400x>14000$
$\therefore x>35$

따라서 정우의 저금액이 은비의 저금액의 2배보다 많아지는 것은 36개월 후부터이다.

**12** 공기청정기를 $x$개월 사용한다고 하면
$540000+10000x<25000x$
$-15000x<-540000 \qquad \therefore x>36$
따라서 공기청정기를 37개월 이상 사용해야 사는 것이 유리하다.

## 1 미지수가 2개인 일차방정식

**유형 1**

P. 60

**1** (1) × (2) ○ (3) × (4) ×
　(5) ○ (6) × (7) × (8) ○

**2** (1) $x+y=15$
　(2) $x=y+4$
　(3) $1000x+800y=11600$

**3** (1) × (2) ○ (3) ○

**4** (1) (차례로) $4$, $\dfrac{7}{2}$, $3$, $\dfrac{5}{2}$, $2$, $\dfrac{3}{2}$, $1$, $\dfrac{1}{2}$, $0$
　해: $(1, 4)$, $(3, 3)$, $(5, 2)$, $(7, 1)$
　(2) (차례로) $\dfrac{21}{2}$, $9$, $\dfrac{15}{2}$, $6$, $\dfrac{9}{2}$, $3$, $\dfrac{3}{2}$, $0$
　해: $(3, 6)$, $(6, 4)$, $(9, 2)$

**5** (1) $1$ (2) $11$ (3) $-3$

---

**1** (1) 등식이 아니므로 일차방정식이 아니다.
　(2) $3x-y-5=0$이므로 미지수가 2개인 일차방정식이다.
　(3) $x$가 분모에 있으므로 일차방정식이 아니다.
　(4) $x^2+y-6=0$이므로 $x$의 차수가 2이다.
　　즉, 일차방정식이 아니다.
　(5) $-2x+8y=0$이므로 미지수가 2개인 일차방정식이다.
　(6) $2y-3=0$이므로 미지수가 1개인 일차방정식이다.
　(7) 미지수가 1개인 일차방정식이다.
　(8) $2x+y-3=0$이므로 미지수가 2개인 일차방정식이다.

**3** $x=3$, $y=5$를 주어진 일차방정식에 각각 대입하면
　(1) $3-2\times5\neq7$
　(2) $5=2\times3-1$
　(3) $3\times3-2\times5+1=0$

**4** (1) $x+2y=9$에 $x=1, 2, 3, \cdots, 9$를 차례로 대입하면 $y$의 값은 다음 표와 같다.

| $x$ | 1 | 2 | 3 | 4 | 5 | 6 | 7 | 8 | 9 |
|---|---|---|---|---|---|---|---|---|---|
| $y$ | 4 | $\dfrac{7}{2}$ | 3 | $\dfrac{5}{2}$ | 2 | $\dfrac{3}{2}$ | 1 | $\dfrac{1}{2}$ | 0 |

이때 $x$, $y$의 값이 자연수이므로 구하는 해는
$(1, 4)$, $(3, 3)$, $(5, 2)$, $(7, 1)$이다.

(2) $2x+3y=24$에 $y=1, 2, 3, \cdots, 8$을 차례로 대입하면 $x$의 값은 다음 표와 같다.

| $x$ | $\dfrac{21}{2}$ | 9 | $\dfrac{15}{2}$ | 6 | $\dfrac{9}{2}$ | 3 | $\dfrac{3}{2}$ | 0 |
|---|---|---|---|---|---|---|---|---|
| $y$ | 1 | 2 | 3 | 4 | 5 | 6 | 7 | 8 |

이때 $x$, $y$의 값이 자연수이므로 구하는 해는
$(3, 6)$, $(6, 4)$, $(9, 2)$이다.

---

**5** (1) $x=4$, $y=k$를 $x+2y-6=0$에 대입하면
　$4+2k-6=0$, $2k=2$ ∴ $k=1$
　(2) $x=1$, $y=-2$를 $5x-3y-k=0$에 대입하면
　$5+6-k=0$, $-k=-11$ ∴ $k=11$
　(3) $x=-2$, $y=4$를 $kx+y=10$에 대입하면
　$-2k+4=10$, $-2k=6$ ∴ $k=-3$

## 2 미지수가 2개인 연립일차방정식

**유형 2**

P. 61

**1** (1) ㉠ (차례로) $5$, $4$, $3$, $2$, $1$, $0$
　해: $(1, 5)$, $(2, 4)$, $(3, 3)$, $(4, 2)$, $(5, 1)$
　㉡ (차례로) $5$, $3$, $1$, $-1$
　해: $(1, 5)$, $(2, 3)$, $(3, 1)$
　(2) $(1, 5)$

**2** (1) $(1, 9)$, $(2, 7)$, $(3, 5)$, $(4, 3)$, $(5, 1)$
　(2) $(1, 4)$, $(4, 3)$, $(7, 2)$, $(10, 1)$
　(3) $(4, 3)$

**3** (1) ○ (2) × (3) ○

**4** (1) $1$, $-1$, $1$, $-1$, $2$, $1$, $-1$, $1$, $-1$, $4$
　(2) $a=6$, $b=-3$
　(3) $a=5$, $b=11$

---

**3** $x=1$, $y=2$를 주어진 연립방정식에 각각 대입하면
(1) $\begin{cases} 1+2=3 \\ 2\times1-3\times2=-4 \end{cases}$
(2) $\begin{cases} 1+3\times2=7 \\ 2\times1+2\neq5 \end{cases}$
(3) $\begin{cases} 3\times1-2=1 \\ 1-2\times2=-3 \end{cases}$

**4** (1) $x=\boxed{1}$, $y=\boxed{-1}$을 ㉠에 대입하면
　$a\times\boxed{1}-(\boxed{-1})=3$ ∴ $a=\boxed{2}$
　$x=\boxed{1}$, $y=\boxed{-1}$을 ㉡에 대입하면
　$5\times\boxed{1}+b\times(\boxed{-1})=1$, $-b=-4$ ∴ $b=\boxed{4}$
　(2) $x=-2$, $y=1$을 $x+ay=4$에 대입하면
　$-2+a=4$ ∴ $a=6$
　$x=-2$, $y=1$을 $bx-2y=4$에 대입하면
　$-2b-2=4$, $-2b=6$ ∴ $b=-3$

(3) $x=1$, $y=-4$를 $x-y=a$에 대입하면

$1+4=a$ $\therefore a=5$

$x=1$, $y=-4$를 $bx+3y=-1$에 대입하면

$b-12=-1$ $\therefore b=11$

| **1** ③ | **2** ④ | **3** ⑤ | **4** ③ |
|---|---|---|---|
| **5** (2, 3), (5, 2), (8, 1) | | **6** 5개 | **7** ① |
| **8** 1 | **9** 2 | **10** $-1$ | **11** ④ | **12** ③ |
| **13** ⑤ | **14** 3 | **15** 10 | **16** $-5$ |

**[1~2] 미지수가 2개인 일차방정식**

⇨ 식을 정리했을 때, $ax+by+c=0$ 꼴($a$, $b$, $c$는 상수, $a\neq0$, $b\neq0$)

**1** ① $x$가 분모에 있으므로 일차방정식이 아니다.

② 등식이 아니므로 일차방정식이 아니다.

④ $5x-8=0$이므로 미지수가 1개인 일차방정식이다.

⑤ $x-y^2-y=0$이므로 $y$의 차수가 2이다.

즉, 일차방정식이 아니다.

따라서 미지수가 2개인 일차방정식은 ③이다.

**2** ① $x+y-10=0$이므로 미지수가 2개인 일차방정식이다.

② $4x+3y-2=0$이므로 미지수가 2개인 일차방정식이다.

③ $-3x+y=0$이므로 미지수가 2개인 일차방정식이다.

④ $x^2+x=0$이므로 미지수가 1개이고, $x$의 차수가 2이다.

즉, 일차방정식이 아니다.

⑤ $-x+y-2=0$이므로 미지수가 2개인 일차방정식이다.

따라서 미지수가 2개인 일차방정식이 아닌 것은 ④이다.

**[3~6] 일차방정식의 해**

일차방정식을 참이 되게 하는 $x$, $y$의 값 또는 그 순서쌍 $(x, y)$

**3** 주어진 순서쌍의 $x$, $y$의 값을 $x-2y=3$에 각각 대입하면

① $-3-2\times(-3)=3$ ② $-1-2\times(-2)=3$

③ $3-2\times0=3$ ④ $4-2\times\dfrac{1}{2}=3$

⑤ $5-2\times(-1)\neq3$

따라서 $x-2y=3$의 해가 아닌 것은 ⑤이다.

**4** $x=-1$, $y=2$를 주어진 일차방정식에 각각 대입하면

① $-1+2\neq-1$ ② $-1-3\times2\neq7$

③ $-1+5\times2=9$ ④ $2\times(-1)+2\neq4$

⑤ $3\times(-1)-2\times2\neq-1$

따라서 $(-1, 2)$가 해가 되는 것은 ③이다.

**5** $x+3y=11$에 $y=1$, 2, 3, $\cdots$을 차례로 대입하여 $x$의 값도 자연수인 해를 구하면 $(8, 1)$, $(5, 2)$, $(2, 3)$이다.

**6** $2x+y=12$에 $x=1$, 2, 3, $\cdots$을 차례로 대입하여 $y$의 값도 자연수인 해를 구하면 $(1, 10)$, $(2, 8)$, $(3, 6)$, $(4, 4)$, $(5, 2)$의 5개이다.

**[7~10] 일차방정식의 한 해가 $(x_1, y_1)$이다.**

⇨ $x=x_1$, $y=y_1$을 일차방정식에 대입하면 등식이 성립한다.

**7** $x=-1$, $y=3$을 $x+ay=-7$에 대입하면

$-1+3a=-7$, $3a=-6$ $\therefore a=-2$

**8** $x=2$, $y=1$을 $ax+y=13$에 대입하면

$2a+1=13$, $2a=12$ $\therefore a=6$ $\cdots$ (i)

따라서 $y=7$을 $6x+y=13$에 대입하면

$6x+7=13$, $6x=6$ $\therefore x=1$ $\cdots$ (ii)

| 채점 기준 | 비율 |
|---|---|
| (i) $a$의 값 구하기 | 60 % |
| (ii) $y=7$일 때, $x$의 값 구하기 | 40 % |

**9** $x=4$, $y=a$를 $2x+y-10=0$에 대입하면

$8+a-10=0$ $\therefore a=2$

**10** $x=-2a$, $y=3a$를 $3x-5y=21$에 대입하면

$-6a-15a=21$, $-21a=21$ $\therefore a=-1$

**[11~16] 연립방정식의 해가 $(x_1, y_1)$이다.**

⇨ $x=x_1$, $y=y_1$을 두 일차방정식에 각각 대입하면 등식이 모두 성립한다.

**11** $x=1$, $y=-2$를 주어진 연립방정식에 각각 대입하면

① $\begin{cases} 1-2\times(-2)\neq2 \\ 3\times1-2\times(-2)\neq2 \end{cases}$ ② $\begin{cases} 4\times1-(-2)\neq2 \\ 3\times1-2\times(-2)=7 \end{cases}$

③ $\begin{cases} 2\times1+3\times(-2)=-4 \\ 1+(-2)\neq3 \end{cases}$ ④ $\begin{cases} 3\times1+(-2)=1 \\ 1-(-2)=3 \end{cases}$

⑤ $\begin{cases} 4\times1+(-2)=2 \\ 1-2\times(-2)\neq4 \end{cases}$

따라서 $x=1$, $y=-2$가 해인 것은 ④이다.

**12** $x=-1$, $y=4$를 주어진 연립방정식에 각각 대입하면

① $\begin{cases} 2\times(-1)-3\times4=-11 \\ -1-4=-5 \end{cases}$ ② $\begin{cases} -1+3\times4\neq10 \\ 2\times(-1)-3\times4\neq14 \end{cases}$

③ $\begin{cases} 5\times(-1)+4=-1 \\ 2\times(-1)+4=2 \end{cases}$ ④ $\begin{cases} 2\times(-1)+4=2 \\ 6\times(-1)+4\neq-10 \end{cases}$

⑤ $\begin{cases} -1+4=3 \\ 5\times(-1)-2\times4\neq3 \end{cases}$

따라서 해가 $(-1, 4)$인 것은 ③이다.

**13** $x=1$, $y=2$를 $x+ay=5$에 대입하면
$1+2a=5$, $2a=4$   $\therefore a=2$
$x=1$, $y=2$를 $bx-2y=3$에 대입하면
$b-4=3$   $\therefore b=7$
$\therefore a+b=2+7=9$

**14** $x=-1$, $y=5$를 $x+ay=4$에 대입하면
$-1+5a=4$, $5a=5$   $\therefore a=1$   $\cdots$(i)
$x=-1$, $y=5$를 $2x+by=13$에 대입하면
$-2+5b=13$, $5b=15$   $\therefore b=3$   $\cdots$(ii)
$\therefore ab=1\times3=3$   $\cdots$(iii)

| 채점 기준 | 비율 |
|---|---|
| (i) $a$의 값 구하기 | 40% |
| (ii) $b$의 값 구하기 | 40% |
| (iii) $ab$의 값 구하기 | 20% |

**15** $x=b$, $y=1$을 $3x+y=4$에 대입하면
$3b+1=4$, $3b=3$   $\therefore b=1$
따라서 $x=1$, $y=1$을 $x-ay=10$에 대입하면
$1-a=10$, $-a=9$   $\therefore a=-9$
$\therefore b-a=1-(-9)=10$

**16** $x=-3$, $y=b$를 $x-2y=1$에 대입하면
$-3-2b=1$, $-2b=4$   $\therefore b=-2$
따라서 $x=-3$, $y=-2$를 $ax+y=7$에 대입하면
$-3a-2=7$, $-3a=9$   $\therefore a=-3$
$\therefore a+b=-3+(-2)=-5$

## ⌒3 연립방정식의 풀이

유형**3**　　　　　　　　　　　P. 64

**1** $3y+9$, $-2$, $-2$, $3$, $3$, $-2$
**2** $-6y+10$, $-6y+10$, $1$, $1$, $4$, $4$, $1$
**3** (1) $x=-2$, $y=1$　　(2) $x=-11$, $y=-19$
　　(3) $x=3$, $y=-1$　　(4) $x=2$, $y=0$
　　(5) $x=2$, $y=4$　　(6) $x=9$, $y=2$
　　(7) $x=4$, $y=3$　　(8) $x=2$, $y=1$

**1** ㉠을 ㉡에 대입하면
$3(\boxed{3y+9})+4y=1$, $9y+27+4y=1$
$13y=-26$   $\therefore y=\boxed{-2}$
$y=\boxed{-2}$를 ㉠에 대입하면 $x=-6+9=\boxed{3}$
따라서 연립방정식의 해는 $x=\boxed{3}$, $y=\boxed{-2}$이다.

**2** ㉠에서 $x$를 $y$에 대한 식으로 나타내면
$x=\boxed{-6y+10}$   $\cdots$㉢
㉢을 ㉡에 대입하면
$3(\boxed{-6y+10})-5y=7$, $-18y+30-5y=7$
$-23y=-23$   $\therefore y=\boxed{1}$
$y=\boxed{1}$을 ㉢에 대입하면 $x=-6+10=\boxed{4}$
따라서 연립방정식의 해는 $x=\boxed{4}$, $y=\boxed{1}$이다.

**3** (1) $\begin{cases} x=y-3 & \cdots㉠ \\ x-3y=-5 & \cdots㉡ \end{cases}$
　　㉠을 ㉡에 대입하면 $(y-3)-3y=-5$
　　$-2y=-2$   $\therefore y=1$
　　$y=1$을 ㉠에 대입하면 $x=1-3=-2$
(2) $\begin{cases} 3x-2y=5 & \cdots㉠ \\ y=2x+3 & \cdots㉡ \end{cases}$
　　㉡을 ㉠에 대입하면 $3x-2(2x+3)=5$
　　$-x=11$   $\therefore x=-11$
　　$x=-11$을 ㉡에 대입하면 $y=-22+3=-19$
(3) $\begin{cases} x-3y=6 & \cdots㉠ \\ 3x+4y=5 & \cdots㉡ \end{cases}$
　　㉠에서 $x$를 $y$에 대한 식으로 나타내면
　　$x=3y+6$   $\cdots$㉢
　　㉢을 ㉡에 대입하면 $3(3y+6)+4y=5$
　　$13y=-13$   $\therefore y=-1$
　　$y=-1$을 ㉢에 대입하면 $x=-3+6=3$
(4) $\begin{cases} 2x-3y=4 & \cdots㉠ \\ 4x-y=8 & \cdots㉡ \end{cases}$
　　㉡에서 $y$를 $x$에 대한 식으로 나타내면
　　$y=4x-8$   $\cdots$㉢
　　㉢을 ㉠에 대입하면 $2x-3(4x-8)=4$
　　$-10x=-20$   $\therefore x=2$
　　$x=2$를 ㉢에 대입하면 $y=8-8=0$
(5) $\begin{cases} y=x+2 & \cdots㉠ \\ y=3x-2 & \cdots㉡ \end{cases}$
　　㉠을 ㉡에 대입하면 $x+2=3x-2$
　　$-2x=-4$   $\therefore x=2$
　　$x=2$를 ㉠에 대입하면 $y=2+2=4$
(6) $\begin{cases} x=2y+5 & \cdots㉠ \\ x=5y-1 & \cdots㉡ \end{cases}$
　　㉠을 ㉡에 대입하면 $2y+5=5y-1$
　　$-3y=-6$   $\therefore y=2$
　　$y=2$를 ㉠에 대입하면 $x=4+5=9$

(7) $\begin{cases} 2x=3y-1 & \cdots \text{㉠} \\ 2x=11-y & \cdots \text{㉡} \end{cases}$

㉠을 ㉡에 대입하면 $3y-1=11-y$

$4y=12$ $\quad \therefore y=3$

$y=3$을 ㉠에 대입하면 $2x=8$ $\quad \therefore x=4$

(8) $\begin{cases} 3y=2x-1 & \cdots \text{㉠} \\ 3y=5-x & \cdots \text{㉡} \end{cases}$

㉠을 ㉡에 대입하면 $2x-1=5-x$

$3x=6$ $\quad \therefore x=2$

$x=2$를 ㉠에 대입하면 $3y=3$ $\quad \therefore y=1$

## 유형 4
P. 65

**1** 뺀다, $-$, $-2$, $3$, $3$, $3$, $3$, $3$

**2** $2$, 더한다, $+$, $17$, $2$, $2$, $2$, $2$, $2$

**3** (1) $x=1, y=-2$   (2) $x=-1, y=\dfrac{3}{2}$

(3) $x=-10, y=-6$   (4) $x=0, y=1$

(5) $x=-1, y=-1$   (6) $x=3, y=2$

(7) $x=0, y=-4$   (8) $x=-2, y=2$

**1** $x$의 계수의 절댓값이 같으므로

$x$를 없애기 위해 ㉠, ㉡을 변끼리 $\boxed{뺀다}$.

$\begin{array}{r} x-4y=-9 \\ \boxed{-})\,\, x-2y=-3 \\ \hline \boxed{-2}y=-6 \end{array}$ $\quad \therefore y=\boxed{3}$

$y=\boxed{3}$을 ㉠에 대입하면 $x-12=-9$ $\quad \therefore x=\boxed{3}$

따라서 연립방정식의 해는 $x=\boxed{3}$, $y=\boxed{3}$이다.

**2** $y$를 없애기 위해 $y$의 계수의 절댓값이 같아지도록

㉠$\times 3$, ㉡$\times \boxed{2}$를 한 후 변끼리 $\boxed{더한다}$.

$\begin{array}{r} 9x+6y=30 \\ \boxed{+})\,\, 8x-6y=4 \\ \hline \boxed{17}x=34 \end{array}$ $\quad \therefore x=\boxed{2}$

$x=\boxed{2}$를 ㉠에 대입하면 $6+2y=10$

$2y=4$ $\quad \therefore y=\boxed{2}$

따라서 연립방정식의 해는 $x=\boxed{2}$, $y=\boxed{2}$이다.

**3** (1) $\begin{cases} x+3y=-5 & \cdots \text{㉠} \\ x-y=3 & \cdots \text{㉡} \end{cases}$

㉠$-$㉡을 하면 $4y=-8$ $\quad \therefore y=-2$

$y=-2$를 ㉡에 대입하면 $x+2=3$ $\quad \therefore x=1$

(2) $\begin{cases} x+2y=2 & \cdots \text{㉠} \\ 3x-2y=-6 & \cdots \text{㉡} \end{cases}$

㉠$+$㉡을 하면 $4x=-4$ $\quad \therefore x=-1$

$x=-1$을 ㉠에 대입하면 $-1+2y=2$

$2y=3$ $\quad \therefore y=\dfrac{3}{2}$

(3) $\begin{cases} 4x-5y=-10 & \cdots \text{㉠} \\ -3x+5y=0 & \cdots \text{㉡} \end{cases}$

㉠$+$㉡을 하면 $x=-10$

$x=-10$을 ㉡에 대입하면 $30+5y=0$

$5y=-30$ $\quad \therefore y=-6$

(4) $\begin{cases} x-y=-1 & \cdots \text{㉠} \\ 2x+3y=3 & \cdots \text{㉡} \end{cases}$

㉠$\times 3+$㉡을 하면

$5x=0$ $\quad \therefore x=0$

$x=0$을 ㉠에 대입하면

$-y=-1$ $\quad \therefore y=1$

$\begin{array}{r} 3x-3y=-3 \\ +)\,\, 2x+3y=3 \\ \hline 5x\phantom{+3y}=0 \end{array}$

(5) $\begin{cases} 9x-4y=-5 & \cdots \text{㉠} \\ x+2y=-3 & \cdots \text{㉡} \end{cases}$

㉠$+$㉡$\times 2$를 하면

$11x=-11$ $\quad \therefore x=-1$

$x=-1$을 ㉡에 대입하면

$-1+2y=-3$, $2y=-2$ $\quad \therefore y=-1$

$\begin{array}{r} 9x-4y=-5 \\ +)\,\, 2x+4y=-6 \\ \hline 11x\phantom{+4y}=-11 \end{array}$

(6) $\begin{cases} x-y=1 & \cdots \text{㉠} \\ 2x+5y=16 & \cdots \text{㉡} \end{cases}$

㉠$\times 5+$㉡을 하면

$7x=21$ $\quad \therefore x=3$

$x=3$을 ㉠에 대입하면

$3-y=1$ $\quad \therefore y=2$

$\begin{array}{r} 5x-5y=5 \\ +)\,\, 2x+5y=16 \\ \hline 7x\phantom{+5y}=21 \end{array}$

(7) $\begin{cases} 5x-3y=12 & \cdots \text{㉠} \\ 3x+2y=-8 & \cdots \text{㉡} \end{cases}$

㉠$\times 2+$㉡$\times 3$을 하면

$19x=0$ $\quad \therefore x=0$

$x=0$을 대입하면

$-3y=12$ $\quad \therefore y=-4$

$\begin{array}{r} 10x-6y=24 \\ +)\,\, 9x+6y=-24 \\ \hline 19x\phantom{+6y}=0 \end{array}$

(8) $\begin{cases} 5x+7y=4 & \cdots \text{㉠} \\ 3x+4y=2 & \cdots \text{㉡} \end{cases}$

㉠$\times 3-$㉡$\times 5$를 하면

$y=2$

$y=2$를 ㉡에 대입하면

$3x+8=2$, $3x=-6$ $\quad \therefore x=-2$

$\begin{array}{r} 15x+21y=12 \\ -)\,\, 15x+20y=10 \\ \hline y=2 \end{array}$

## 유형 5
P. 66

**1** (1) $6$, $3$, $2$

(2) $x=1, y=-3$   (3) $x=2, y=7$

**2** (1) $2$, $4$, $2$, $-1$, $2$

(2) $x=4, y=2$   (3) $x=2, y=-2$

**3** (1) $4$, $3$, $3$, $2$, $2$, $2$

(2) $x=1, y=2$   (3) $x=-\dfrac{1}{3}, y=-2$

**4** (1) $4$, $7$, $3$, $4$, $2$, $\dfrac{5}{4}$

(2) $x=-3, y=\dfrac{1}{2}$

**1**

(1) $\begin{cases} 2x+y=8 \\ 3x-2(x-3y)=15 \end{cases}$ 를 정리하면

$\begin{cases} 2x+y=8 & \cdots ㉠ \\ x+\boxed{6}y=15 & \cdots ㉡ \end{cases}$

㉠$-$㉡$\times 2$를 하면 $-11y=-22$ $\quad \therefore y=\boxed{2}$

$y=2$를 ㉡에 대입하면

$x+12=15$ $\quad \therefore x=\boxed{3}$

(2) $\begin{cases} 3(x-y)+2y=6 \\ 2x-(x-y)=-2 \end{cases}$ 를 정리하면 $\begin{cases} 3x-y=6 & \cdots ㉠ \\ x+y=-2 & \cdots ㉡ \end{cases}$

㉠$+$㉡을 하면 $4x=4$ $\quad \therefore x=1$

$x=1$을 ㉡에 대입하면 $1+y=-2$ $\quad \therefore y=-3$

(3) $\begin{cases} y=2(x+1)+1 \\ 3(x+y)-4y=-1 \end{cases}$ 을 정리하면

$\begin{cases} y=2x+3 & \cdots ㉠ \\ 3x-y=-1 & \cdots ㉡ \end{cases}$

㉠을 ㉡에 대입하면 $3x-(2x+3)=-1$

$x-3=-1$ $\quad \therefore x=2$

$x=2$를 ㉠에 대입하면 $y=4+3=7$

**2**

(1) $\begin{cases} 0.2x+0.4y=0.6 & \cdots ㉠ \\ 0.2x-0.1y=-0.4 & \cdots ㉡ \end{cases}$

㉠$\times 10$, ㉡$\times 10$을 하면 $\begin{cases} \boxed{2}x+\boxed{4}y=6 & \cdots ㉢ \\ \boxed{2}x-y=-4 & \cdots ㉣ \end{cases}$

㉢$-$㉣을 하면 $5y=10$ $\quad \therefore y=\boxed{2}$

$y=2$를 ㉣에 대입하면 $2x-2=-4$

$2x=-2$ $\quad \therefore x=\boxed{-1}$

(2) $\begin{cases} 0.3x-0.4y=0.4 & \cdots ㉠ \\ 0.2x+0.3y=1.4 & \cdots ㉡ \end{cases}$

㉠$\times 10$, ㉡$\times 10$을 하면 $\begin{cases} 3x-4y=4 & \cdots ㉢ \\ 2x+3y=14 & \cdots ㉣ \end{cases}$

㉢$\times 2-$㉣$\times 3$을 하면 $-17y=-34$ $\quad \therefore y=2$

$y=2$를 ㉢에 대입하면 $3x-8=4$

$3x=12$ $\quad \therefore x=4$

(3) $\begin{cases} x+0.4y=1.2 & \cdots ㉠ \\ 0.2x-0.3y=1 & \cdots ㉡ \end{cases}$

㉠$\times 10$, ㉡$\times 10$을 하면 $\begin{cases} 10x+4y=12 & \cdots ㉢ \\ 2x-3y=10 & \cdots ㉣ \end{cases}$

㉢$-$㉣$\times 5$를 하면 $19y=-38$ $\quad \therefore y=-2$

$y=-2$를 ㉣에 대입하면 $2x+6=10$

$2x=4$ $\quad \therefore x=2$

**3**

(1) $\begin{cases} \dfrac{x}{3}+\dfrac{y}{4}=\dfrac{7}{6} & \cdots ㉠ \\ \dfrac{x}{2}-\dfrac{y}{3}=\dfrac{1}{3} & \cdots ㉡ \end{cases}$

㉠$\times 12$, ㉡$\times 6$을 하면 $\begin{cases} \boxed{4}x+\boxed{3}y=14 & \cdots ㉢ \\ \boxed{3}x-\boxed{2}y=2 & \cdots ㉣ \end{cases}$

㉢$\times 2+$㉣$\times 3$을 하면 $17x=34$ $\quad \therefore x=\boxed{2}$

$x=2$를 ㉢에 대입하면 $8+3y=14$

$3y=6$ $\quad \therefore y=\boxed{2}$

(2) $\begin{cases} \dfrac{1}{3}x-\dfrac{1}{5}y=-\dfrac{1}{15} & \cdots ㉠ \\ 2x-\dfrac{1}{2}y=1 & \cdots ㉡ \end{cases}$

㉠$\times 15$, ㉡$\times 2$를 하면 $\begin{cases} 5x-3y=-1 & \cdots ㉢ \\ 4x-y=2 & \cdots ㉣ \end{cases}$

㉢$-$㉣$\times 3$을 하면 $-7x=-7$ $\quad \therefore x=1$

$x=1$을 ㉣에 대입하면 $4-y=2$ $\quad \therefore y=2$

(3) $\begin{cases} \dfrac{6x-5}{7}=\dfrac{1}{2}y & \cdots ㉠ \\ -\dfrac{1}{4}x+\dfrac{1}{8}y=-\dfrac{1}{6} & \cdots ㉡ \end{cases}$

㉠$\times 14$, ㉡$\times 24$를 하면 $\begin{cases} 2(6x-5)=7y \\ -6x+3y=-4 \end{cases}$

즉, $\begin{cases} 12x-7y=10 & \cdots ㉢ \\ -6x+3y=-4 & \cdots ㉣ \end{cases}$

㉢$+$㉣$\times 2$를 하면 $-y=2$ $\quad \therefore y=-2$

$y=-2$를 ㉣에 대입하면 $-6x-6=-4$

$-6x=2$ $\quad \therefore x=-\dfrac{1}{3}$

**4**

(1) $\begin{cases} 0.1x+0.4y=0.7 & \cdots ㉠ \\ \dfrac{1}{2}x-\dfrac{2}{3}y=\dfrac{1}{6} & \cdots ㉡ \end{cases}$

㉠$\times 10$, ㉡$\times 6$을 하면 $\begin{cases} x+\boxed{4}y=\boxed{7} & \cdots ㉢ \\ \boxed{3}x-\boxed{4}y=1 & \cdots ㉣ \end{cases}$

㉢$+$㉣을 하면 $4x=8$ $\quad \therefore x=\boxed{2}$

$x=2$를 ㉢에 대입하면 $2+4y=7$

$4y=5$ $\quad \therefore y=\boxed{\dfrac{5}{4}}$

(2) $\begin{cases} 0.4(x+y)+0.2y=-0.9 & \cdots ㉠ \\ \dfrac{1}{3}x+\dfrac{2}{5}y=-\dfrac{4}{5} & \cdots ㉡ \end{cases}$

㉠$\times 10$, ㉡$\times 15$를 하면 $\begin{cases} 4(x+y)+2y=-9 \\ 5x+6y=-12 \end{cases}$

즉, $\begin{cases} 4x+6y=-9 & \cdots ㉢ \\ 5x+6y=-12 & \cdots ㉣ \end{cases}$

㉢$-$㉣을 하면 $-x=3$ $\quad \therefore x=-3$

$x=-3$을 ㉢에 대입하면 $-12+6y=-9$

$6y=3$ $\quad \therefore y=\dfrac{1}{2}$

유형 **6**        **P. 67**

**1** (1) ① $x+2y$ ② 6 ③ $x+2y$ (2) $x=6$, $y=0$

**2** (1) $x=-1$, $y=2$ (2) $x=1$, $y=-1$

(3) $x=7$, $y=1$

**3** (1) 해가 무수히 많다. (2) 해가 무수히 많다.

(3) 해가 없다. (4) 해가 없다.

**4** $-9$, $-12$, $-9$

**1** 

(1) ① $\begin{cases} x-y=\boxed{x+2y} \\ x-y=6 \end{cases}$

② $\begin{cases} x-y=x+2y \\ x+2y=\boxed{6} \end{cases}$

③ $\begin{cases} x-y=6 \\ \boxed{x+2y}=6 \end{cases}$

(2) ③ $\begin{cases} x-y=6 & \cdots \text{㉠} \\ x+2y=6 & \cdots \text{㉡} \end{cases}$

㉠$-$㉡을 하면 $-3y=0$ $\therefore y=0$

$y=0$을 ㉠에 대입하면 $x=6$

참고 세 연립방정식 ①, ②, ③의 해는 모두 같으므로 ①, ②, ③ 중 계산이 가장 간단한 것을 선택하여 푼다. 이때 우변이 모두 상수인 ③을 푸는 것이 가장 간단하다.

**2**

(1) 주어진 방정식을 연립방정식으로 나타내면

$\begin{cases} 3x+2y=1 & \cdots \text{㉠} \\ -3x-y=1 & \cdots \text{㉡} \end{cases}$

㉠$+$㉡을 하면 $y=2$

$y=2$를 ㉠에 대입하면 $3x+4=1$

$3x=-3$ $\therefore x=-1$

(2) 주어진 방정식을 연립방정식으로 나타내면

$\begin{cases} 4(x+2y)=-x+3y \\ -x+3y=2x-y-7 \end{cases}$, 즉 $\begin{cases} x=-y & \cdots \text{㉠} \\ 3x-4y=7 & \cdots \text{㉡} \end{cases}$

㉠을 ㉡에 대입하면 $-3y-4y=7$

$-7y=7$ $\therefore y=-1$

$y=-1$을 ㉠에 대입하면 $x=1$

(3) 주어진 방정식을 연립방정식으로 나타내면

$\begin{cases} \dfrac{x+2y+3}{4}=3 & \cdots \text{㉠} \\ \dfrac{x-y}{2}=3 & \cdots \text{㉡} \end{cases}$

㉠$\times4$, ㉡$\times2$를 하면 $\begin{cases} x+2y+3=12 \\ x-y=6 \end{cases}$

즉, $\begin{cases} x+2y=9 & \cdots \text{㉢} \\ x-y=6 & \cdots \text{㉣} \end{cases}$

㉢$-$㉣을 하면 $3y=3$ $\therefore y=1$

$y=1$을 ㉣에 대입하면 $x-1=6$ $\therefore x=7$

**3**

(1) $\begin{cases} 5x+10y=-15 & \cdots \text{㉠} \\ x+2y=-3 & \cdots \text{㉡} \end{cases}$

㉡$\times5$를 하면 $5x+10y=-15$ $\cdots \text{㉢}$

이때 ㉠과 ㉢이 일치하므로 해가 무수히 많다.

(2) $\begin{cases} 3x+2y=5 & \cdots \text{㉠} \\ 6x+4y=10 & \cdots \text{㉡} \end{cases}$

㉠$\times2$를 하면 $6x+4y=10$ $\cdots \text{㉢}$

이때 ㉡과 ㉢이 일치하므로 해가 무수히 많다.

(3) $\begin{cases} x+y=1 & \cdots \text{㉠} \\ x+y=3 & \cdots \text{㉡} \end{cases}$

이때 ㉠과 ㉡에서 $x$, $y$의 계수는 각각 같고, 상수항은 다르므로 해가 없다.

(4) $\begin{cases} x-y=-2 & \cdots \text{㉠} \\ -2x+2y=-4 & \cdots \text{㉡} \end{cases}$

㉠$\times(-2)$를 하면 $-2x+2y=4$ $\cdots \text{㉢}$

이때 ㉡과 ㉢에서 $x$, $y$의 계수는 각각 같고, 상수항은 다르므로 해가 없다.

**4** $\begin{cases} 3x-y=4 & \cdots \text{㉠} \\ ax+3y=-12 & \cdots \text{㉡} \end{cases}$

$y$의 계수가 같아지도록 ㉠$\times(-3)$을 하면

$\boxed{-9}x+3y=\boxed{-12}$ $\cdots \text{㉢}$

이때 해가 무수히 많으려면 ㉡과 ㉢이 일치해야 하므로

$a=\boxed{-9}$

---

쌍둥이 **기출문제** P. 68~70

**1** $3y+2$, $-\dfrac{1}{5}$, $-\dfrac{1}{5}$, $-\dfrac{1}{5}$, $\dfrac{7}{5}$, $\dfrac{7}{5}$, $-\dfrac{1}{5}$  **2** 7

**3** ②  **4** ⑤  **5** ④  **6** $-7$  **7** $-1$

**8** 4  **9** $-1$  **10** 7  **11** $-1$  **12** 0

**13** $x=\dfrac{5}{2}$, $y=1$  **14** $x=-1$, $y=2$  **15** ②

**16** $x=-3$, $y=-5$  **17** $x=13$, $y=7$  **18** ⑤

**19** ⑤  **20** ⑤  **21** $a=4$, $b=-5$  **22** $-3$

**23** 2  **24** ③

**[1~6] 연립방정식의 풀이**

· 대입법: ❶ 한 방정식을 '$x=\sim$' 또는 '$y=\sim$' 꼴로 나타낸다.

　　　　 ❷ ❶의 식을 다른 방정식에 대입한다.

· 가감법: ❶ 한 미지수의 계수의 절댓값을 같게 만든다.

　　　　 ❷ 계수의 부호가 같으면 변끼리 빼고, 다르면 변끼리 더한다.

**1** ㉠을 ㉡에 대입하면

$2(\boxed{3y+2})-y=3$, $5y=-1$ $\therefore y=\boxed{-\dfrac{1}{5}}$

$y=-\dfrac{1}{5}$을 ㉠에 대입하면

$x=3\times\left(\boxed{-\dfrac{1}{5}}\right)+2=\boxed{\dfrac{7}{5}}$

따라서 연립방정식의 해는 $x=\boxed{\dfrac{7}{5}}$, $y=\boxed{-\dfrac{1}{5}}$이다.

**2** ㉠을 ㉡에 대입하면

$5(2y+4)-3y=6$, $7y=-14$

$\therefore a=7$

**3** $y$를 없애려면 $y$의 계수의 절댓값을 같게 만들어야 한다.

즉, ㉠$\times3+$㉡$\times2$를 하면 $17x=51$이 되어 $y$가 없어진다.

**4** $x$를 없애려면 $x$의 계수의 절댓값을 같게 만들어야 한다.
즉, ㉠×5−㉡×3을 하면 $-29y=-58$이 되어 $x$가 없어진다.

**5** $\begin{cases} x+y=5 & \cdots ㉠ \\ x-y=3 & \cdots ㉡ \end{cases}$
㉠+㉡을 하면 $2x=8$ $\quad \therefore x=4$
$x=4$를 ㉠에 대입하면 $4+y=5$ $\quad \therefore y=1$

**6** $\begin{cases} 4x+y=2 & \cdots ㉠ \\ 7x+2y=5 & \cdots ㉡ \end{cases}$
㉠×2−㉡을 하면 $x=-1$
$x=-1$을 ㉠에 대입하면 $-4+y=2$ $\quad \therefore y=6$
따라서 $a=-1$, $b=6$이므로
$a-b=-1-6=-7$

**[7~8]** 세 일차방정식이 주어진 경우
❶ 세 일차방정식 중 계수와 상수항이 모두 주어진 두 일차방정식으로 연립방정식을 세운 후 해를 구한다.
❷ ❶의 해를 나머지 일차방정식에 대입하여 상수의 값을 구한다.

**7** 주어진 연립방정식의 해는 세 방정식을 모두 만족시키므로
연립방정식 $\begin{cases} x-y=6 & \cdots ㉠ \\ 2x+y=-3 & \cdots ㉡ \end{cases}$의 해와 같다.
㉠+㉡을 하면 $3x=3$ $\quad \therefore x=1$
$x=1$을 ㉠에 대입하면 $1-y=6$ $\quad \therefore y=-5$
따라서 $x=1$, $y=-5$를 $ax-3y=14$에 대입하면
$a+15=14$ $\quad \therefore a=-1$

**8** 주어진 연립방정식의 해는 세 방정식을 모두 만족시키므로
연립방정식 $\begin{cases} x-2y=-1 & \cdots ㉠ \\ 3x-4y=-7 & \cdots ㉡ \end{cases}$의 해와 같다.
㉠×2−㉡을 하면 $-x=5$ $\quad \therefore x=-5$
$x=-5$를 ㉠에 대입하면 $-5-2y=-1$
$-2y=4$ $\quad \therefore y=-2$
따라서 $x=-5$, $y=-2$를 $x-ay=3$에 대입하면
$-5+2a=3$, $2a=8$ $\quad \therefore a=4$

**[9~10]** 연립방정식의 해의 조건이 주어진 경우
❶ 주어진 해의 조건을 식으로 나타낸다.
❷ 연립방정식 중 계수와 상수항이 모두 주어진 일차방정식과 ❶의 식으로 연립방정식을 세운 후 해를 구한다.
❸ ❷의 해를 나머지 일차방정식에 대입하여 상수의 값을 구한다.

**9** $y$의 값이 $x$의 값의 2배이므로 $y=2x$
$\begin{cases} y=2x & \cdots ㉠ \\ x-y=-1 & \cdots ㉡ \end{cases}$
㉠을 ㉡에 대입하면 $x-2x=-1$
$-x=-1$ $\quad \therefore x=1$
$x=1$을 ㉠에 대입하면 $y=2$
따라서 $x=1$, $y=2$를 $2x+3y=9+a$에 대입하면
$2+6=9+a$ $\quad \therefore a=-1$

**10** $x$의 값이 $y$의 값이 3배이므로 $x=3y$
$\begin{cases} x=3y & \cdots ㉠ \\ 2x+y=21 & \cdots ㉡ \end{cases}$
㉠을 ㉡에 대입하면 $6y+y=21$
$7y=21$ $\quad \therefore y=3$
$y=3$을 ㉠에 대입하면 $x=9$
따라서 $x=9$, $y=3$을 $x+2y=a+8$에 대입하면
$9+6=a+8$ $\quad \therefore a=7$

**[11~12]** 두 연립방정식의 해가 서로 같은 경우
❶ 네 일차방정식 중 계수와 상수항이 모두 주어진 두 일차방정식으로 연립방정식을 세운 후 해를 구한다.
❷ ❶의 해를 나머지 두 일차방정식에 각각 대입하여 상수의 값을 구한다.

**11** 두 연립방정식
$\begin{cases} 3x+y=-9 & \cdots ㉠ \\ x-2y=a & \cdots ㉡ \end{cases}$, $\begin{cases} bx+y=7 & \cdots ㉢ \\ 2x-3y=5 & \cdots ㉣ \end{cases}$의 해가 서로 같으므로 ㉠, ㉡, ㉢, ㉣ 중 어느 두 방정식을 연립하여 풀어도 해는 같다.
따라서 계수나 상수항이 미지수가 아닌 ㉠과 ㉣을 연립방정식으로 나타내면
$\begin{cases} 3x+y=-9 & \cdots ㉠ \\ 2x-3y=5 & \cdots ㉣ \end{cases}$
㉠×3+㉣을 하면 $11x=-22$ $\quad \therefore x=-2$
$x=-2$를 ㉠에 대입하면 $-6+y=-9$ $\quad \therefore y=-3$
$x=-2$, $y=-3$을 ㉡에 대입하면
$-2+6=a$ $\quad \therefore a=4$
$x=-2$, $y=-3$을 ㉢에 대입하면
$-2b-3=7$, $-2b=10$ $\quad \therefore b=-5$
$\therefore a+b=4+(-5)=-1$

**12** 두 연립방정식
$\begin{cases} 3x+2y=6 & \cdots ㉠ \\ ax-y=5 & \cdots ㉡ \end{cases}$, $\begin{cases} y=-2x+5 & \cdots ㉢ \\ 3x-by=9 & \cdots ㉣ \end{cases}$의 해가 서로 같으므로 ㉠과 ㉢을 연립방정식으로 나타내면
$\begin{cases} 3x+2y=6 & \cdots ㉠ \\ y=-2x+5 & \cdots ㉢ \end{cases}$
㉢을 ㉠에 대입하면 $3x+2(-2x+5)=6$
$-x+10=6$ $\quad \therefore x=4$
$x=4$를 ㉢에 대입하면 $y=-8+5=-3$
$x=4$, $y=-3$을 ㉡에 대입하면
$4a+3=5$, $4a=2$ $\quad \therefore a=\dfrac{1}{2}$
$x=4$, $y=-3$을 ㉣에 대입하면
$12+3b=9$, $3b=-3$ $\quad \therefore b=-1$
$\therefore 2a+b=2\times\dfrac{1}{2}+(-1)=0$

**[13~16]** 여러 가지 연립방정식의 풀이
괄호가 있으면 분배법칙을 이용하여 괄호를 풀고, 계수가 소수이거나 분수이면 양변에 적당한 수를 곱하여 계수를 정수로 고쳐서 푼다.

**13** $\begin{cases} 2(x-y)+4y=7 \\ x+3(x-2y)=4 \end{cases}$ 를 정리하면

$\begin{cases} 2x+2y=7 & \cdots \text{㉠} \\ 4x-6y=4 & \cdots \text{㉡} \end{cases}$

㉠×2−㉡을 하면 $10y=10$ $\therefore y=1$

$y=1$을 ㉠에 대입하면 $2x+2=7$

$2x=5$ $\therefore x=\dfrac{5}{2}$

**14** $\begin{cases} -3(x-2y)+1=-8x+8 \\ 2x-(x-3y)=y+3 \end{cases}$ 을 정리하면

$\begin{cases} 5x+6y=7 & \cdots \text{㉠} \\ x+2y=3 & \cdots \text{㉡} \end{cases}$

㉠−㉡×3을 하면 $2x=-2$ $\therefore x=-1$

$x=-1$을 ㉡에 대입하면 $-1+2y=3$

$2y=4$ $\therefore y=2$

**15** $\begin{cases} \dfrac{1}{4}x+\dfrac{1}{3}y=\dfrac{1}{2} & \cdots \text{㉠} \\ 0.3x+0.2y=0.4 & \cdots \text{㉡} \end{cases}$

㉠×12, ㉡×10을 하면 $\begin{cases} 3x+4y=6 & \cdots \text{㉢} \\ 3x+2y=4 & \cdots \text{㉣} \end{cases}$

㉢−㉣을 하면 $2y=2$ $\therefore y=1$

$y=1$을 ㉣에 대입하면 $3x+2=4$

$3x=2$ $\therefore x=\dfrac{2}{3}$

**16** $\begin{cases} 0.3x-0.4y=1.1 & \cdots \text{㉠} \\ \dfrac{1}{2}x-\dfrac{1}{3}y=\dfrac{1}{6} & \cdots \text{㉡} \end{cases}$

㉠×10, ㉡×6을 하면 $\begin{cases} 3x-4y=11 & \cdots \text{㉢} \\ 3x-2y=1 & \cdots \text{㉣} \end{cases}$ … (i)

㉢−㉣을 하면 $-2y=10$ $\therefore y=-5$

$y=-5$를 ㉣에 대입하면 $3x+10=1$

$3x=-9$ $\therefore x=-3$ … (ii)

| 채점 기준 | 비율 |
|---|---|
| (i) 연립방정식의 계수를 정수로 고치기 | 40 % |
| (ii) 연립방정식의 해 구하기 | 60 % |

**[17~18]** $A=B=C$ 꼴의 방정식의 풀이

세 연립방정식 $\begin{cases} A=B \\ A=C \end{cases}, \begin{cases} A=B \\ B=C \end{cases}, \begin{cases} A=C \\ B=C \end{cases}$ 중 가장 간단한 것을 선택하여 푼다.

**17** 주어진 방정식을 연립방정식으로 나타내면

$\begin{cases} 3x-y-5=x+2y & \cdots \text{㉠} \\ 4x-3y-4=x+2y & \cdots \text{㉡} \end{cases}$

㉠, ㉡을 정리하면 $\begin{cases} 2x-3y=5 & \cdots \text{㉢} \\ 3x-5y=4 & \cdots \text{㉣} \end{cases}$

㉢×3−㉣×2를 하면 $y=7$

$y=7$을 ㉢에 대입하면 $2x-21=5$

$2x=26$ $\therefore x=13$

**18** 주어진 방정식을 연립방정식으로 나타내면

$\begin{cases} \dfrac{3x+y}{4}=5 & \cdots \text{㉠} \\ 2x-y=5 & \cdots \text{㉡} \end{cases}$

㉠×4를 하면 $3x+y=20$ $\cdots \text{㉢}$

㉡+㉢을 하면 $5x=25$ $\therefore x=5$

$x=5$를 ㉡에 대입하면

$10-y=5$ $\therefore y=5$

**[19~24]** 해가 특수한 연립방정식의 풀이

• 해가 무수히 많은 연립방정식: 한 일차방정식의 양변에 적당한 수를 곱했을 때, $x, y$의 계수와 상수항이 각각 같다.

• 해가 없는 연립방정식: 한 일차방정식의 양변에 적당한 수를 곱했을 때, $x, y$의 계수는 각각 같고, 상수항은 다르다.

**19** 각 연립방정식에서 두 일차방정식의 $x$의 계수 또는 $y$의 계수를 같게 하면

① $\begin{cases} 4x+2y=14 \\ x+2y=8 \end{cases}$ ② $\begin{cases} 3x-3y=-9 \\ 3x-3y=-6 \end{cases}$

③ $\begin{cases} -3x+y=-5 \\ 2x+y=6 \end{cases}$ ④ $\begin{cases} 2x+y=8 \\ 2x-2y=8 \end{cases}$

⑤ $\begin{cases} 2x+6y=10 \\ 2x+6y=10 \end{cases}$

따라서 해가 무수히 많은 연립방정식은 두 일차방정식이 일치하는 연립방정식이므로 ⑤이다.

**20** 각 연립방정식에서 두 일차방정식의 $x$의 계수 또는 $y$의 계수를 같게 하면

① $\begin{cases} 5x-5y=10 \\ x-5y=10 \end{cases}$ ② $\begin{cases} 3x+9y=0 \\ 3x+y=0 \end{cases}$

③ $\begin{cases} 2x+2y=2 \\ 2x+2y=2 \end{cases}$ ④ $\begin{cases} 2x-4y=2 \\ 3x-4y=5 \end{cases}$

⑤ $\begin{cases} 3x+6y=9 \\ 3x+6y=6 \end{cases}$

따라서 해가 없는 연립방정식은 두 일차방정식의 $x, y$의 계수는 각각 같고, 상수항은 다른 연립방정식이므로 ⑤이다.

**21** $\begin{cases} ax+2y=-10 & \cdots \text{㉠} \\ 2x+y=b & \cdots \text{㉡} \end{cases}$

㉡×2를 하면 $4x+2y=2b$ $\cdots \text{㉢}$

이때 해가 무수히 많으려면 ㉠과 ㉢이 일치해야 하므로

$a=4$, $-10=2b$

$\therefore a=4$, $b=-5$

**22** $\begin{cases} -2x+ay=1 & \cdots \text{㉠} \\ 6x-3y=b & \cdots \text{㉡} \end{cases}$

㉠×(−3)을 하면 $6x-3ay=-3$ $\cdots \text{㉢}$

이때 해가 무수히 많으려면 ㉡과 ㉢이 일치해야 하므로

$-3=-3a$, $b=-3$

$\therefore a=1$, $b=-3$

$\therefore ab=1\times(-3)=-3$

**23**
$$\begin{cases} x+2y=3 & \cdots \text{㉠} \\ ax+4y=5 & \cdots \text{㉡} \end{cases}$$
㉠×2를 하면 $2x+4y=6$ $\cdots$ ㉢
이때 해가 없으려면 ㉡과 ㉢의 $x$, $y$의 계수는 각각 같고, 상수항은 달라야 하므로
$a=2$

**24**
$$\begin{cases} 3x-2y=6 & \cdots \text{㉠} \\ -12x+8y=-4a & \cdots \text{㉡} \end{cases}$$
㉠×(-4)를 하면 $-12x+8y=-24$ $\cdots$ ㉢
이때 해가 없으려면 ㉡과 ㉢의 $x$, $y$의 계수는 각각 같고, 상수항은 달라야 하므로
$-4a \neq -24$ $\quad \therefore a \neq 6$
따라서 $a$의 값이 될 수 없는 것은 ③이다.

# 4 연립방정식의 활용

**유형 7**
P. 71~72

**1** (1) $\begin{cases} x+y=64 \\ x-y=38 \end{cases}$ (2) $x=51$, $y=13$ (3) 51

**2** (1) 표는 풀이 참조, $\begin{cases} x+y=13 \\ 10y+x=(10x+y)-27 \end{cases}$
(2) $x=8$, $y=5$ (3) 85

**3** (1) $\begin{cases} x+y=15 \\ 500x+300y=5900 \end{cases}$
(2) $x=7$, $y=8$ (3) 어른: 7명, 학생: 8명

**4** (1) $\begin{cases} x+y=46 \\ x+16=2(y+16) \end{cases}$
(2) $x=36$, $y=10$ (3) 아버지: 36세, 아들: 10세

**5** (1) $\begin{cases} 3x-y=20 \\ 3y-x=4 \end{cases}$ (2) $x=8$, $y=4$ (3) 8회

**1** (1) 두 자연수 $x$, $y$의 합이 64이므로
$x+y=64$
두 자연수 $x$, $y$의 차가 38이고, $x>y$이므로
$x-y=38$
따라서 연립방정식을 세우면 $\begin{cases} x+y=64 \\ x-y=38 \end{cases}$
(2) $\begin{cases} x+y=64 & \cdots \text{㉠} \\ x-y=38 & \cdots \text{㉡} \end{cases}$
㉠+㉡을 하면 $2x=102$ $\quad \therefore x=51$
$x=51$을 ㉠에 대입하면 $51+y=64$ $\quad \therefore y=13$
(3) 두 자연수 13, 51 중에서 큰 수는 51이다.

**2** (1)

|  | 십의 자리의 숫자 | 일의 자리의 숫자 | 자연수 |
|---|---|---|---|
| 처음 수 | $x$ | $y$ | $10x+y$ |
| 바꾼 수 | $y$ | $x$ | $10y+x$ |

십의 자리의 숫자와 일의 자리의 숫자의 합이 13이므로
$x+y=13$
십의 자리의 숫자와 일의 자리의 숫자를 바꾼 수는 처음 수보다 27만큼 작으므로
$10y+x=(10x+y)-27$
따라서 연립방정식을 세우면 $\begin{cases} x+y=13 \\ 10y+x=(10x+y)-27 \end{cases}$
(2) $\begin{cases} x+y=13 \\ 10y+x=(10x+y)-27 \end{cases}$, 즉 $\begin{cases} x+y=13 & \cdots \text{㉠} \\ x-y=3 & \cdots \text{㉡} \end{cases}$
㉠+㉡을 하면 $2x=16$ $\quad \therefore x=8$
$x=8$을 ㉠에 대입하면 $8+y=13$ $\quad \therefore y=5$
(3) 처음 수는 85이다.

**3** (1) 어른과 학생을 합하여 15명이 입장하였으므로
$x+y=15$
입장료가 총 5900원이므로
$500x+300y=5900$
따라서 연립방정식을 세우면 $\begin{cases} x+y=15 \\ 500x+300y=5900 \end{cases}$
(2) $\begin{cases} x+y=15 \\ 500x+300y=5900 \end{cases}$, 즉 $\begin{cases} x+y=15 & \cdots \text{㉠} \\ 5x+3y=59 & \cdots \text{㉡} \end{cases}$
㉠×3-㉡을 하면 $-2x=-14$ $\quad \therefore x=7$
$x=7$을 ㉠에 대입하면 $7+y=15$ $\quad \therefore y=8$
(3) 공원에 입장한 어른의 수는 7명, 학생의 수는 8명이다.

**4** (1) 현재 아버지와 아들의 나이의 합이 46세이므로
$x+y=46$
16년 후에는 아버지의 나이가 아들의 나이의 2배이므로
$x+16=2(y+16)$
따라서 연립방정식을 세우면 $\begin{cases} x+y=46 \\ x+16=2(y+16) \end{cases}$
(2) $\begin{cases} x+y=46 \\ x+16=2(y+16) \end{cases}$, 즉 $\begin{cases} x+y=46 & \cdots \text{㉠} \\ x-2y=16 & \cdots \text{㉡} \end{cases}$
㉠-㉡을 하면 $3y=30$ $\quad \therefore y=10$
$y=10$을 ㉠에 대입하면 $x+10=46$ $\quad \therefore x=36$
(3) 현재 아버지의 나이는 36세, 아들의 나이는 10세이다.

**5** (1) 진우가 이긴 횟수를 $x$회, 진 횟수를 $y$회라고 하면
세희가 이긴 횟수는 $y$회, 진 횟수는 $x$회이다.
진우는 처음 위치보다 20계단을 올라가 있으므로
$3x-y=20$
세희는 처음 위치보다 4계단을 올라가 있으므로
$3y-x=4$
따라서 연립방정식을 세우면 $\begin{cases} 3x-y=20 \\ 3y-x=4 \end{cases}$

(2) $\begin{cases} 3x-y=20 \\ 3y-x=4 \end{cases}$, 즉 $\begin{cases} 3x-y=20 & \cdots\text{㉠} \\ -x+3y=4 & \cdots\text{㉡} \end{cases}$

㉠$+$㉡$\times3$을 하면 $8y=32$ ∴ $y=4$

$y=4$를 ㉡에 대입하면 $-x+12=4$

$-x=-8$ ∴ $x=8$

(3) 진우가 이긴 횟수는 8회이다.

(2) $\begin{cases} y=x-4 \\ \dfrac{x}{3}+\dfrac{y}{4}=6 \end{cases}$, 즉 $\begin{cases} y=x-4 & \cdots\text{㉠} \\ 4x+3y=72 & \cdots\text{㉡} \end{cases}$

㉠을 ㉡에 대입하면 $4x+3(x-4)=72$

$7x=84$ ∴ $x=12$

$x=12$를 ㉠에 대입하면 $y=12-4=8$

(3) 내려온 거리는 8 km이다.

## 유형 8     P. 73

**1** (1) 표는 풀이 참조, $\begin{cases} x+y=7 \\ \dfrac{x}{8}+\dfrac{y}{3}=1\dfrac{30}{60} \end{cases}$

  (2) $x=4$, $y=3$    (3) 4 km

**2** (1) 표는 풀이 참조, $\begin{cases} y=x-4 \\ \dfrac{x}{3}+\dfrac{y}{4}=6 \end{cases}$

  (2) $x=12$, $y=8$    (3) 8 km

**1** (1)

| | 자전거를 탈 때 | 걸어갈 때 | 전체 |
|---|---|---|---|
| 거리 | $x$ km | $y$ km | 7 km |
| 속력 | 시속 8 km | 시속 3 km | — |
| 시간 | $\dfrac{x}{8}$시간 | $\dfrac{y}{3}$시간 | $1\dfrac{30}{60}$시간 |

$x$ km를 자전거를 타고 가고, $y$ km를 걸어가서 총 7 km를 갔으므로 $x+y=7$

총 1시간 30분, 즉 $1\dfrac{30}{60}$시간이 걸렸으므로

$\dfrac{x}{8}+\dfrac{y}{3}=1\dfrac{30}{60}$

따라서 연립방정식을 세우면 $\begin{cases} x+y=7 \\ \dfrac{x}{8}+\dfrac{y}{3}=1\dfrac{30}{60} \end{cases}$

(2) $\begin{cases} x+y=7 \\ \dfrac{x}{8}+\dfrac{y}{3}=1\dfrac{30}{60} \end{cases}$, 즉 $\begin{cases} x+y=7 & \cdots\text{㉠} \\ 3x+8y=36 & \cdots\text{㉡} \end{cases}$

㉠$\times3$$-$㉡을 하면 $-5y=-15$ ∴ $y=3$

$y=3$을 ㉠에 대입하면 $x+3=7$ ∴ $x=4$

(3) 자전거를 타고 간 거리는 4 km이다.

**2** (1)

| | 올라갈 때 | 내려올 때 | 전체 |
|---|---|---|---|
| 거리 | $x$ km | $y$ km | — |
| 속력 | 시속 3 km | 시속 4 km | — |
| 시간 | $\dfrac{x}{3}$시간 | $\dfrac{y}{4}$시간 | 6시간 |

내려올 때는 올라갈 때보다 4 km가 더 짧은 길을 걸었으므로 $y=x-4$

총 6시간이 걸렸으므로 $\dfrac{x}{3}+\dfrac{y}{4}=6$

따라서 연립방정식을 세우면 $\begin{cases} y=x-4 \\ \dfrac{x}{3}+\dfrac{y}{4}=6 \end{cases}$

## 한 걸음 더 연습     P. 74

**1** (1) $\begin{cases} x+y=37 \\ x=4y+2 \end{cases}$   (2) $x=30$, $y=7$

  (3) 7, 30

**2** (1) $\begin{cases} x=y+7 \\ 2(x+y)=42 \end{cases}$   (2) $x=14$, $y=7$

  (3) 14 cm, 7 cm

**3** (1) $\begin{cases} x+y=100 \\ 2x+4y=272 \end{cases}$   (2) $x=64$, $y=36$

  (3) 64마리, 36마리

**4** (1) 표는 풀이 참조, $\begin{cases} x=y+15 \\ 40x=90y \end{cases}$

  (2) $x=27$, $y=12$   (3) 12분 후

**5** (1) $\begin{cases} 15x+15y=2400 \\ 40x-40y=2400 \end{cases}$

  (2) $x=110$, $y=50$   (3) 분속 110 m

**1** (1) 큰 수와 작은 수의 합이 37이므로

$x+y=37$

큰 수는 작은 수의 4배보다 2만큼 크므로

$x=4y+2$

따라서 연립방정식을 세우면 $\begin{cases} x+y=37 \\ x=4y+2 \end{cases}$

(2) $\begin{cases} x+y=37 & \cdots\text{㉠} \\ x=4y+2 & \cdots\text{㉡} \end{cases}$

㉡을 ㉠에 대입하면 $(4y+2)+y=37$

$5y=35$ ∴ $y=7$

$y=7$을 ㉡에 대입하면 $x=28+2=30$

(3) 두 자연수는 7, 30이다.

**2** (1) 가로의 길이가 세로의 길이보다 7 cm 더 길므로

$x=y+7$

직사각형의 둘레의 길이가 42 cm이므로

$2(x+y)=42$

따라서 연립방정식을 세우면 $\begin{cases} x=y+7 \\ 2(x+y)=42 \end{cases}$

(2) $\begin{cases} x=y+7 \\ 2(x+y)=42 \end{cases}$, 즉 $\begin{cases} x=y+7 & \cdots \ \bigcirc \\ x+y=21 & \cdots \ \bigcirc \end{cases}$

$\bigcirc$을 $\bigcirc$에 대입하면 $(y+7)+y=21$

$2y=14$ $\therefore y=7$

$y=7$을 $\bigcirc$에 대입하면 $x=7+7=14$

(3) 직사각형의 가로의 길이는 $14 \ cm$, 세로의 길이는 $7 \ cm$
이다.

**3** (1) 닭의 수와 토끼의 수를 합하면 100마리이므로

$x+y=100$

닭의 다리 수와 토끼의 다리 수를 합하면 272개이므로

$2x+4y=272$

따라서 연립방정식을 세우면 $\begin{cases} x+y=100 \\ 2x+4y=272 \end{cases}$

(2) $\begin{cases} x+y=100 \\ 2x+4y=272 \end{cases}$, 즉 $\begin{cases} x+y=100 & \cdots \ \bigcirc \\ x+2y=136 & \cdots \ \bigcirc \end{cases}$

$\bigcirc-\bigcirc$을 하면 $-y=-36$ $\therefore y=36$

$y=36$을 $\bigcirc$에 대입하면 $x+36=100$ $\therefore x=64$

(3) 닭은 64마리, 토끼는 36마리이다.

**4** (1)

| | 지희 | 민아 |
|---|---|---|
| 시간 | $x$분 | $y$분 |
| 속력 | 분속 $40 \ m$ | 분속 $90 \ m$ |
| 거리 | $40x \ m$ | $90y \ m$ |

지희가 출발한 지 15분 후에 민아가 출발하였으므로

$x=y+15$

두 사람이 걸은 거리는 같으므로 $40x=90y$

따라서 연립방정식을 세우면 $\begin{cases} x=y+15 \\ 40x=90y \end{cases}$

(2) $\begin{cases} x=y+15 & \cdots \ \bigcirc \\ 40x=90y & \cdots \ \bigcirc \end{cases}$

$\bigcirc$을 $\bigcirc$에 대입하면 $40(y+15)=90y$

$-50y=-600$ $\therefore y=12$

$y=12$를 $\bigcirc$에 대입하면 $x=12+15=27$

(3) 두 사람이 다시 만나는 것은 민아가 출발한 지 12분 후이다.

**5** (1) 호수의 둘레의 길이는 $2.4 \ km$, 즉 $2400 \ m$이고, 두 사람
이 반대 방향으로 15분 동안 걸은 거리의 합은 호수의 둘
레의 길이와 같으므로 $15x+15y=2400$

두 사람이 같은 방향으로 40분 동안 걸은 거리의 차는 호
수의 둘레의 길이와 같으므로 $40x-40y=2400$

따라서 연립방정식을 세우면 $\begin{cases} 15x+15y=2400 \\ 40x-40y=2400 \end{cases}$

(2) $\begin{cases} 15x+15y=2400 \\ 40x-40y=2400 \end{cases}$, 즉 $\begin{cases} x+y=160 & \cdots \ \bigcirc \\ x-y=60 & \cdots \ \bigcirc \end{cases}$

$\bigcirc+\bigcirc$을 하면 $2x=220$ $\therefore x=110$

$x=110$을 $\bigcirc$에 대입하면

$110+y=160$ $\therefore y=50$

(3) 경수의 속력은 분속 $110 \ m$이다.

---

P.75~76

 **기출문제**

**1** 39 **2** 21 **3** ⑤

**4** 과자: 1000원, 아이스크림: 1500원 **5** ⑤

**6** 100원짜리: 12개, 500원짜리: 8개 **7** 60세

**8** ③ **9** 8회 **10** 10회 **11** $x=1, y=2$

**12** $4 \ km$

**1** 큰 수를 $x$, 작은 수를 $y$라고 하면

두 자연수의 합은 57이므로 $x+y=57$

작은 수의 3배에서 큰 수를 빼면 15이므로 $3y-x=15$

즉, $\begin{cases} x+y=57 \\ 3y-x=15 \end{cases}$ 에서 $\begin{cases} x+y=57 & \cdots \ \bigcirc \\ -x+3y=15 & \cdots \ \bigcirc \end{cases}$

$\bigcirc+\bigcirc$을 하면 $4y=72$ $\therefore y=18$

$y=18$을 $\bigcirc$에 대입하면 $x+18=57$ $\therefore x=39$

따라서 큰 수는 39이다.

**2** 십의 자리의 숫자를 $x$, 일의 자리의 숫자를 $y$라고 하면

십의 자리의 숫자는 일의 자리의 숫자의 2배이므로

$x=2y$

십의 자리의 숫자와 일의 자리의 숫자를 바꾼 수는 처음 수
의 2배보다 30만큼 작으므로

$10y+x=2(10x+y)-30$

즉, $\begin{cases} x=2y \\ 10y+x=2(10x+y)-30 \end{cases}$ 에서 $\begin{cases} x=2y & \cdots \ \bigcirc \\ 19x-8y=30 & \cdots \ \bigcirc \end{cases}$

$\bigcirc$을 $\bigcirc$에 대입하면 $38y-8y=30$

$30y=30$ $\therefore y=1$

$y=1$을 $\bigcirc$에 대입하면 $x=2$

따라서 처음 수는 21이다.

**3** 연필을 $x$자루, 색연필을 $y$자루 샀다고 하면

연필과 색연필을 합하여 10자루를 샀으므로 $x+y=10$

전체 금액이 5400원이므로 $400x+600y+800=5400$

즉, $\begin{cases} x+y=10 \\ 400x+600y+800=5400 \end{cases}$ 에서 $\begin{cases} x+y=10 & \cdots \ \bigcirc \\ 2x+3y=23 & \cdots \ \bigcirc \end{cases}$

$\bigcirc\times2-\bigcirc$을 하면 $-y=-3$ $\therefore y=3$

$y=3$을 $\bigcirc$에 대입하면 $x+3=10$ $\therefore x=7$

따라서 연필은 7자루를 샀다.

**4** 과자 한 봉지의 가격을 $x$원, 아이스크림 한 개의 가격을 $y$원
이라고 하면

과자 5봉지와 아이스크림 4개를 사면 11000원이므로

$5x+4y=11000$

과자 4봉지와 아이스크림 2개를 사면 7000원이므로

$4x+2y=7000$

즉, $\begin{cases} 5x+4y=11000 \\ 4x+2y=7000 \end{cases}$ 에서 $\begin{cases} 5x+4y=11000 & \cdots \ \bigcirc \\ 2x+y=3500 & \cdots \ \bigcirc \end{cases}$

$\bigcirc-\bigcirc\times4$를 하면 $-3x=-3000$ $\therefore x=1000$

$x=1000$을 $\bigcirc$에 대입하면 $2000+y=3500$ $\therefore y=1500$

따라서 과자 한 봉지의 가격은 1000원, 아이스크림 한 개의 가격은 1500원이다.

**5** 민이가 맞힌 객관식 문제의 개수를 $x$개, 주관식 문제의 개수를 $y$개라고 하면
모두 20개를 맞혔으므로 $x+y=20$
총 70점을 받았으므로 $3x+5y=70$
즉, $\begin{cases} x+y=20 & \cdots ㉠ \\ 3x+5y=70 & \cdots ㉡ \end{cases}$
㉠$\times 5-$㉡을 하면 $2x=30$ $\quad \therefore x=15$
$x=15$를 ㉠에 대입하면 $15+y=20$ $\quad \therefore y=5$
따라서 민이가 맞힌 객관식 문제는 15개, 주관식 문제는 5개이다.

**6** 100원짜리 동전의 개수를 $x$개, 500원짜리 동전의 개수를 $y$개라고 하면
$\begin{cases} x+y=20 \\ 100x+500y=5200 \end{cases}$ 즉 $\begin{cases} x+y=20 & \cdots ㉠ \\ x+5y=52 & \cdots ㉡ \end{cases}$
㉠$-$㉡을 하면 $-4y=-32$ $\quad \therefore y=8$
$y=8$을 ㉠에 대입하면 $x+8=20$ $\quad \therefore x=12$
따라서 100원짜리 동전은 12개, 500원짜리 동전은 8개이다.

**7** 현재 아버지의 나이를 $x$세, 아들의 나이를 $y$세라고 하면
아버지와 아들의 나이의 합은 80세이므로
$x+y=80$
아버지의 나이가 아들의 나이의 3배이므로
$x=3y$
즉, $\begin{cases} x+y=80 & \cdots ㉠ \\ x=3y & \cdots ㉡ \end{cases}$
㉡을 ㉠에 대입하면 $3y+y=80$
$4y=80$ $\quad \therefore y=20$
$y=20$을 ㉡에 대입하면 $x=60$
따라서 현재 아버지의 나이는 60세이다.

**8** 현재 소희의 나이를 $x$세, 남동생의 나이를 $y$세라고 하면
소희와 남동생의 나이의 차가 6세이므로
$x-y=6$
10년 후에 소희의 나이는 남동생의 나이의 2배보다 13세가 적으므로
$x+10=2(y+10)-13$
즉, $\begin{cases} x-y=6 \\ x+10=2(y+10)-13 \end{cases}$ 에서 $\begin{cases} x-y=6 & \cdots ㉠ \\ x-2y=-3 & \cdots ㉡ \end{cases}$
㉠$-$㉡을 하면 $y=9$
$y=9$를 ㉠에 대입하면 $x-9=6$ $\quad \therefore x=15$
따라서 현재 소희의 나이는 15세, 남동생의 나이는 9세이다.

**[9~10] 계단에 대한 문제**
A, B 두 사람이 가위바위보를 할 때, 비기는 경우가 없으면
⇨ (A가 이긴 횟수)=(B가 진 횟수), (A가 진 횟수)=(B가 이긴 횟수)

**9** 세호가 이긴 횟수를 $x$회, 진 횟수를 $y$회라고 하면
은아가 이긴 횟수는 $y$회, 진 횟수는 $x$회이다.
세호는 처음 위치보다 5계단을 올라가 있으므로
$2x-y=5$
은아는 처음 위치보다 14계단을 올라가 있으므로
$2y-x=14$
즉, $\begin{cases} 2x-y=5 \\ 2y-x=14 \end{cases}$ 에서 $\begin{cases} 2x-y=5 & \cdots ㉠ \\ -x+2y=14 & \cdots ㉡ \end{cases}$
㉠$\times 2+$㉡을 하면 $3x=24$ $\quad \therefore x=8$
$x=8$을 ㉠에 대입하면 $16-y=5$ $\quad \therefore y=11$
따라서 세호가 이긴 횟수는 8회이다.

**10** 유미가 이긴 횟수를 $x$회, 진 횟수를 $y$회라고 하면
태희가 이긴 횟수는 $y$회, 진 횟수는 $x$회이다.
유미는 처음 위치보다 18계단을 올라가 있으므로
$3x-2y=18$
태희는 처음 위치보다 2계단을 내려가 있으므로
$3y-2x=-2$
즉, $\begin{cases} 3x-2y=18 \\ 3y-2x=-2 \end{cases}$ 에서
$\begin{cases} 3x-2y=18 & \cdots ㉠ \\ -2x+3y=-2 & \cdots ㉡ \end{cases}$ $\quad\cdots$ (i)
㉠$\times 2+$㉡$\times 3$을 하면 $5y=30$ $\quad \therefore y=6$
$y=6$을 ㉡에 대입하면 $-2x+18=-2$
$-2x=-20$ $\quad \therefore x=10$ $\quad\cdots$ (ii)
따라서 유미가 이긴 횟수는 10회이다. $\quad\cdots$ (iii)

| 채점 기준 | 비율 |
| --- | --- |
| (i) 연립방정식 세우기 | 40 % |
| (ii) 연립방정식 풀기 | 40 % |
| (iii) 유미가 이긴 횟수 구하기 | 20 % |

**[11~12] 거리, 속력, 시간에 대한 문제**
(거리)=(속력)$\times$(시간), (속력)=$\dfrac{(거리)}{(시간)}$, (시간)=$\dfrac{(거리)}{(속력)}$

**11**

| | 걸어갈 때 | 뛰어갈 때 | 전체 |
| --- | --- | --- | --- |
| 거리 | $x$ km | $y$ km | 3 km |
| 속력 | 시속 3 km | 시속 6 km | – |
| 시간 | $\dfrac{x}{3}$시간 | $\dfrac{y}{6}$시간 | $\dfrac{40}{60}$시간 |

$x$ km를 걸어가고, $y$ km를 뛰어가서 총 3 km를 갔으므로
$x+y=3$
총 40분, 즉 $\dfrac{40}{60}$시간이 걸렸으므로 $\dfrac{x}{3}+\dfrac{y}{6}=\dfrac{40}{60}$
즉, $\begin{cases} x+y=3 \\ \dfrac{x}{3}+\dfrac{y}{6}=\dfrac{40}{60} \end{cases}$ 에서 $\begin{cases} x+y=3 & \cdots ㉠ \\ 2x+y=4 & \cdots ㉡ \end{cases}$
㉠$-$㉡을 하면 $-x=-1$ $\quad \therefore x=1$
$x=1$을 ㉠에 대입하면 $1+y=3$ $\quad \therefore y=2$

**12** 뛰어간 거리를 $x$ km, 걸어간 거리를 $y$ km라고 하면

|  | 뛰어갈 때 | 걸어갈 때 | 전체 |
|---|---|---|---|
| 거리 | $x$ km | $y$ km | 7 km |
| 속력 | 시속 8 km | 시속 2 km | – |
| 시간 | $\dfrac{x}{8}$시간 | $\dfrac{y}{2}$시간 | 2시간 |

$x$ km를 뛰어가고, $y$ km를 걸어가서 총 7 km를 갔으므로
$x+y=7$

총 2시간 걸렸으므로 $\dfrac{x}{8}+\dfrac{y}{2}=2$

즉, $\begin{cases} x+y=7 \\ \dfrac{x}{8}+\dfrac{y}{2}=2 \end{cases}$ 에서 $\begin{cases} x+y=7 & \cdots \text{㉠} \\ x+4y=16 & \cdots \text{㉡} \end{cases}$

㉠$-$㉡을 하면 $-3y=-9$ $\therefore y=3$
$y=3$을 ㉠에 대입하면 $x+3=7$ $\therefore x=4$
따라서 뛰어간 거리는 4 km이다.

---

### 단원 마무리
**P. 77~79**

| **1** ①, ⑤ | **2** ② | **3** ②, ⑤ | **4** ③ | **5** 9 |
|---|---|---|---|---|
| **6** ④ | **7** ③ | **8** 5 | **9** 2 | |
| **10** $x=-2$, $y=1$ | **11** 2 | **12** ① | | |
| **13** 꿩: 23마리, 토끼: 12마리 | | **14** 6 km | | |

**1** ② $x$가 분모에 있으므로 일차방정식이 아니다.
③ $xy$는 $x$, $y$에 대한 차수가 2이므로 일차방정식이 아니다.
④ $-3y+5=0$이므로 미지수가 1개인 일차방정식이다.
⑤ $-2x-2y+1=0$이므로 미지수가 2개인 일차방정식이다.
따라서 미지수가 2개인 일차방정식은 ①, ⑤이다.

> 참고 ③ $xy$에서 $x$에 대한 차수는 1, $y$에 대한 차수는 1이지만 $x$, $y$에 대한 차수는 2이다.

**2** $3x+2y=16$에 $x=1$, 2, 3, …을 차례로 대입하여 $y$의 값도 자연수인 해를 구하면 $(2,5)$, $(4,2)$의 2개이다.

**3** $x=-3$, $y=1$을 주어진 연립방정식에 각각 대입하면
① $\begin{cases} 2\times(-3)-1=-7 \\ -3+2\times1\neq1 \end{cases}$ ② $\begin{cases} 2\times(-3)+7\times1=1 \\ 5\times(-3)+8\times1=-7 \end{cases}$
③ $\begin{cases} -3-1=-4 \\ -3-2\times1\neq1 \end{cases}$ ④ $\begin{cases} -3+1\neq4 \\ 2\times(-3)+3\times1=-3 \end{cases}$
⑤ $\begin{cases} -3-2\times1=-5 \\ -2\times(-3)+1=7 \end{cases}$
따라서 $x=-3$, $y=1$이 해가 되는 것은 ②, ⑤이다.

**4** $x=3$, $y=-1$을 $2x-y=a$에 대입하면
$6-(-1)=a$ $\therefore a=7$
$x=3$, $y=-1$을 $bx+2y=10$에 대입하면
$3b-2=10$, $3b=12$ $\therefore b=4$

**5** $\begin{cases} y=3x+1 & \cdots \text{㉠} \\ 2x+y=11 & \cdots \text{㉡} \end{cases}$
㉠을 ㉡에 대입하면 $2x+(3x+1)=11$
$5x=10$ $\therefore x=2$
$x=2$를 ㉠에 대입하면 $y=6+1=7$
따라서 $a=2$, $b=7$이므로
$a+b=2+7=9$

**6** $y$를 없애려면 $y$의 계수의 절댓값을 같게 만들어야 한다.
즉, ㉠$\times4+$㉡$\times3$을 하면 $-14x=49$가 되어 $y$가 없어진다.

**7** $\begin{cases} 5x-2y=17 & \cdots \text{㉠} \\ 3x+y=8 & \cdots \text{㉡} \end{cases}$
㉠$+$㉡$\times2$를 하면 $11x=33$ $\therefore x=3$
$x=3$을 ㉡에 대입하면
$9+y=8$ $\therefore y=-1$
따라서 $x=3$, $y=-1$을 $2x-y+k=0$에 대입하면
$6-(-1)+k=0$ $\therefore k=-7$

**8** $x$와 $y$의 값의 합이 1이므로 $x+y=1$
$\begin{cases} x+y=1 & \cdots \text{㉠} \\ 2x+y=4 & \cdots \text{㉡} \end{cases}$
㉠$-$㉡을 하면 $-x=-3$ $\therefore x=3$
$x=3$을 ㉠에 대입하면
$3+y=1$ $\therefore y=-2$
따라서 $x=3$, $y=-2$를 $3x+2y=a$에 대입하면
$9-4=a$ $\therefore a=5$

**9** 두 연립방정식
$\begin{cases} 2x+3y=3 & \cdots \text{㉠} \\ ax+y=6 & \cdots \text{㉡} \end{cases}$, $\begin{cases} bx-2y=3 & \cdots \text{㉢} \\ 2x-y=-9 & \cdots \text{㉣} \end{cases}$ 의 해는 네
일차방정식을 모두 만족시키므로 연립방정식
$\begin{cases} 2x+3y=3 & \cdots \text{㉠} \\ 2x-y=-9 & \cdots \text{㉣} \end{cases}$ 의 해와 같다.
㉠$-$㉣을 하면 $4y=12$ $\therefore y=3$
$y=3$을 ㉣에 대입하면 $2x-3=-9$
$2x=-6$ $\therefore x=-3$
$x=-3$, $y=3$을 ㉡에 대입하면
$-3a+3=6$, $-3a=3$ $\therefore a=-1$
$x=-3$, $y=3$을 ㉢에 대입하면
$-3b-6=3$, $-3b=9$ $\therefore b=-3$
$\therefore a-b=-1-(-3)=2$

**10** $\begin{cases} 0.3(x+2y)=x-2y+4 & \cdots \text{㉠} \\ \dfrac{x}{5}-\dfrac{3}{5}y=-1 & \cdots \text{㉡} \end{cases}$

$\bigcirc \times 10$, $\bigcirc \times 5$를 하면 $\begin{cases} 3(x+2y)=10x-20y+40 \\ x-3y=-5 \end{cases}$

즉, $\begin{cases} 7x-26y=-40 & \cdots\ \bigcirc \\ x-3y=-5 & \cdots\ \text{②} \end{cases}$

$\bigcirc-\text{②}\times 7$을 하면 $-5y=-5$ $\quad \therefore\ y=1$

$y=1$을 ②에 대입하면 $x-3=-5$ $\quad \therefore\ x=-2$

**11** 주어진 방정식을 연립방정식으로 나타내면

$\begin{cases} 3x+y-5=x+2y & \cdots\ \bigcirc \\ 4(x-1)-3y=x+2y & \cdots\ \bigcirc \end{cases}$

$\bigcirc$, $\bigcirc$을 정리하면 $\begin{cases} 2x-y=5 & \cdots\ \bigcirc \\ 3x-5y=4 & \cdots\ \text{②} \end{cases}$

$\bigcirc\times 3-\text{②}\times 2$를 하면 $7y=7$ $\quad \therefore\ y=1$

$y=1$을 $\bigcirc$에 대입하면 $2x-1=5$

$2x=6$ $\quad \therefore\ x=3$

$\therefore\ x-y=3-1=2$

**12** $\begin{cases} 2x-3y=4 & \cdots\ \bigcirc \\ x+ay=-2 & \cdots\ \bigcirc \end{cases}$

$\bigcirc\times 2$를 하면 $2x+2ay=-4$ $\quad \cdots\ \bigcirc$

이때 해가 없으려면 $\bigcirc$과 $\bigcirc$의 $x$, $y$의 계수는 각각 같고, 상수항은 달라야 하므로

$-3=2a$ $\quad \therefore\ a=-\dfrac{3}{2}$

**13** 꿩의 수를 $x$마리, 토끼의 수를 $y$마리라고 하면

머리의 수가 35개이므로 $x+y=35$

다리의 수가 94개이므로 $2x+4y=94$

즉, $\begin{cases} x+y=35 \\ 2x+4y=94 \end{cases}$ 에서 $\begin{cases} x+y=35 & \cdots\ \bigcirc \\ x+2y=47 & \cdots\ \bigcirc \end{cases}$

$\bigcirc-\bigcirc$을 하면 $-y=-12$ $\quad \therefore\ y=12$

$y=12$를 $\bigcirc$에 대입하면 $x+12=35$ $\quad \therefore\ x=23$

따라서 꿩은 23마리, 토끼는 12마리이다.

**14** 자전거를 타고 간 거리를 $x$ km, 걸어서 간 거리를 $y$ km라고 하면

$\begin{cases} x=2y \\ \dfrac{x}{12}+\dfrac{y}{3}=1 \end{cases}$, 즉 $\begin{cases} x=2y & \cdots\ \bigcirc \\ x+4y=12 & \cdots\ \bigcirc \end{cases}$ $\quad\cdots$ ( i )

$\bigcirc$을 $\bigcirc$에 대입하면 $2y+4y=12$

$6y=12$ $\quad \therefore\ y=2$

$y=2$를 $\bigcirc$에 대입하면 $x=4$ $\quad\cdots$ ( ii )

따라서 집에서 서점까지의 거리는

$4+2=6(\text{km})$ $\quad\cdots$ ( iii )

| 채점 기준 | 비율 |
| --- | --- |
| ( i ) 연립방정식 세우기 | 40 % |
| ( ii ) 연립방정식 풀기 | 40 % |
| ( iii ) 집에서 서점까지의 거리 구하기 | 20 % |

# 1 함수

P. 82

표는 풀이 참조

**1** 함수이다    **2** 함수이다
**3** 함수가 아니다    **4** 함수이다
**5** 함수이다    **6** 함수가 아니다
**7** 함수가 아니다    **8** 함수이다

**1**

| $x$ | 1 | 2 | 3 | 4 | $\cdots$ |
|---|---|---|---|---|---|
| $y$ | $-2$ | $-4$ | $-6$ | $-8$ | $\cdots$ |

$x$의 값이 변함에 따라 $y$의 값이 오직 하나씩 대응하므로 $y$는 $x$의 함수이다.

**2**

| $x$ | 1 | 2 | 3 | 4 | $\cdots$ |
|---|---|---|---|---|---|
| $y$ | 6 | 3 | 2 | $\frac{3}{2}$ | $\cdots$ |

$x$의 값이 변함에 따라 $y$의 값이 오직 하나씩 대응하므로 $y$는 $x$의 함수이다.

**3**

| $x$ | 1 | 2 | 3 | 4 | $\cdots$ |
|---|---|---|---|---|---|
| $y$ | 1 | 1, 2 | 1, 3 | 1, 2, 4 | $\cdots$ |

$x=2$일 때, $y$의 값은 1, 2의 2개이므로 $x$의 값 하나에 $y$의 값이 오직 하나씩 대응하지 않는다.
따라서 $y$는 $x$의 함수가 아니다.

**4** (정사각형의 둘레의 길이)$=4\times$(한 변의 길이)이므로

| $x$ | 1 | 2 | 3 | 4 | $\cdots$ |
|---|---|---|---|---|---|
| $y$ | 4 | 8 | 12 | 16 | $\cdots$ |

$x$의 값이 변함에 따라 $y$의 값이 오직 하나씩 대응하므로 $y$는 $x$의 함수이다.

**5** (달린 거리)$+$(남은 거리)$=50$ m이므로

| $x$ | 1 | 2 | 3 | $\cdots$ | 50 |
|---|---|---|---|---|---|
| $y$ | 49 | 48 | 47 | $\cdots$ | 0 |

$x$의 값이 변함에 따라 $y$의 값이 오직 하나씩 대응하므로 $y$는 $x$의 함수이다.

**6**

| $x$ | 1 | 2 | 3 | 4 | $\cdots$ |
|---|---|---|---|---|---|
| $y$ | 없다. | 1 | 2 | 3 | $\cdots$ |

$x=1$일 때, $y$의 값이 없으므로 $x$의 값 하나에 $y$의 값이 오직 하나씩 대응하지 않는다.
따라서 $y$는 $x$의 함수가 아니다.

**7**

| $x$ | 0 | 1 | 2 | 3 | $\cdots$ |
|---|---|---|---|---|---|
| $y$ | 0 | $-1, 1$ | $-2, 2$ | $-3, 3$ | $\cdots$ |

$x=1$일 때, $y$의 값이 $-1$, 1의 2개이므로 $x$의 값 하나에 $y$의 값이 오직 하나씩 대응하지 않는다.
따라서 $y$는 $x$의 함수가 아니다.

**8**

| $x$ | 1 | 2 | 3 | $\cdots$ | 60 |
|---|---|---|---|---|---|
| $y$ | 60 | 30 | 20 | $\cdots$ | 1 |

$x$의 값이 변함에 따라 $y$의 값이 오직 하나씩 대응하므로 $y$는 $x$의 함수이다.

P. 83

**1** (1) 24   (2) 16   (3) $-32$
**2** (1) $-\frac{1}{2}$   (2) 3   (3) $\frac{2}{3}$
**3** (1) $-4$   (2) 2   (3) $-\frac{1}{2}$    **4** (1) 6   (2) $-1$
**5** (1) 1   (2) 0   (3) 2
**6** (1) 3   (2) $-2$   (3) 12

**1**
(1) $f(3)=8\times3=24$
(2) $f(2)=8\times2=16$
(3) $f(-4)=8\times(-4)=-32$

**2**
(1) $f(-1)=\frac{1}{2}\times(-1)=-\frac{1}{2}$
(2) $f(6)=\frac{1}{2}\times6=3$
(3) $f\left(\frac{4}{3}\right)=\frac{1}{2}\times\frac{4}{3}=\frac{2}{3}$

**3**
(1) $f(1)=-\frac{4}{1}=-4$
(2) $f(-2)=-\frac{4}{-2}=2$
(3) $f(8)=-\frac{4}{8}=-\frac{1}{2}$

**4**
(1) $f(-3)=\left(-\frac{2}{3}\right)\times(-3)=2$
$g(3)=\frac{12}{3}=4$
$\therefore f(-3)+g(3)=2+4=6$

(2) $f(6)=\left(-\dfrac{2}{3}\right)\times 6=-4$, $g(-4)=\dfrac{12}{-4}=-3$

$\therefore f(6)-g(-4)=-4-(-3)=-1$

**5** (1) $4=3\times 1+1$이므로

$f(4)=(4$를 3으로 나눈 나머지$)=1$

(2) $18=3\times 6$이므로

$f(18)=(18$을 3으로 나눈 나머지$)=0$

(3) $50=3\times 16+2$이므로

$f(50)=(50$을 3으로 나눈 나머지$)=2$

**6** (1) $f(a)=6a=18$이므로 $a=3$

(2) $f(a)=-2a=4$이므로 $a=-2$

(3) $f(a)=\dfrac{3}{a}=\dfrac{1}{4}$이므로 $a=12$

---

### 쌍둥이 기출문제

P. 84

| **1** | ③ | **2** | ④ | **3** | ① | **4** | $-1$ | **5** | 9 |
| **6** | 1 |

**[1~2]** 함수의 대표적인 예

(1) 정비례 관계 ⇨ $y=ax\,(a\neq 0)$

(2) 반비례 관계 ⇨ $y=\dfrac{a}{x}\,(a\neq 0)$

(3) $y=(x$에 대한 일차식) 꼴 ⇨ $y=ax+b\,(a\neq 0)$

**1** ①

| $x$ | 1 | 2 | 3 | 4 | $\cdots$ |
|---|---|---|---|---|---|
| $y$ | 1 | 2 | 2 | 3 | $\cdots$ |

$x$의 값이 변함에 따라 $y$의 값이 오직 하나씩 대응하므로 $y$는 $x$의 함수이다.

②

| $x$ | 1 | 2 | 3 | 4 | $\cdots$ |
|---|---|---|---|---|---|
| $y$ | 4 | 7 | 10 | 13 | $\cdots$ |

$x$의 값이 변함에 따라 $y$의 값이 오직 하나씩 대응하므로 $y$는 $x$의 함수이다.

③

| $x$ | 1 | 2 | 3 | $\cdots$ |
|---|---|---|---|---|
| $y$ | 1, 2, 3, $\cdots$ | 2, 4, 6, $\cdots$ | 3, 6, 9, $\cdots$ | $\cdots$ |

$x$의 각 값에 대응하는 $y$의 값이 2개 이상이므로 $x$의 값 하나에 $y$의 값이 오직 하나씩 대응하지 않는다.

즉, $y$는 $x$의 함수가 아니다.

④ (전체 가격)=(공책 1권의 가격)×(공책의 수)이므로

| $x$ | 1 | 2 | 3 | 4 | $\cdots$ |
|---|---|---|---|---|---|
| $y$ | 500 | 1000 | 1500 | 2000 | $\cdots$ |

$x$의 값이 변함에 따라 $y$의 값이 오직 하나씩 대응하므로 $y$는 $x$의 함수이다.

⑤ (직사각형의 넓이)=(가로의 길이)×(세로의 길이)이므로

| $x$ | 1 | 2 | 3 | 4 | $\cdots$ |
|---|---|---|---|---|---|
| $y$ | 30 | 15 | 10 | $\dfrac{15}{2}$ | $\cdots$ |

$x$의 값이 변함에 따라 $y$의 값이 오직 하나씩 대응하므로 $y$는 $x$의 함수이다.

따라서 $y$가 $x$의 함수가 아닌 것은 ③이다.

참고 ④ $y=500x$ ⇨ 정비례 관계이므로 함수이다.

⑤ $30=x\times y$  $\therefore y=\dfrac{30}{x}$

⇨ 반비례 관계이므로 함수이다.

**2** ①

| $x$ | 1 | 2 | 3 | $\cdots$ |
|---|---|---|---|---|
| $y$ | 2, 3, 4, $\cdots$ | 1, 3, 5, $\cdots$ | 1, 2, 4, $\cdots$ | $\cdots$ |

$x$의 각 값에 대응하는 $y$의 값이 2개 이상이므로 $x$의 값 하나에 $y$의 값이 오직 하나씩 대응하지 않는다.

즉, $y$는 $x$의 함수가 아니다.

②

| $x$ | 1 | 2 | 3 | 4 | $\cdots$ |
|---|---|---|---|---|---|
| $y$ | 없다. | 1 | 1, 2 | 1, 2, 3 | $\cdots$ |

$x=1$일 때, $y$의 값이 없으므로 $x$의 값 하나에 $y$의 값이 오직 하나씩 대응하지 않는다.

즉, $y$는 $x$의 함수가 아니다.

③ $x=0.5$일 때, $y$의 값, 즉 0.5에 가장 가까운 정수는 0, 1의 2개이므로 $x$의 값 하나에 $y$의 값이 오직 하나씩 대응하지 않는다.

즉, $y$는 $x$의 함수가 아니다.

④

| $x$ | $\cdots$ | $-2$ | $-1$ | 0 | 1 | 2 | $\cdots$ |
|---|---|---|---|---|---|---|---|
| $y$ | $\cdots$ | 10 | 9 | 8 | 7 | 6 | $\cdots$ |

$x$의 값이 변함에 따라 $y$의 값이 오직 하나씩 대응하므로 $y$는 $x$의 함수이다.

⑤

| $x$ | 1 | 2 | 3 | 4 | $\cdots$ |
|---|---|---|---|---|---|
| $y$ | 1 | 1, 2 | 1, 3 | 1, 2, 4 | $\cdots$ |

$x=2$일 때, $y$의 값이 1, 2의 2개이므로 $x$의 값 하나에 $y$의 값이 오직 하나씩 대응하지 않는다.

즉, $y$는 $x$의 함수가 아니다.

따라서 $y$가 $x$의 함수인 것은 ④이다.

참고 ④ $x+y=8$에서 $y=-x+8$

⇨ $y=(x$에 대한 일차식) 꼴이므로 함수이다.

**[3~6]** 함수 $y=f(x)$에서

$f(a)$의 값 ⇨ $x=a$일 때의 함숫값

⇨ $x=a$에 대응하는 $y$의 값

⇨ $f(x)$에 $x$ 대신 $a$를 대입하여 얻은 값

**3** $f(0)=-2\times 0=0$, $f(1)=-2\times 1=-2$

$\therefore f(0)+f(1)=0+(-2)=-2$

**4**  $f(-2)=\dfrac{6}{-2}=-3,\ f(3)=\dfrac{6}{3}=2$

$\therefore f(-2)+f(3)=-3+2=-1$

**5**  $f(2)=2a=3 \qquad \therefore a=\dfrac{3}{2}$

따라서 $f(x)=\dfrac{3}{2}x$이므로 $f(6)=\dfrac{3}{2}\times6=9$

**6**  $f(4)=\dfrac{a}{4}=-2 \qquad \therefore a=-8$ $\qquad\cdots$ (i)

따라서 $f(x)=-\dfrac{8}{x}$이므로 $f(-8)=-\dfrac{8}{-8}=1$ $\quad\cdots$ (ii)

| 채점 기준 | 비율 |
|---|---|
| (i) $a$의 값 구하기 | 50 % |
| (ii) $f(-8)$의 값 구하기 | 50 % |

## ⌒2 일차함수와 그 그래프

유형 **3**      **P. 85**

**1**  (1) ◯   (2) ×   (3) ×   (4) ◯   (5) ×

(6) ×   (7) ◯   (8) ×   (9) ◯

**2**  (1) $y=16+x$, ◯   (2) $y=x^2$, ×   (3) $y=3x$, ◯

(4) $y=\dfrac{400}{x}$, ×     (5) $y=5000-400x$, ◯

(6) $y=300-3x$, ◯

**3**  (1) $-3$  (2) $-7$  (3) $3$  (4) $4$  (5) $-8$  (6) $-6$

**1**  (2) $y=x^2-1$은 $y=(x$에 대한 이차식)이므로 일차함수가 아니다.

(3) $3$은 일차식이 아니므로 $y=3$은 일차함수가 아니다.

(5) $x+1=4$는 $x$에 대한 일차방정식이다.

(6) $-\dfrac{1}{x}$은 $x$가 분모에 있으므로 일차식이 아니다.

즉, $y=-\dfrac{1}{x}$은 일차함수가 아니다.

(7) $y=-2x^2+2(4x+x^2)$에서 $y=8x$이므로 일차함수이다.

(8) $y=x^2+2x$는 $y=(x$에 대한 이차식)이므로 일차함수가 아니다.

(9) $\dfrac{x}{3}+\dfrac{y}{6}=1$에서 $2x+y=6$, 즉 $y=-2x+6$이므로 일차함수이다.

**2**  (1) $y=16+x$이므로 일차함수이다.

(2) $y=x^2$은 $y=(x$에 대한 이차식)이므로 일차함수가 아니다.

(3) $y=3x$이므로 일차함수이다.

(4) (시간)$=\dfrac{(거리)}{(속력)}$이므로 $y=\dfrac{400}{x}$이고, $\dfrac{400}{x}$은 $x$가 분모에 있으므로 일차식이 아니다.

즉, $y=\dfrac{400}{x}$은 일차함수가 아니다.

(5) $y=5000-400x$이므로 일차함수이다.

(6) $y=300-3x$이므로 일차함수이다.

**3**  (1) $f(0)=2\times0-3=-3$

(2) $f(-2)=2\times(-2)-3=-7$

(3) $f(3)=2\times3-3=3$

(4) $f(1)=2\times1-3=-1$

$f(-1)=2\times(-1)-3=-5$

$\therefore f(1)-f(-1)=-1-(-5)=4$

(5) $f(2)=2\times2-3=1$

$f(-3)=2\times(-3)-3=-9$

$\therefore f(2)+f(-3)=1+(-9)=-8$

(6) $f\left(\dfrac{1}{2}\right)=2\times\dfrac{1}{2}-3=-2$

$f\left(-\dfrac{1}{2}\right)=2\times\left(-\dfrac{1}{2}\right)-3=-4$

$\therefore f\left(\dfrac{1}{2}\right)+f\left(-\dfrac{1}{2}\right)=-2+(-4)=-6$

유형 **4**      **P. 86**

**1**  (1) $4$  (2) $2$  (3) $-2$  (4) $-5$

**2**  (1) $y=-\dfrac{2}{3}x+6$  (2) $y=-x-2$  (3) $y=5x-2$

**3**  (1) ×   (2) ◯   (3) ×   (4) ◯

**4**  (1) $3$   (2) $-4$   (3) $4$   (4) $-1$

**3**  $y=3x-4$에 각 점의 좌표를 대입하면

(1) $3\neq3\times2-4$

(2) $-19=3\times(-5)-4$

(3) $16\neq3\times4-4$

(4) $-6=3\times\left(-\dfrac{2}{3}\right)-4$

**4**  (1) $y=5x+2$에 $x=a$, $y=17$을 대입하면

$17=5a+2$, $5a=15 \qquad \therefore a=3$

(2) $y=-7x+1$에 $x=a$, $y=29$를 대입하면

$29=-7a+1$, $7a=-28 \qquad \therefore a=-4$

(3) $y=ax-3$에 $x=2$, $y=5$를 대입하면

$5=2a-3$, $2a=8 \qquad \therefore a=4$

(4) $y=-\dfrac{1}{4}x+a$에 $x=8$, $y=-3$을 대입하면

$-3=-2+a \qquad \therefore a=-1$

**유형 5**      **P. 87**

**1** (1) $(4, 0)$, $4$, $(0, 2)$, $2$

(2) $(-2, 0)$, $-2$, $(0, 5)$, $5$

**2** (1) $2$, $-6$, $2$, $-6$   (2) $4$, $8$   (3) $\dfrac{3}{7}$, $-3$   (4) $6$, $4$

**3** (1) $-3$   (2) $1$   (3) $-\dfrac{3}{2}$

**4** (1) $-4$   (2) $2$   (3) $\dfrac{3}{5}$

**5** $3$, $2$, $3$, $2$, 그래프는 풀이 참조

---

**2** (2) $y=-2x+8$에서

$y=0$일 때, $0=-2x+8$   $\therefore x=4$

$x=0$일 때, $y=8$

따라서 $x$절편은 $4$, $y$절편은 $8$이다.

(3) $y=7x-3$에서

$y=0$일 때, $0=7x-3$   $\therefore x=\dfrac{3}{7}$

$x=0$일 때, $y=-3$

따라서 $x$절편은 $\dfrac{3}{7}$, $y$절편은 $-3$이다.

(4) $y=-\dfrac{2}{3}x+4$에서

$y=0$일 때, $0=-\dfrac{2}{3}x+4$   $\therefore x=6$

$x=0$일 때, $y=4$

따라서 $x$절편은 $6$, $y$절편은 $4$이다.

**3** (2) $y=-x+3-a$의 그래프의 $y$절편이 $2$이므로

$3-a=2$   $\therefore a=1$

(3) $y=\dfrac{1}{5}x-4a$의 그래프의 $y$절편이 $6$이므로

$-4a=6$   $\therefore a=-\dfrac{3}{2}$

**4** (1) $y=x+a$의 그래프의 $x$절편이 $4$이므로

$y=x+a$에 $x=4$, $y=0$을 대입하면

$0=4+a$   $\therefore a=-4$

(2) $y=\dfrac{3}{2}x+a+1$의 그래프의 $x$절편이 $-2$이므로

$y=\dfrac{3}{2}x+a+1$에 $x=-2$, $y=0$을 대입하면

$0=-3+a+1$   $\therefore a=2$

(3) $y=ax-3$의 그래프의 $x$절편이 $5$이므로

$y=ax-3$에 $x=5$, $y=0$을 대입하면

$0=5a-3$   $\therefore a=\dfrac{3}{5}$

---

**5** $y=-\dfrac{2}{3}x+2$에서

$y=0$일 때, $0=-\dfrac{2}{3}x+2$   $\therefore x=3$

$x=0$일 때, $y=2$

따라서 $x$절편은 $\boxed{3}$, $y$절편은 $\boxed{2}$이

므로 $y=-\dfrac{2}{3}x+2$의 그래프는 오른

쪽 그림과 같이 두 점 $(\boxed{3}, 0)$,

$(0, \boxed{2})$를 지나는 직선이다.

**유형 6**      **P. 88**

**1** (1) ❶ $+5$, ❷ $+3$, (기울기)$=\dfrac{3}{5}$

(2) ❶ $+4$, ❷ $-3$, (기울기)$=\dfrac{-3}{4}=-\dfrac{3}{4}$

(3) ❶ $+3$, ❷ $+4$, (기울기)$=\dfrac{4}{3}$

(4) ❶ $+2$, ❷ $-2$, (기울기)$=\dfrac{-2}{2}=-1$

**2** (1) $1$   (2) $-3$   (3) $\dfrac{4}{5}$   (4) $2$   (5) $-\dfrac{1}{4}$   (6) $1$

**3** (1) $-2$   (2) $6$   (3) $1$

**4** (1) $1$   (2) $\dfrac{1}{2}$   (3) $-\dfrac{5}{2}$

---

**1** (1) (기울기)$=\dfrac{(y의\ 값의\ 증가량)}{(x의\ 값의\ 증가량)}$

$=\dfrac{❷}{❶}=\dfrac{3}{5}$

(2) (기울기)$=\dfrac{❷}{❶}=\dfrac{-3}{4}=-\dfrac{3}{4}$

(3) (기울기)$=\dfrac{❷}{❶}=\dfrac{4}{3}$

(4) (기울기)$=\dfrac{❷}{❶}=\dfrac{-2}{2}=-1$

**2** (4) (기울기)$=\dfrac{(y의\ 값의\ 증가량)}{(x의\ 값의\ 증가량)}=\dfrac{10}{5}=2$

(5) (기울기)$=\dfrac{(y의\ 값의\ 증가량)}{(x의\ 값의\ 증가량)}=\dfrac{-2}{8}=-\dfrac{1}{4}$

(6) $(x의\ 값의\ 증가량)=1-(-3)=4$이므로

$(기울기)=\dfrac{(y의\ 값의\ 증가량)}{(x의\ 값의\ 증가량)}=\dfrac{4}{4}=1$

**3** (1) $(기울기) = \dfrac{(y의\ 값의\ 증가량)}{2} = -1$

$\therefore (y의\ 값의\ 증가량) = -2$

(2) $(기울기) = \dfrac{(y의\ 값의\ 증가량)}{2} = 3$

$\therefore (y의\ 값의\ 증가량) = 6$

(3) $(기울기) = \dfrac{(y의\ 값의\ 증가량)}{2} = \dfrac{1}{2}$

$\therefore (y의\ 값의\ 증가량) = 1$

**4** (1) $(기울기) = \dfrac{4-2}{3-1} = \dfrac{2}{2} = 1$

(2) $(기울기) = \dfrac{5-3}{0-(-4)} = \dfrac{2}{4} = \dfrac{1}{2}$

(3) $(기울기) = \dfrac{-4-6}{7-3} = \dfrac{-10}{4} = -\dfrac{5}{2}$

---

### 한 번 더 연습
P. 89

**1** (1) 2, 5, 그래프는 풀이 참조
(2) $-3$, 4, 그래프는 풀이 참조
**2** (1) 3, 1, 그래프는 풀이 참조
(2) 4, $-2$, 그래프는 풀이 참조

---

**1** (1) $y = -\dfrac{5}{2}x + 5$에서

$y=0$일 때, $0 = -\dfrac{5}{2}x + 5$ $\quad \therefore x=2$

$x=0$일 때, $y=5$
따라서 $x$절편이 $\boxed{2}$, $y$절편이
$\boxed{5}$이므로 두 점 $(2, 0)$, $(0, 5)$
를 지나는 직선을 그리면 오른
쪽 그림과 같다.

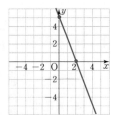

(2) $y = \dfrac{4}{3}x + 4$에서

$y=0$일 때, $0 = \dfrac{4}{3}x + 4$ $\quad \therefore x=-3$

$x=0$일 때, $y=4$
따라서 $x$절편이 $\boxed{-3}$, $y$절편이
$\boxed{4}$이므로 두 점 $(-3, 0)$,
$(0, 4)$를 지나는 직선을 그리
면 오른쪽 그림과 같다.

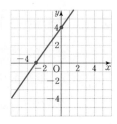

---

**2** (1) $y = x + 3$의 그래프는 $y$절편이 $\boxed{3}$이므로 점 $(0, 3)$을 지난다.

또 기울기가 1이므로 $\dfrac{(y의\ 값의\ 증가량)}{(x의\ 값의\ 증가량)} = \dfrac{\boxed{1}}{1}$

즉, 점 $(0, 3)$에서 $x$의 값이 1만큼, $y$의 값이 1만큼 증가한 점 $(1, 4)$를 지난다.
따라서 두 점 $(0, 3)$, $(1, 4)$를
지나는 직선을 그리면 오른쪽
그림과 같다.

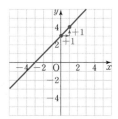

(3) $y = -\dfrac{2}{5}x + 4$의 그래프는 $y$절편이 $\boxed{4}$이므로 점 $(0, 4)$를 지난다.

또 기울기가 $-\dfrac{2}{5}$이므로 $\dfrac{(y의\ 값의\ 증가량)}{(x의\ 값의\ 증가량)} = \dfrac{\boxed{-2}}{5}$

즉, 점 $(0, 4)$에서 $x$의 값이 5만큼 증가하고, $y$의 값이 2만큼 감소한 점 $(5, 2)$를 지난다.
따라서 두 점 $(0, 4)$, $(5, 2)$
를 지나는 직선을 그리면 오
른쪽 그림과 같다.

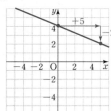

---

### 쌍둥이 기출문제
P. 90~93

| | | | | |
|---|---|---|---|---|
| **1** ② | **2** ②, ③ | **3** ②, ④ | **4** ㄱ, ㄴ, ㄹ | |
| **5** $-2$ | **6** ③ | **7** 13 | **8** ③ | **9** ⑤ |
| **10** $a=5$, $b=7$ | **11** ① | **12** $-4$ | **13** 8 | |
| **14** $-4$ | **15** $-1$ | **16** $-3$, $-2$ | | |
| **17** $\dfrac{2}{3}$, 3, $-2$ | **18** 7 | **19** ② | **20** $\dfrac{1}{3}$ | |
| **21** (1) $-3$ (2) 30 | **22** 2 | **23** ② | **24** ① | |
| **25** (1) 풀이 참조 (2) 8 | | **26** 40 | | |

**[1~4]** 일차함수 $\Rightarrow y = ax + b$ 꼴 ($a$, $b$는 상수, $a \neq 0$)

**1** ① $-6$은 일차식이 아니므로 $y = -6$은 일차함수가 아니다.
③ $y = 3x^2$은 $y = (x$에 대한 이차식)이므로 일차함수가 아니다.

④ $y=-1$에서 $-1$은 일차식이 아니므로 $y=-1$은 일차함수가 아니다.

⑤ $\dfrac{2}{x}$는 $x$가 분모에 있으므로 일차식이 아니다.

즉, $y=\dfrac{2}{x}-1$은 일차함수가 아니다.

따라서 일차함수인 것은 ②이다.

**2**  ① $y=-5$에서 $-5$는 일차식이 아니므로 $y=-5$는 일차함수가 아니다.

② $y=-3x$이므로 일차함수이다.

③ $y=\dfrac{1}{3}x+\dfrac{7}{3}$이므로 일차함수이다.

④ $y=-\dfrac{6}{x}$에서 $-\dfrac{6}{x}$은 $x$가 분모에 있으므로 일차식이 아니다. 즉, $y=-\dfrac{6}{x}$은 일차함수가 아니다.

⑤ $y=-x^2+2x$는 $y=(x$에 대한 이차식)이므로 일차함수가 아니다.

따라서 $x$에 대한 일차함수는 ②, ③이다.

**3**  ① $y=4\pi x^2$에서 $y=(x$에 대한 이차식)이므로 일차함수가 아니다.

② $y=10+2x$이므로 일차함수이다.

③ $y=\dfrac{300}{x}$에서 $\dfrac{300}{x}$은 $x$가 분모에 있으므로 일차식이 아니다. 즉, $y=\dfrac{300}{x}$은 일차함수가 아니다.

④ $y=10x$이므로 일차함수이다.

⑤ $y=\dfrac{200}{x}$에서 $\dfrac{200}{x}$은 $x$가 분모에 있으므로 일차식이 아니다. 즉, $y=\dfrac{200}{x}$은 일차함수가 아니다.

따라서 $y$가 $x$의 일차함수인 것은 ②, ④이다.

**4**  ㄱ. $y=x-2$이므로 일차함수이다.

ㄴ. $y=1200x$이므로 일차함수이다.

ㄷ. $\dfrac{1}{2}xy=16$에서 $y=\dfrac{32}{x}$이고, $\dfrac{32}{x}$는 $x$가 분모에 있으므로 일차식이 아니다.

즉, $y=\dfrac{32}{x}$는 일차함수가 아니다.

ㄹ. $y=200-15x$이므로 일차함수이다.

따라서 $y$가 $x$의 일차함수인 것은 ㄱ, ㄴ, ㄹ이다.

**[5~8]** 일차함수 $f(x)=ax+b$에서 $x=p$일 때의 함숫값
⇨ $f(x)=ax+b$에 $x=p$를 대입하여 얻은 값
⇨ $f(p)=ap+b$

**5**  $f(2)=-4\times 2+6=-2$

**6**  $f(-3)=\dfrac{1}{3}\times(-3)-2=-3$

$f(9)=\dfrac{1}{3}\times 9-2=1$

$\therefore f(-3)+f(9)=-3+1=-2$

**7**  $f(2)=2\times 2+7=11$  $\therefore a=11$

$f(b)=3$이므로 $2b+7=3$, $2b=-4$  $\therefore b=-2$

$\therefore a-b=11-(-2)=13$

**8**  $f(-2)=-2a-3=7$이므로

$-2a=10$  $\therefore a=-5$

따라서 $f(x)=-5x-3$이므로

$f(-1)=-5\times(-1)-3=2$

**[9~12]** 일차함수의 그래프의 평행이동
• $y=ax$ $\xrightarrow[b만큼\ 평행이동]{y축의\ 방향으로}$ $y=ax+b$
• $y=ax+b$ $\xrightarrow[c만큼\ 평행이동]{y축의\ 방향으로}$ $y=ax+b+c$

**9**  $y=2x+10$의 그래프를 $y$축의 방향으로 $-5$만큼 평행이동하면 $y=2x+10-5$  $\therefore y=2x+5$

**10**  $y=5x-2$의 그래프를 $y$축의 방향으로 $9$만큼 평행이동하면 $y=5x-2+9$  $\therefore y=5x+7$

$\therefore a=5$, $b=7$

**11**  $y=3x$의 그래프를 $y$축의 방향으로 $-5$만큼 평행이동하면 $y=3x-5$

$y=3x-5$의 그래프가 점 $(a,\ -4)$를 지나므로

$-4=3a-5$, $-3a=-1$  $\therefore a=\dfrac{1}{3}$

**12**  $y=x-3$의 그래프를 $y$축의 방향으로 $b$만큼 평행이동하면 $y=x-3+b$  $\cdots$ (i)

$y=x-3+b$의 그래프가 점 $(2,\ -5)$를 지나므로

$-5=2-3+b$  $\therefore b=-4$  $\cdots$ (ii)

| 채점 기준 | 비율 |
|---|---|
| (i) $b$만큼 평행이동한 그래프가 나타내는 식 구하기 | 40 % |
| (ii) $b$의 값 구하기 | 60 % |

**[13~20]** 일차함수의 그래프의 절편과 기울기
(1) $x$절편: $x$축과 만나는 점의 $x$좌표 ⇨ $y=0$일 때, $x$의 값
$y$절편: $y$축과 만나는 점의 $y$좌표 ⇨ $x=0$일 때, $y$의 값
(2) 일차함수 $y=ax+b$의 그래프에서
⇨ (기울기)$=\dfrac{(y의\ 값의\ 증가량)}{(x의\ 값의\ 증가량)}=a$

**13**  $y=0$일 때, $0=-3x+6$  $\therefore x=2$

$x=0$일 때, $y=6$

따라서 $x$절편은 $2$, $y$절편은 $6$이므로 $a=2$, $b=6$

$\therefore a+b=2+6=8$

**14** $y=\dfrac{1}{3}x-1$의 그래프를 $y$축의 방향으로 3만큼 평행이동하면

$y=\dfrac{1}{3}x-1+3$ $\quad\therefore y=\dfrac{1}{3}x+2$

$y=0$일 때, $0=\dfrac{1}{3}x+2$ $\quad\therefore x=-6$

$x=0$일 때, $y=2$

따라서 $x$절편은 $-6$, $y$절편은 2이므로 구하는 합은

$-6+2=-4$

**15** $x$절편이 $-1$이므로 점 $(-1, 0)$을 지난다.

$y=ax-1$에 $x=-1$, $y=0$을 대입하면

$0=-a-1$ $\quad\therefore a=-1$

**16** $y=2x-a+1$의 그래프의 $y$절편이 4이므로

$-a+1=4$ $\quad\therefore a=-3$

즉, $y=2x+4$에 $y=0$을 대입하면

$0=2x+4$ $\quad\therefore x=-2$

따라서 $x$절편은 $-2$이다.

**17** $(기울기)=\dfrac{(y의\ 값의\ 증가량)}{(x의\ 값의\ 증가량)}=\dfrac{2}{3}$

$x$절편은 그래프가 $x$축과 만나는 점의 $x$좌표이므로 3

$y$절편은 그래프가 $y$축과 만나는 점의 $y$좌표이므로 $-2$

**18** $(기울기)=\dfrac{(y의\ 값의\ 증가량)}{(x의\ 값의\ 증가량)}=\dfrac{-6}{3}=-2$이므로

$a=-2$

$x$절편은 그래프가 $x$축과 만나는 점의 $x$좌표이므로 $-3$

$\therefore b=-3$

$y$절편은 그래프가 $y$축과 만나는 점의 $y$좌표이므로 $-6$

$\therefore c=-6$

$\therefore a-b-c=-2-(-3)-(-6)=7$

**19** $(기울기)=\dfrac{(y의\ 값의\ 증가량)}{(x의\ 값의\ 증가량)}=\dfrac{-4}{2}=-2$

따라서 기울기가 $-2$인 것은 ②이다.

**20** $a=(기울기)=\dfrac{(y의\ 값의\ 증가량)}{(x의\ 값의\ 증가량)}=\dfrac{2}{5-(-1)}=\dfrac{1}{3}$

**[21~22]** 세 점이 한 직선 위에 있으면 세 점 중 어느 두 점을 선택하여 기울기를 구해도 그 값은 같다.

**21** (1) 두 점 $(4, 12)$, $(3, 15)$를 지나므로

$(기울기)=\dfrac{15-12}{3-4}=\dfrac{3}{-1}=-3$ $\quad\cdots$ (i)

(2) 두 점 $(4, 12)$, $(-2, k)$를 지나고, 기울기가 $-3$이므로

$(기울기)=\dfrac{k-12}{-2-4}=-3$

$k-12=18$ $\quad\therefore k=30$ $\quad\cdots$ (ii)

| 채점 기준 | 비율 |
|---|---|
| (i) 기울기 구하기 | 50% |
| (ii) $k$의 값 구하기 | 50% |

**22** 세 점이 한 직선 위에 있으므로 두 점 $(3, -2)$, $(0, 4)$를 지나는 직선의 기울기와 두 점 $(1, k)$, $(0, 4)$를 지나는 직선의 기울기는 같다.

즉, $\dfrac{4-(-2)}{0-3}=\dfrac{4-k}{0-1}$이므로

$-2=k-4$ $\quad\therefore k=2$

**[23~26] 일차함수의 그래프 그리기**

(1) $x$절편, $y$절편을 이용하여 그리기

　❶ $x$절편과 $y$절편을 각각 구한다.

　❷ 두 점 ($x$절편, 0), (0, $y$절편)을 좌표평면 위에 나타낸다.

　❸ 두 점을 직선으로 연결한다.

(2) 기울기와 $y$절편을 이용하여 그리기

　❶ 점 (0, $y$절편)을 좌표평면 위에 나타낸다.

　❷ 기울기를 이용하여 다른 한 점을 찾아 좌표평면 위에 나타낸다.

　❸ 두 점을 직선으로 연결한다.

**23** $y=\dfrac{1}{4}x-1$의 그래프의 $x$절편은 4, $y$절편은 $-1$이므로 그래프는 ②이다.

〔다른 풀이〕

$y=\dfrac{1}{4}x-1$의 그래프의 $y$절편은 $-1$이므로 점 $(0, -1)$을

지난다. 이때 기울기는 $\dfrac{1}{4}$이므로 점 $(0, -1)$에서 $x$의 값이

4만큼, $y$의 값이 1만큼 증가한 점 $(4, 0)$을 지난다.

따라서 그 그래프는 ②이다.

**24** $y=5x+10$의 그래프의 $x$절편은 $-2$, $y$절편은 10이므로 그래프는 ①이다.

**25** (1) $y=x+4$에서

$y=0$일 때, $0=x+4$ $\quad\therefore x=-4$

$x=0$일 때, $y=4$

따라서 $x$절편은 $-4$, $y$절편은 4

이므로 그 그래프를 그리면 오른

쪽 그림과 같다.

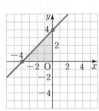

(2) $y=x+4$의 그래프와 $x$축, $y$축으로 둘러싸인 도형은 위의 그림에서 색칠한 삼각형과 같다.

따라서 구하는 도형의 넓이는

$\dfrac{1}{2}\times 4\times 4=8$

**26** $y=-5x+20$에서

$y=0$일 때, $0=-5x+20$ $\quad\therefore x=4$

$x=0$일 때, $y=20$

즉, $x$절편은 $4$, $y$절편은 $20$이므로 그 그래프는 오른쪽 그림과 같다.

따라서 구하는 도형의 넓이는

$\dfrac{1}{2}\times4\times20=40$

## 3 일차함수의 그래프의 성질과 식

**유형 7**　　　　　　　　　　　　　　　　P. 94

**1** (1) ㄱ, ㄷ, ㅂ　(2) ㄴ, ㄹ, ㅁ　(3) ㄱ, ㄷ, ㅂ

　(4) ㄴ, ㄹ, ㅁ　(5) ㄴ, ㄷ, ㅂ　(6) ㄹ, ㅁ

**2** (1) $>$, $>$　(2) $<$, $<$　(3) $>$, $<$　(4) $<$, $>$

**3** (1) ㉢, ㉣　(2) ㉠, ㉡　(3) ㉢　(4) ㉡

**1** (1) $x$의 값이 증가할 때, $y$의 값도 증가하는 직선은 (기울기)$>0$인 일차함수의 그래프이다.

　$\Rightarrow$ ㄱ, ㄷ, ㅂ

(2) $x$의 값이 증가할 때, $y$의 값은 감소하는 직선은 (기울기)$<0$인 일차함수의 그래프이다.

　$\Rightarrow$ ㄴ, ㄹ, ㅁ

(3) 오른쪽 위로 향하는 직선은 (기울기)$>0$인 일차함수의 그래프이다.

　$\Rightarrow$ ㄱ, ㄷ, ㅂ

(4) 오른쪽 아래로 향하는 직선은 (기울기)$<0$인 일차함수의 그래프이다.

　$\Rightarrow$ ㄴ, ㄹ, ㅁ

(5) $y$축과 양의 부분에서 만나는 직선은 ($y$절편)$>0$인 일차함수의 그래프이다.

　$\Rightarrow$ ㄴ, ㄷ, ㅂ

(6) $y$축과 음의 부분에서 만나는 직선은 ($y$절편)$<0$인 일차함수의 그래프이다.

　$\Rightarrow$ ㄹ, ㅁ

**2** (1) 그래프가 오른쪽 위로 향하므로 $a>0$

　$y$축과 양의 부분에서 만나므로 $b>0$

(2) 그래프가 오른쪽 아래로 향하므로 $a<0$

　$y$축과 음의 부분에서 만나므로 $b<0$

(3) 그래프가 오른쪽 위로 향하므로 $a>0$

　$y$축과 음의 부분에서 만나므로 $b<0$

(4) 그래프가 오른쪽 아래로 향하므로 $a<0$

　$y$축과 양의 부분에서 만나므로 $b>0$

[3] 기울기의 크기에 따른 그래프의 모양

일차함수 $y=ax+b$의 그래프에서

$a>0$이면 $a$의 값이 클수록 그래프가 $y$축에 가깝고,

$a<0$이면 $a$의 값이 작을수록 그래프가 $y$축에 가깝다.

$\Rightarrow$ $a$의 절댓값이 클수록 그래프가 $y$축에 가깝다.

**3** (1) $a>0$이면 오른쪽 위로 향하는 직선이다.

　$\Rightarrow$ ㉢, ㉣

(2) $a<0$이면 오른쪽 아래로 향하는 직선이다.

　$\Rightarrow$ ㉠, ㉡

(3) 기울기가 가장 큰 그래프는

　$a>0$인 직선 중에서 $y$축에 가장 가까운 것이다.

　$\Rightarrow$ ㉢

(4) 기울기가 가장 작은 그래프는

　$a<0$인 직선 중에서 $y$축에 가장 가까운 것이다.

　$\Rightarrow$ ㉡

**유형 8**　　　　　　　　　　　　　　　　P. 95

**1** (1) ㄱ과 ㅅ, ㅂ과 ㅇ　(2) ㄴ과 ㅁ, ㄷ과 ㄹ

　(3) ㄱ　(4) ㄴ, ㅁ

**2** (1) $-2$　(2) $\dfrac{2}{3}$　(3) $3$　(4) $\dfrac{5}{2}$

**3** (1) $2$, $-5$　(2) $-\dfrac{2}{3}$, $1$　(3) $2$, $7$　(4) $-1$, $6$

**1** (1) ㄱ. $y=2x$의 그래프의 기울기는 $2$, $y$절편은 $0$이므로

　　ㅅ. $y=2x+4$의 그래프와 평행하다.

　ㅂ. $y=2(2x-1)=4x-2$의 그래프의 기울기는 $4$, $y$절편은 $-2$이므로 ㅇ. $y=4x+2$의 그래프와 평행하다.

(2) ㄴ. $y=-\dfrac{1}{2}x+2$의 그래프의 기울기는 $-\dfrac{1}{2}$, $y$절편은 $2$

　　이므로 ㅁ. $y=-\dfrac{1}{2}(x-4)=-\dfrac{1}{2}x+2$의 그래프와

　　일치한다.

　ㄷ. $y=0.5x-4=\dfrac{1}{2}x-4$의 그래프의 기울기는 $\dfrac{1}{2}$, $y$절

　　편은 $-4$이므로 ㄹ. $y=\dfrac{1}{2}x-4$의 그래프와 일치한다.

(3) 주어진 그래프는 기울기가 $2$, $y$절편이 $4$이므로 이 그래프와 평행한 것은 ㄱ이다.

(4) 주어진 그래프는 기울기가 $-\dfrac{1}{2}$, $y$절편이 2이므로 이 그래프와 일치하는 것은 ㄴ, ㅁ이다.

**2** (3) $y=6x-5$와 $y=2ax+4$의 그래프가 서로 평행하려면 기울기가 같아야 하므로
$$6=2a \quad \therefore a=3$$
(4) $y=\dfrac{a}{2}x+2$와 $y=\dfrac{5}{4}x-1$의 그래프가 서로 평행하려면 기울기가 같아야 하므로
$$\dfrac{a}{2}=\dfrac{5}{4} \quad \therefore a=\dfrac{5}{2}$$

**3** (3) $y=2ax+7$과 $y=4x+b$의 그래프가 일치하려면 기울기와 $y$절편이 각각 같아야 하므로
$$2a=4,\ 7=b \quad \therefore a=2,\ b=7$$
(4) $y=3x+a$와 $y=\dfrac{b}{2}x-1$의 그래프가 일치하려면 기울기와 $y$절편이 각각 같아야 하므로
$$3=\dfrac{b}{2},\ a=-1 \quad \therefore a=-1,\ b=6$$

---

### 유형 **9**　　　　　　　　　　　P. 96

**1** (1) $y=x+6$　(2) $y=4x-3$　(3) $y=-3x+5$
　　(4) $y=-2x-4$　(5) $y=\dfrac{3}{5}x-\dfrac{1}{2}$

**2** (1) $y=5x-1$　(2) $y=-x+4$　(3) $y=2x+3$
　　(4) $y=-\dfrac{1}{2}x-2$

**3** (1) $y=-x-3$　(2) $y=\dfrac{2}{3}x+1$
　　(3) $y=5x-\dfrac{1}{2}$　(4) $y=-\dfrac{3}{4}x+\dfrac{2}{5}$

**4** (1) $y=2x+5$　(2) $y=-3x-2$
　　(3) $y=\dfrac{5}{2}x-3$　(4) $y=-\dfrac{3}{5}x+2$

---

**2** (1) 점 $(0,\ -1)$을 지나므로 $y$절편은 $-1$이다.
$$\therefore y=5x-1$$
(2) 점 $(0,\ 4)$를 지나므로 $y$절편은 4이다.
$$\therefore y=-x+4$$
(3) $y=-5x+3$의 그래프와 $y$축 위에서 만나므로 $y$절편은 3이다.
$$\therefore y=2x+3$$
(4) $y=-\dfrac{2}{3}x-2$의 그래프와 $y$축 위에서 만나므로 $y$절편은 $-2$이다.
$$\therefore y=-\dfrac{1}{2}x-2$$

---

**[3]** 어떤 일차함수의 그래프와 평행하면 기울기가 같다.

**3** (1) $y=-x+2$의 그래프와 평행하므로 기울기는 $-1$이다.
$$\therefore y=-x-3$$
(2) $y=\dfrac{2}{3}x-4$의 그래프와 평행하므로 기울기는 $\dfrac{2}{3}$이다.
$$\therefore y=\dfrac{2}{3}x+1$$
(3) $y=5x-1$의 그래프와 평행하므로 기울기는 5이고, 점 $\left(0,\ -\dfrac{1}{2}\right)$을 지나므로 $y$절편은 $-\dfrac{1}{2}$이다.
$$\therefore y=5x-\dfrac{1}{2}$$
(4) $y=-\dfrac{3}{4}x+6$의 그래프와 평행하므로 기울기는 $-\dfrac{3}{4}$이고, $y=x+\dfrac{2}{5}$의 그래프와 $y$축 위에서 만나므로 $y$절편은 $\dfrac{2}{5}$이다. $\therefore y=-\dfrac{3}{4}x+\dfrac{2}{5}$

**4** (1) (기울기)$=\dfrac{4}{2}=2$이므로 $y=2x+5$
(2) (기울기)$=\dfrac{-9}{3}=-3$이므로 $y=-3x-2$
(3) (기울기)$=\dfrac{5}{2}$이고, 점 $(0,\ -3)$을 지나므로 $y$절편은 $-3$이다. $\therefore y=\dfrac{5}{2}x-3$
(4) (기울기)$=\dfrac{-3}{5}=-\dfrac{3}{5}$이고, 점 $(0,\ 2)$를 지나므로 $y$절편은 2이다.
$$\therefore y=-\dfrac{3}{5}x+2$$

---

### 유형 **10**　　　　　　　　　　　P. 97

**1** ❶ 2　❷ 2, $-1$, 3, 5, $2x+5$
**2** (1) $y=x+1$　(2) $y=-3x+5$　(3) $y=4x-1$
　　(4) $y=\dfrac{2}{3}x+2$　(5) $y=-\dfrac{1}{2}x+\dfrac{1}{2}$
**3** (1) $y=5x+7$　(2) $y=-2x+1$
**4** (1) $y=-2x-6$　(2) $y=\dfrac{1}{3}x+4$　(3) $y=\dfrac{1}{2}x-2$
**5** (1) $y=\dfrac{3}{2}x-1$　(2) $y=-2x+3$　(3) $y=-\dfrac{2}{5}x+8$

---

**1** ❶ 기울기가 2이므로 $y=\boxed{2}x+b$로 놓자.
❷ 점 $(-1,\ 3)$을 지나므로
$y=\boxed{2}x+b$에 $x=\boxed{-1}$, $y=\boxed{3}$을 대입하면
$$3=-2+b \quad \therefore b=\boxed{5}$$
따라서 구하는 일차함수의 식은
$y=\boxed{2x+5}$이다.

**2**
(1) 기울기가 1이므로 $y=x+b$로 놓고,
이 식에 $x=2$, $y=3$을 대입하면
$3=2+b$ ∴ $b=1$
∴ $y=x+1$

(2) 기울기가 $-3$이므로 $y=-3x+b$로 놓고,
이 식에 $x=1$, $y=2$를 대입하면
$2=-3+b$ ∴ $b=5$
∴ $y=-3x+5$

(3) 기울기가 4이므로 $y=4x+b$로 놓고,
이 식에 $x=-1$, $y=-5$를 대입하면
$-5=-4+b$ ∴ $b=-1$
∴ $y=4x-1$

(4) 기울기가 $\frac{2}{3}$이므로 $y=\frac{2}{3}x+b$로 놓고,
이 식에 $x=3$, $y=4$를 대입하면
$4=2+b$ ∴ $b=2$
∴ $y=\frac{2}{3}x+2$

(5) 기울기가 $-\frac{1}{2}$이므로 $y=-\frac{1}{2}x+b$로 놓고,
이 식에 $x=-2$, $y=\frac{3}{2}$을 대입하면
$\frac{3}{2}=1+b$ ∴ $b=\frac{1}{2}$
∴ $y=-\frac{1}{2}x+\frac{1}{2}$

**3**
(1) 기울기가 5이므로 $y=5x+b$로 놓고,
이 식에 $x=-1$, $y=2$를 대입하면
$2=-5+b$ ∴ $b=7$
∴ $y=5x+7$

(2) 기울기가 $-2$이므로 $y=-2x+b$로 놓고,
이 식에 $x=2$, $y=-3$을 대입하면
$-3=-4+b$ ∴ $b=1$
∴ $y=-2x+1$

**4**
(1) $y=-2x+3$의 그래프와 평행하므로
기울기는 $-2$이다.
즉, $y=-2x+b$로 놓고,
이 식에 $x=-1$, $y=-4$를 대입하면
$-4=2+b$ ∴ $b=-6$
∴ $y=-2x-6$

(2) $y=\frac{1}{3}x-2$의 그래프와 평행하므로
기울기는 $\frac{1}{3}$이다.
즉, $y=\frac{1}{3}x+b$로 놓고,
이 식에 $x=3$, $y=5$를 대입하면
$5=1+b$ ∴ $b=4$
∴ $y=\frac{1}{3}x+4$

(3) $y=\frac{1}{2}x-3$의 그래프와 평행하므로 기울기는 $\frac{1}{2}$이다.
즉, $y=\frac{1}{2}x+b$로 놓는다.
이때 $x$절편이 4이므로 점 $(4,\ 0)$을 지난다.
따라서 $y=\frac{1}{2}x+b$에 $x=4$, $y=0$을 대입하면
$0=2+b$ ∴ $b=-2$
∴ $y=\frac{1}{2}x-2$

**5**
(1) 기울기가 $\frac{3}{2}$이므로 $y=\frac{3}{2}x+b$로 놓고,
이 식에 $x=2$, $y=2$를 대입하면
$2=3+b$ ∴ $b=-1$
∴ $y=\frac{3}{2}x-1$

(2) 기울기가 $\frac{-6}{3}=-2$이므로 $y=-2x+b$로 놓고,
이 식에 $x=2$, $y=-1$을 대입하면
$-1=-4+b$ ∴ $b=3$
∴ $y=-2x+3$

(3) 기울기가 $-\frac{2}{5}$이므로 $y=-\frac{2}{5}x+b$로 놓고,
이 식에 $x=5$, $y=6$을 대입하면
$6=-2+b$ ∴ $b=8$
∴ $y=-\frac{2}{5}x+8$

**유형11** P. 98

**1** ❶ $-8$, 1, 3  ❷ 3  ❸ 1, $-5$, $3x-5$

**2** (1) 1, $y=x+2$  (2) $\frac{1}{2}$, $y=\frac{1}{2}x$

(3) $-1$, $y=-x-2$  (4) $-2$, $y=-2x-1$

(5) $-\frac{1}{2}$, $y=-\frac{1}{2}x+\frac{3}{2}$

**3** (1) 1, $y=x-1$  (2) $-\frac{1}{2}$, $y=-\frac{1}{2}x-\frac{3}{2}$

(3) $-\frac{3}{2}$, $y=-\frac{3}{2}x-\frac{3}{2}$  (4) 4, $y=4x+2$

**1** ❶ 두 점 $(2,\ 1)$, $(-1,\ -8)$을 지나므로
$$(기울기)=\frac{(y의\ 값의\ 증가량)}{(x의\ 값의\ 증가량)}=\frac{\boxed{-8}-\boxed{1}}{-1-2}=\boxed{3}$$

❷ $y=\boxed{3}x+b$로 놓자.

❸ 이 식에 $x=2$, $y=\boxed{1}$을 대입하면
$1=6+b$ ∴ $b=\boxed{-5}$
따라서 구하는 일차함수의 식은 $y=\boxed{3x-5}$이다.

**2** (1) (기울기)$=\dfrac{3-0}{1-(-2)}=1$

즉, $y=x+b$로 놓고,

이 식에 $x=-2$, $y=0$을 대입하면

$0=-2+b$  ∴ $b=2$

∴ $y=x+2$

(2) (기울기)$=\dfrac{2-(-2)}{4-(-4)}=\dfrac{1}{2}$

즉, $y=\dfrac{1}{2}x+b$로 놓고,

이 식에 $x=4$, $y=2$를 대입하면

$2=2+b$  ∴ $b=0$

∴ $y=\dfrac{1}{2}x$

(3) (기울기)$=\dfrac{-4-(-3)}{2-1}=-1$

즉, $y=-x+b$로 놓고,

이 식에 $x=1$, $y=-3$을 대입하면

$-3=-1+b$  ∴ $b=-2$

∴ $y=-x-2$

(4) (기울기)$=\dfrac{1-5}{-1-(-3)}=-2$

즉, $y=-2x+b$로 놓고,

이 식에 $x=-1$, $y=1$을 대입하면

$1=2+b$  ∴ $b=-1$

∴ $y=-2x-1$

(5) (기울기)$=\dfrac{-1-2}{5-(-1)}=-\dfrac{1}{2}$

즉, $y=-\dfrac{1}{2}x+b$로 놓고,

이 식에 $x=-1$, $y=2$를 대입하면

$2=\dfrac{1}{2}+b$  ∴ $b=\dfrac{3}{2}$

∴ $y=-\dfrac{1}{2}x+\dfrac{3}{2}$

**3** (1) 주어진 직선이 두 점 $(-1, -2)$, $(3, 2)$를 지나므로

(기울기)$=\dfrac{2-(-2)}{3-(-1)}=1$

즉, $y=x+b$로 놓고,

이 식에 $x=3$, $y=2$를 대입하면

$2=3+b$  ∴ $b=-1$

∴ $y=x-1$

(2) 주어진 직선이 두 점 $(-3, 0)$, $(1, -2)$를 지나므로

(기울기)$=\dfrac{-2-0}{1-(-3)}=-\dfrac{1}{2}$

즉, $y=-\dfrac{1}{2}x+b$로 놓고,

이 식에 $x=-3$, $y=0$을 대입하면

$0=\dfrac{3}{2}+b$  ∴ $b=-\dfrac{3}{2}$

∴ $y=-\dfrac{1}{2}x-\dfrac{3}{2}$

(3) 주어진 직선이 두 점 $(-3, 3)$, $(1, -3)$을 지나므로

(기울기)$=\dfrac{-3-3}{1-(-3)}=-\dfrac{3}{2}$

즉, $y=-\dfrac{3}{2}x+b$로 놓고,

이 식에 $x=1$, $y=-3$을 대입하면

$-3=-\dfrac{3}{2}+b$   ∴ $b=-\dfrac{3}{2}$

∴ $y=-\dfrac{3}{2}x-\dfrac{3}{2}$

(4) 주어진 직선이 두 점 $(-1, -2)$, $(0, 2)$를 지나므로

(기울기)$=\dfrac{2-(-2)}{0-(-1)}=4$

즉, $y=4x+b$로 놓고,

이 식에 $x=0$, $y=2$를 대입하면 $b=2$

∴ $y=4x+2$

---

**유형12**  P. 99

**1** ❶ $3, 4, 4, 3, -\dfrac{4}{3}$   ❷ $4, -\dfrac{4}{3}x+4$

**2** (1) $3, y=3x-3$   (2) $\dfrac{7}{2}, y=\dfrac{7}{2}x+7$

(3) $-1, y=-x-5$   (4) $\dfrac{3}{4}, y=\dfrac{3}{4}x+3$

(5) $-4, y=-4x+4$

**3** (1) $-\dfrac{1}{3}, -1, y=-\dfrac{1}{3}x-1$

(2) $\dfrac{1}{2}, -2, y=\dfrac{1}{2}x-2$

(3) $3, 6, y=3x+6$

(4) $-\dfrac{3}{5}, 3, y=-\dfrac{3}{5}x+3$

---

**1** ❶ $x$절편이 3, $y$절편이 4이므로

두 점 $(\boxed{3}, 0)$, $(0, \boxed{4})$를 지난다.

∴ (기울기)$=\dfrac{(y\text{의 값의 증가량})}{(x\text{의 값의 증가량})}=\dfrac{\boxed{4}-0}{0-\boxed{3}}=\boxed{-\dfrac{4}{3}}$

❷ $y$절편이 $\boxed{4}$이므로 구하는 일차함수의 식은

$y=\boxed{-\dfrac{4}{3}x+4}$이다.

**2** (1) 두 점 $(1, 0)$, $(0, -3)$을 지나므로

(기울기)$=\dfrac{-3-0}{0-1}=3$

이때 $y$절편이 $-3$이므로 $y=3x-3$

(2) 두 점 $(-2, 0)$, $(0, 7)$을 지나므로

(기울기)$=\dfrac{7-0}{0-(-2)}=\dfrac{7}{2}$

이때 $y$절편이 7이므로 $y=\dfrac{7}{2}x+7$

---

(3) 두 점 $(-5, 0)$, $(0, -5)$를 지나므로

$(기울기)=\dfrac{-5-0}{0-(-5)}=-1$

이때 $y$절편이 $-5$이므로

$y=-x-5$

(4) 두 점 $(-4, 0)$, $(0, 3)$을 지나므로

$(기울기)=\dfrac{3-0}{0-(-4)}=\dfrac{3}{4}$

이때 $y$절편이 $3$이므로

$y=\dfrac{3}{4}x+3$

(5) 두 점 $(1, 0)$, $(0, 4)$를 지나므로

$(기울기)=\dfrac{4-0}{0-1}=-4$

이때 $y$절편이 $4$이므로

$y=-4x+4$

**3** (1) 오른쪽 그림에서

$(기울기)=\dfrac{(y의\ 값의\ 증가량)}{(x의\ 값의\ 증가량)}$

$=\dfrac{-1}{3}=-\dfrac{1}{3}$

이때 $y$절편은 $-1$이므로 $y=-\dfrac{1}{3}x-1$

**다른 풀이**

주어진 직선이 두 점 $(-3, 0)$, $(0, -1)$을 지나므로

$(기울기)=\dfrac{-1-0}{0-(-3)}=-\dfrac{1}{3}$, $(y절편)=-1$

$\therefore y=-\dfrac{1}{3}x-1$

(2) 오른쪽 그림에서

$(기울기)=\dfrac{(y의\ 값의\ 증가량)}{(x의\ 값의\ 증가량)}$

$=\dfrac{2}{4}=\dfrac{1}{2}$

이때 $y$절편은 $-2$이므로 $y=\dfrac{1}{2}x-2$

**다른 풀이**

주어진 직선이 두 점 $(4, 0)$, $(0, -2)$를 지나므로

$(기울기)=\dfrac{-2-0}{0-4}=\dfrac{1}{2}$, $(y절편)=-2$

$\therefore y=\dfrac{1}{2}x-2$

(3) 오른쪽 그림에서

$(기울기)=\dfrac{(y의\ 값의\ 증가량)}{(x의\ 값의\ 증가량)}$

$=\dfrac{6}{2}=3$

이때 $y$절편은 $6$이므로 $y=3x+6$

**다른 풀이**

주어진 직선이 두 점 $(-2, 0)$, $(0, 6)$을 지나므로

$(기울기)=\dfrac{6-0}{0-(-2)}=3$, $(y절편)=6$

$\therefore y=3x+6$

(4) 오른쪽 그림에서

$(기울기)=\dfrac{(y의\ 값의\ 증가량)}{(x의\ 값의\ 증가량)}$

$=\dfrac{-3}{5}=-\dfrac{3}{5}$

이때 $y$절편은 $3$이므로 $y=-\dfrac{3}{5}x+3$

**다른 풀이**

주어진 직선이 두 점 $(5, 0)$, $(0, 3)$을 지나므로

$(기울기)=\dfrac{3-0}{0-5}=-\dfrac{3}{5}$, $(y절편)=3$

$\therefore y=-\dfrac{3}{5}x+3$

---

**쌍둥이 기출문제**  P. 100~101

| | | | | | |
|---|---|---|---|---|---|
| **1** ④ | **2** (1) 제1, 3, 4사분면 | | (2) 제1, 2, 3사분면 | | |
| **3** ④ | **4** ㄱ과 ㄷ | | **5** ③, ⑤ | | |
| **6** ㄱ, ㄴ, ㄷ | **7** $y=4x-1$ | | **8** $y=-2x+2$ | | |
| **9** ⑤ | **10** $y=-2x+7$ | | **11** 15 | | |
| **12** 3 | **13** $y=\dfrac{3}{2}x+6$ | | **14** $y=-2x+6$ | | |

[1~2] 일차함수 $y=ax+b$의 그래프의 모양

• 오른쪽 위로 향한다. ⇨ $a>0$<br>　오른쪽 아래로 향한다. ⇨ $a<0$

• $y$축과 양의 부분에서 만난다. ⇨ $b>0$<br>　$y$축과 음의 부분에서 만난다. ⇨ $b<0$

**1** $y=ax-b$의 그래프가 오른쪽 아래로 향하므로

$(기울기)=a<0$

$y$축과 양의 부분에서 만나므로

$(y절편)=-b>0$　　$\therefore b<0$

**2** (1) $a>0$, $b<0$이므로 $y=ax+b$의 그래프의 모양은 오른쪽 그림과 같고, 제1, 3, 4사분면을 지난다.

(2) $a>0$, $b<0$에서 $a>0$, $-b>0$이므로 $y=ax-b$의 그래프의 모양은 오른쪽 그림과 같고, 제1, 2, 3사분면을 지난다.

**3** $y=4x+1$의 그래프와 평행하려면 기울기가 4로 같고, $y$절편은 1이 아니어야 하므로 ④ $y=4x+8$이다.

**4** 그래프가 서로 평행한 것은 기울기는 같고 $y$절편은 다른 ㄱ과 ㄷ이다.

**5** ① $x$절편은 $\dfrac{20}{3}$이다.

② $y=-\dfrac{3}{4}x+5$에 $x=4$, $y=8$을 대입하면

$8\neq-\dfrac{3}{4}\times4+5$이므로 점 $(4, 8)$을 지나지 않는다.

④ 기울기가 $-\dfrac{3}{4}$이므로 $x$의 값이 4만큼 증가할 때, $y$의 값은 3만큼 감소한다.

따라서 옳은 것은 ③, ⑤이다.

**6** ㄴ. (기울기)$=5>0$, ($y$절편)$=-1<0$이므로 $y=5x-1$의 그래프는 오른쪽 그림과 같다. 즉, 제1, 3, 4사분면을 지난다.

ㄹ. $y=5x-1$, $y=-5x+1$의 그래프는 기울기가 각각 5, $-5$로 서로 다르므로 평행하지 않다.

따라서 옳은 것은 ㄱ, ㄴ, ㄷ이다.

**7** 기울기가 4이고, $y$절편이 $-1$인 일차함수의 식은
$y=4x-1$

**8** 주어진 그래프에서 (기울기)$=\dfrac{-4}{2}=-2$

따라서 구하는 일차함수의 식은 $y$절편이 2이므로
$y=-2x+2$

**9** 기울기가 3이므로 $y=3x+b$로 놓고,
이 식에 $x=-1$, $y=1$을 대입하면
$1=-3+b$    $\therefore b=4$
$\therefore y=3x+4$

**10** ㈎에서 $y=-2x+4$의 그래프와 평행하므로
기울기는 $-2$이다.                    ⋯ (i)
즉, $y=-2x+b$로 놓자.
㈏에서 점 $(2, 3)$을 지나므로
$y=-2x+b$에 $x=2$, $y=3$을 대입하면
$3=-4+b$    $\therefore b=7$        ⋯ (ii)
따라서 구하는 일차함수의 식은
$y=-2x+7$                          ⋯ (iii)

| 채점 기준 | 비율 |
| --- | --- |
| (i) 기울기 구하기 | 40 % |
| (ii) $y$절편 구하기 | 40 % |
| (iii) 일차함수의 식 구하기 | 20 % |

**11** 두 점 $(2, -3)$, $(4, 5)$를 지나므로
(기울기)$=\dfrac{5-(-3)}{4-2}=4$    $\therefore a=4$
따라서 $y=4x+b$에 $x=2$, $y=-3$을 대입하면
$-3=8+b$    $\therefore b=-11$
$\therefore a-b=4-(-11)=15$

**12** 두 점 $(1, 5)$, $(-2, -1)$을 지나므로
(기울기)$=\dfrac{-1-5}{-2-1}=2$
즉, $y=2x+b$로 놓고, 이 식에 $x=1$, $y=5$를 대입하면
$5=2+b$    $\therefore b=3$    $\therefore y=2x+3$
따라서 이 그래프의 $y$절편은 3이다.

**13** 오른쪽 그림에서
(기울기)$=\dfrac{(y\text{의 값의 증가량})}{(x\text{의 값의 증가량})}=\dfrac{6}{4}=\dfrac{3}{2}$

이때 $y$절편은 6이므로 $y=\dfrac{3}{2}x+6$

**다른 풀이**
주어진 직선이 두 점 $(-4, 0)$, $(0, 6)$을 지나므로
(기울기)$=\dfrac{6-0}{0-(-4)}=\dfrac{3}{2}$, ($y$절편)$=6$

$\therefore y=\dfrac{3}{2}x+6$

**14** $x$절편이 3이고, $y=2x+6$의 그래프와 $y$축 위에서 만나므로 $y$절편은 6이다.
즉, 두 점 $(3, 0)$, $(0, 6)$을 지나므로
(기울기)$=\dfrac{6-0}{0-3}=-2$    $\therefore y=-2x+6$

**유형13**     P. 102~103

**1** (1) 30, 2   (2) 15, 0.1   (3) 3, 24, 3   (4) $4x$, 100, 4

**2** (1) $y=30+0.2x$   (2) 15, 33, 33   (3) 37, 35, 35

**3** ① $\dfrac{1}{5}$

     (1) $y=35-\dfrac{1}{5}x$   (2) 23 cm   (3) 175분

**4** ① 2   ② $\dfrac{2}{5}$

     (1) $y=20+\dfrac{2}{5}x$   (2) 34 ℃   (3) 200초 후

**5** ① 10000

     (1) $80x$, $y=10000-80x$   (2) 2800 m   (3) 120분 후

---

**2** (1) 처음 용수철의 길이가 30 cm이고,

추의 무게가 1 g씩 늘어날 때마다 용수철의 길이가

0.2 cm씩 늘어나므로 $y=30+0.2x$

(2) $y=30+0.2x$에 $x=\boxed{15}$를 대입하면

$y=30+3=\boxed{33}$

∴ (용수철의 길이)$=\boxed{33}$ cm

(3) $y=30+0.2x$에 $y=\boxed{37}$을 대입하면

$37=30+0.2x$, $-0.2x=-7$    ∴ $x=\boxed{35}$

∴ (추의 무게)$=\boxed{35}$ g

**3** (1) 양초의 길이가 10분에 2 cm씩 짧아지므로

1분에 $\dfrac{2}{10}=\boxed{① \dfrac{1}{5}}$ (cm)씩 짧아진다.

이때 처음 양초의 길이가 35 cm이므로

$y=35-\dfrac{1}{5}x$

(2) $y=35-\dfrac{1}{5}x$에 $x=60$을 대입하면

$y=35-12=23$

따라서 60분 후에 남은 양초의 길이는 23 cm이다.

(3) 양초가 완전히 다 타면 남은 양초의 길이는 0 cm이므로

$y=35-\dfrac{1}{5}x$에 $y=0$을 대입하면

$0=35-\dfrac{1}{5}x$, $\dfrac{1}{5}x=35$    ∴ $x=175$

따라서 양초가 완전히 다 타는 데 걸리는 시간은 175분
이다.

**4** (1)

| 시간(초) | 0 | 5 | 10 | 15 | 20 | ⋯ |
|---|---|---|---|---|---|---|
| 온도(℃) | 20 | 22 | 24 | 26 | 28 | ⋯ |

물의 온도가 5초에 $\boxed{① 2}$ ℃씩 오르므로

1초에 $\boxed{② \dfrac{2}{5}}$ ℃씩 오른다.

이때 처음 물의 온도가 20 ℃이므로

$y=20+\dfrac{2}{5}x$

(2) $y=20+\dfrac{2}{5}x$에 $x=35$를 대입하면

$y=20+14=34$

따라서 32초 후에 물의 온도는 34 ℃이다.

(3) $y=20+\dfrac{2}{5}x$에 $y=100$을 대입하면

$100=20+\dfrac{2}{5}x$, $\dfrac{2}{5}x=80$    ∴ $x=200$

따라서 물의 온도가 100 ℃가 되는 때는 200초 후이다.

**5** (1)

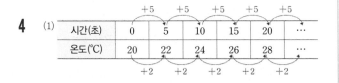

두 지점 A, B 사이의 거리는 10 km$=\boxed{① 10000}$ m이
고, $x$분 동안 걸어간 거리는 $80x$ m이므로 B 지점까지
남은 거리는 $(10000-80x)$ m이다.

∴ $y=10000-80x$

(2) 1시간 30분은 90분이므로

$y=10000-80x$에 $x=90$을 대입하면

$y=10000-7200=2800$

따라서 1시간 30분 후에 남은 거리는 2800 m이다.

(3) $y=10000-80x$에 $y=400$을 대입하면

$400=10000-80x$, $80x=9600$    ∴ $x=120$

따라서 남은 거리가 400 m일 때는 120분 후이다.

---

**쌍둥이 기출문제**     P. 104

| | | | |
|---|---|---|---|
| **1** 29 L | **2** 17초 후 | **3** 1.2 ℃ | **4** 7500원 |
| **5** 86 ℉ | **6** 15 cm | **7** 24 cm² | **8** 32 cm² |

**[1~8]** 일차함수의 활용

$x$와 $y$ 사이의 관계를 일차함수 $y=ax+b$ 꼴로 나타내고, 조건에 맞는
값을 대입하여 답을 구한다.

**1** 처음 물의 양이 8 L이고, 물의 양이 1분에 3 L씩 늘어나므
로 $y=8+3x$

이 식에 $x=7$을 대입하면 $y=8+21=29$

따라서 7분 후에 물탱크에 들어 있는 물의 양은 29 L이다.

**2** 처음 엘리베이터의 높이가 $50\,\mathrm{m}$이고, 높이가 $1$초에 $2\,\mathrm{m}$씩 낮아지므로 $y=50-2x$
이 식에 $y=16$을 대입하면 $16=50-2x$
$2x=34$ $\therefore x=17$
따라서 높이가 $16\,\mathrm{m}$인 곳에 도착하는 것은 $17$초 후이다.

**3** 높이가 $100\,\mathrm{m}$씩 높아질 때마다 기온이 $0.6\,^{\circ}\mathrm{C}$씩 떨어지므로 높이가 $1\,\mathrm{m}$씩 높아질 때마다 기온은 $0.006\,^{\circ}\mathrm{C}$씩 떨어진다. 이때 지면에서의 기온이 $15\,^{\circ}\mathrm{C}$이므로 $y=15-0.006x$
이 식에 $x=2300$을 대입하면
$y=15-13.8=1.2$
따라서 높이가 $2300\,\mathrm{m}$인 곳의 기온은 $1.2\,^{\circ}\mathrm{C}$이다.

**4** 구매 금액 $10$원마다 $2$포인트를 받으므로
구매 금액 $1$원마다 $0.2$포인트를 받는다.
이때 회원이 되면 $2000$포인트를 기본으로 받으므로
$y=2000+0.2x$
이 식에 $y=3500$을 대입하면 $3500=2000+0.2x$
$-0.2x=-1500$ $\therefore x=7500$
따라서 $3500$포인트를 받으려면 $7500$원짜리 물건을 구매해야 한다.

**5** 주어진 직선이 두 점 $(0, 32)$, $(100, 212)$를 지나므로
$(\text{기울기})=\dfrac{212-32}{100-0}=\dfrac{9}{5}$, $(y\text{절편})=32$
$\therefore y=\dfrac{9}{5}x+32$
이 식에 $x=30$을 대입하면 $y=54+32=86$
따라서 섭씨온도가 $30\,^{\circ}\mathrm{C}$일 때의 화씨온도는 $86\,^{\circ}\mathrm{F}$이다.

**6** 주어진 직선이 두 점 $(180, 0)$, $(0, 20)$을 지나므로
$(\text{기울기})=\dfrac{20-0}{0-180}=-\dfrac{1}{9}$, $(y\text{절편})=20$
$\therefore y=-\dfrac{1}{9}x+20$
이 식에 $x=45$를 대입하면 $y=-5+20=15$
따라서 $45$분 후에 남은 양초의 길이는 $15\,\mathrm{cm}$이다.

**다른 풀이** 일차함수의 식 구하기
주어진 그림에서 양초의 길이가 $180$분 동안 $20\,\mathrm{cm}$만큼 줄어들므로 $1$분 동안 $\dfrac{20}{180}=\dfrac{1}{9}\,(\mathrm{cm})$만큼 줄어든다.
이때 처음 양초의 길이가 $20\,\mathrm{cm}$이므로
$y=20-\dfrac{1}{9}x$

**7** 점 P가 $1$초에 $2\,\mathrm{cm}$씩 움직이므로
$x$초 후에는 $\overline{\mathrm{AP}}=2x\,\mathrm{cm}$
$\triangle\mathrm{APD}=\dfrac{1}{2}\times 2x\times 8=8x\,(\mathrm{cm}^2)$ $\therefore y=8x$
이 식에 $x=3$을 대입하면 $y=24$
따라서 $3$초 후에 $\triangle\mathrm{APD}$의 넓이는 $24\,\mathrm{cm}^2$이다.

**8** 점 P가 $1$초에 $3\,\mathrm{cm}$씩 움직이므로
$x$초 후에는 $\overline{\mathrm{BP}}=3x\,\mathrm{cm}$, $\overline{\mathrm{AP}}=\overline{\mathrm{AB}}-\overline{\mathrm{BP}}=10-3x\,(\mathrm{cm})$
$\triangle\mathrm{APC}=\dfrac{1}{2}\times(10-3x)\times 16=-24x+80\,(\mathrm{cm}^2)$
$\therefore y=-24x+80$
이 식에 $x=2$를 대입하면 $y=-48+80=32$
따라서 $2$초 후에 $\triangle\mathrm{APC}$의 넓이는 $32\,\mathrm{cm}^2$이다.

 **단원 마무리** P. 105~107

| **1** ③ | **2** ㄱ, ㄷ | **3** ④ | **4** ④ | **5** ⑤ |
|---|---|---|---|---|
| **6** 0 | **7** 12 | **8** ④ | **9** ①, ⑤ | **10** 4 |

**11** $y=-3x+1$
**12** (1) $y=30-\dfrac{1}{5}x$ (2) $18\,\mathrm{L}$

**1** ① $y=x-6$ ⇨ $y=(x$에 대한 일차식) 꼴이므로 $y$는 $x$의 함수이다.

②

| $x$ | 1 | 2 | 3 | 4 | … |
|---|---|---|---|---|---|
| $y$ | 1 | 2 | 0 | 1 | … |

$x$의 값이 변함에 따라 $y$의 값이 오직 하나씩 대응하므로 $y$는 $x$의 함수이다.

③

| $x$ | 1 | 2 | 3 | 4 | … |
|---|---|---|---|---|---|
| $y$ | 1 | 1, 2 | 1, 3 | 1, 2, 4 | … |

$x=2$일 때, $y$의 값이 $1$, $2$의 $2$개이므로 $x$의 값 하나에 $y$의 값이 오직 하나씩 대응하지 않는다.
즉, $y$는 $x$의 함수가 아니다.
④ $y=9x$ ⇨ 정비례 관계이므로 $y$는 $x$의 함수이다.
⑤ $y=7x$ ⇨ 정비례 관계이므로 $y$는 $x$의 함수이다.
따라서 $y$가 $x$의 함수가 아닌 것은 ③이다.

**2** ㄴ. $y=x^2-2x+3$은 $y=(x$에 대한 이차식)이므로 일차함수가 아니다.
ㄷ. $y=\dfrac{4}{3}x-\dfrac{1}{3}$이므로 일차함수이다.
ㄹ. $y=2x^2-8x$는 $y=(x$에 대한 이차식)이므로 일차함수가 아니다.
ㅁ. $\dfrac{3}{x}$은 $x$가 분모에 있으므로 일차식이 아니다.
즉, $y=\dfrac{3}{x}$은 일차함수가 아니다.
ㅂ. $y=-6$에서 $-6$은 일차식이 아니므로 $y=-6$은 일차함수가 아니다.
따라서 $y$가 $x$의 일차함수인 것은 ㄱ, ㄷ이다.

**3**
① $f(-4)=2\times(-4)+12=4$
② $f(-3)=2\times(-3)+12=6$
③ $f(-1)=2\times(-1)+12=10$
④ $f(2)=2\times2+12=16$
⑤ $f(6)=2\times6+12=24$
따라서 함숫값으로 옳지 않은 것은 ④이다.

**4**
$y=-2x+7$의 그래프를 $y$축의 방향으로 $-4$만큼 평행이동하면
$y=-2x+7-4$  $\therefore y=-2x+3$
즉, $y=-2x+3$에 주어진 점의 좌표를 각각 대입하면
① $-7\neq-2\times(-2)+3$
② $0\neq-2\times0+3$
③ $4\neq-2\times1+3$
④ $-1=-2\times2+3$
⑤ $-4\neq-2\times3+3$
따라서 $y=-2x+3$의 그래프 위의 점은 ④이다.

**5** 각 일차함수의 그래프의 $x$절편을 구하면 다음과 같다.
①, ②, ③, ④ 3, ⑤ 1
따라서 $x$절편이 다른 하나는 ⑤이다.

**6** (⑴의 기울기)$=\dfrac{-3}{1}=-3$

(⑵의 $y$절편)$=3$

따라서 구하는 합은
$-3+3=0$

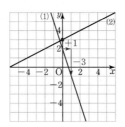

**7** $y=\dfrac{2}{3}x+4$에서

$y=0$일 때, $0=\dfrac{2}{3}x+4$  $\therefore x=-6$

$x=0$일 때, $y=4$

즉, $x$절편은 $-6$, $y$절편은 4이므로 그
그래프는 오른쪽 그림과 같다.
따라서 구하는 도형의 넓이는

$\dfrac{1}{2}\times6\times4=12$

**8** $y=-ax+b$의 그래프가 오른쪽 위로 향하므로
(기울기)$=-a>0$  $\therefore a<0$
$y$축과 양의 부분에서 만나므로 ($y$절편)$=b>0$

**9**
① $y=2x-6$의 그래프는 $y=2x$의 그래프를 $y$축의 방향으로 $-6$만큼 평행이동한 것이다.
② $y=2x-6$에 $x=4$, $y=2$를 대입하면
   $2=2\times4-6$이므로 점 $(4,\,2)$를 지난다.
④ (기울기)$=2>0$이므로 오른쪽 위로 향하는 직선이다.

⑤ $y=2x-6$, $y=-2x+10$의 그래프는 기울기가 각각 2, $-2$로 서로 다르므로 평행하지 않다.
따라서 옳지 않은 것은 ①, ⑤이다.

**10** $a=$(기울기)$=\dfrac{(y\text{의 값의 증가량})}{(x\text{의 값의 증가량})}=\dfrac{-1}{2}=-\dfrac{1}{2}$

즉, $y=-\dfrac{1}{2}x+b$에 $x=3$, $y=2$를 대입하면

$2=-\dfrac{3}{2}+b$  $\therefore b=\dfrac{7}{2}$

$\therefore b-a=\dfrac{7}{2}-\left(-\dfrac{1}{2}\right)=4$

**11** 주어진 직선이 두 점 $(-1,\,4)$, $(2,\,-5)$를 지나므로
(기울기)$=\dfrac{-5-4}{2-(-1)}=-3$
즉, $y=-3x+b$로 놓고, 이 식에 $x=2$, $y=-5$를 대입하면
$-5=-6+b$  $\therefore b=1$
따라서 구하는 일차함수의 식은 $y=-3x+1$

**12** ⑴ 15 km를 달리는 데 3 L의 휘발유가 필요하므로

1 km를 달리는 데 $\dfrac{1}{5}$ L의 휘발유가 필요하다.  … (i)

이때 자동차에 들어 있는 휘발유의 양이 30 L이므로

$y=30-\dfrac{1}{5}x$  … (ii)

⑵ $y=30-\dfrac{1}{5}x$에 $x=60$을 대입하면

$y=30-12=18$
따라서 60 km를 달린 후에 남아 있는 휘발유의 양은
18 L이다.  … (iii)

| 채점 기준 | 비율 |
|---|---|
| (i) 1 km를 달리는 데 필요한 휘발유의 양 구하기 | 30 % |
| (ii) $y$를 $x$에 대한 식으로 나타내기 | 30 % |
| (iii) 60 km를 달린 후에 남아 있는 휘발유의 양 구하기 | 40 % |

## 1 일차함수와 일차방정식

**1** (1) $-5$ (2) $0$ (3) $-2$ (4) $8$

**2** (1) $2x-5$, $2$, $\dfrac{5}{2}$, $-5$      (2) $-\dfrac{1}{3}x+2$, $-\dfrac{1}{3}$, $6$, $2$

    (3) $\dfrac{3}{4}x+6$, $\dfrac{3}{4}$, $-8$, $6$      (4) $-\dfrac{3}{2}x+3$, $-\dfrac{3}{2}$, $2$, $3$

**3** (1)            (2)

    (3)            (4)

**4** (1) $\times$     (2) $\bigcirc$     (3) $\bigcirc$     (4) $\times$

---

**1**
(1) $x-2y=6$에 $x=-4$를 대입하면
$-4-2y=6$, $-2y=10$
$\therefore y=-5$

(2) $x-2y=6$에 $y=-3$을 대입하면
$x+6=6$    $\therefore x=0$

(3) $x-2y=6$에 $x=2$를 대입하면
$2-2y=6$, $-2y=4$
$\therefore y=-2$

(4) $x-2y=6$에 $y=1$을 대입하면
$x-2=6$    $\therefore x=8$

**2**
(1) $-2x+y+5=0$에서 $y$를 $x$에 대한 식으로 나타내면
$y=2x-5$    $\cdots$ ㉠
㉠에 $y=0$을 대입하면
$0=2x-5$    $\therefore x=\dfrac{5}{2}$

따라서 기울기는 $2$, $x$절편은 $\dfrac{5}{2}$, $y$절편은 $-5$이다.

(2) $x+3y-6=0$에서 $y$를 $x$에 대한 식으로 나타내면
$3y=-x+6$
$\therefore y=-\dfrac{1}{3}x+2$    $\cdots$ ㉠
㉠에 $y=0$을 대입하면
$0=-\dfrac{1}{3}x+2$    $\therefore x=6$

따라서 기울기는 $-\dfrac{1}{3}$, $x$절편은 $6$, $y$절편은 $2$이다.

(3) $3x-4y=-24$에서 $y$를 $x$에 대한 식으로 나타내면
$-4y=-3x-24$
$\therefore y=\dfrac{3}{4}x+6$    $\cdots$ ㉠

---

㉠에 $y=0$을 대입하면
$0=\dfrac{3}{4}x+6$    $\therefore x=-8$

따라서 기울기는 $\dfrac{3}{4}$, $x$절편은 $-8$, $y$절편은 $6$이다.

(4) $\dfrac{x}{2}+\dfrac{y}{3}=1$의 양변에 $6$을 곱하면
$3x+2y=6$
$3x+2y=6$에서 $y$를 $x$에 대한 식으로 나타내면
$2y=-3x+6$
$\therefore y=-\dfrac{3}{2}x+3$    $\cdots$ ㉠
㉠에 $y=0$을 대입하면
$0=-\dfrac{3}{2}x+3$    $\therefore x=2$

따라서 기울기는 $-\dfrac{3}{2}$, $x$절편은 $2$, $y$절편은 $3$이다.

**3**
(1) $5x-4y+10=0$에서 $y$를 $x$에 대한 식으로 나타내면
$-4y=-5x-10$
$\therefore y=\dfrac{5}{4}x+\dfrac{5}{2}$    $\cdots$ ㉠
㉠에 $y=0$을 대입하면
$0=\dfrac{5}{4}x+\dfrac{5}{2}$    $\therefore x=-2$

따라서 $x$절편은 $-2$, $y$절편은 $\dfrac{5}{2}$이므로

두 점 $(-2,\,0)$, $\left(0,\,\dfrac{5}{2}\right)$를 지나는 직선을 그린다.

(2) $x+2y=-3$에서 $y$를 $x$에 대한 식으로 나타내면
$2y=-x-3$
$\therefore y=-\dfrac{1}{2}x-\dfrac{3}{2}$    $\cdots$ ㉠
㉠에 $y=0$을 대입하면
$0=-\dfrac{1}{2}x-\dfrac{3}{2}$    $\therefore x=-3$

따라서 $x$절편은 $-3$, $y$절편은 $-\dfrac{3}{2}$이므로

두 점 $(-3,\,0)$, $\left(0,\,-\dfrac{3}{2}\right)$을 지나는 직선을 그린다.

(3) $2x-3y-6=0$에서 $y$를 $x$에 대한 식으로 나타내면
$-3y=-2x+6$
$\therefore y=\dfrac{2}{3}x-2$    $\cdots$ ㉠
㉠에 $y=0$을 대입하면
$0=\dfrac{2}{3}x-2$    $\therefore x=3$

따라서 $x$절편은 $3$, $y$절편은 $-2$이므로
두 점 $(3,\,0)$, $(0,\,-2)$를 지나는 직선을 그린다.

(4) $4x+7y=14$에서 $y$를 $x$에 대한 식으로 나타내면
$7y=-4x+14$
$\therefore y=-\dfrac{4}{7}x+2$    $\cdots$ ㉠

⊙에 $y=0$을 대입하면

$$0=-\frac{4}{7}x+2 \quad \therefore x=\frac{7}{2}$$

따라서 $x$절편은 $\frac{7}{2}$, $y$절편은 2이므로

두 점 $\left(\frac{7}{2},\ 0\right)$, $(0,\ 2)$를 지나는 직선을 그린다.

**4** $6x-2y-1=0$에서 $y$를 $x$에 대한 식으로 나타내면

$$-2y=-6x+1 \quad \therefore y=3x-\frac{1}{2}$$

(1) $6x-2y-1=0$에 $x=1$, $y=3$을 대입하면

$6-6-1\neq0$이므로 점 $(1,\ 3)$을 지나지 않는다.

(2) 기울기가 $3\left(=\frac{6}{2}\right)$이므로 $x$의 값이 2만큼 증가할 때, $y$의 값은 6만큼 증가한다.

(3) (기울기)$=3>0$, ($y$절편)$=-\frac{1}{2}<0$이므로 그래프는 오른쪽 그림과 같다.
따라서 제2사분면을 지나지 않는다.

(4) $y=3x-\frac{1}{2}$, $y=-3x+6$의 그래프는 기울기가 각각 3, $-3$으로 서로 다르므로 평행하지 않다.

(3) 점 $(0,\ 4)$를 지나고, $x$축에 평행한 직선의 방정식은
$y=4$

(4) 점 $(0,\ -1)$을 지나고, $x$축에 평행한 직선의 방정식은
$y=-1$

**[4]** 서로 다른 두 점 $(x_1,\ y_1)$, $(x_2,\ y_2)$를 지나는 직선은
• $x_1=x_2$이면 $y$축에 평행하다.
• $y_1=y_2$이면 $x$축에 평행하다.

**4** (1) $x$축에 평행하므로 직선 위의 점들의 $y$좌표는 모두 1로 같다.
따라서 구하는 직선의 방정식은 $y=1$이다.

(2) $y$축에 평행하므로 직선 위의 점들의 $x$좌표는 모두 3으로 같다.
따라서 구하는 직선의 방정식은 $x=3$이다.

(3) $x$축에 수직이므로 직선 위의 점들의 $x$좌표는 모두 $-2$로 같다.
따라서 구하는 직선의 방정식은 $x=-2$이다.

(4) $y$축에 수직이므로 직선 위의 점들의 $y$좌표는 모두 $-1$로 같다.
따라서 구하는 직선의 방정식은 $y=-1$이다.

(5) 한 직선 위의 두 점의 $x$좌표가 같으므로 그 직선 위의 점들의 $x$좌표는 모두 2로 같다.
따라서 구하는 직선의 방정식은 $x=2$이다.

(6) 한 직선 위의 두 점의 $y$좌표가 같으므로 그 직선 위의 점들의 $y$좌표는 모두 $-5$로 같다.
따라서 구하는 직선의 방정식은 $y=-5$이다.

---

**유형 2** P. 111

**1** (1) 1, $y$ (2) $-3$, $-3$, $x$

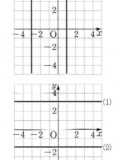

**2** (1) 3, $x$ (2) $-2$, $-2$, $y$

**3** (1) $x=3$ (2) $x=-2$ (3) $y=4$ (4) $y=-1$

**4** (1) $y=1$ (2) $x=3$ (3) $x=-2$ (4) $y=-1$
(5) $x=2$ (6) $y=-5$

**3** (1) 점 $(3,\ 0)$을 지나고, $y$축에 평행한 직선의 방정식은
$x=3$

(2) 점 $(-2,\ 0)$을 지나고, $y$축에 평행한 직선의 방정식은
$x=-2$

---

**쌍둥이 기출문제** P. 112~113

| | | | |
|---|---|---|---|
| **1** ⑤ | **2** ④ | **3** ④ | **4** ③, ⑤ |
| **5** $-4$ | **6** $-1$ | **7** ② | **8** ⑤ |
| **9** $y=-4$ | **10** (1) $y=-1$ (2) $x=4$ | **11** 3 | **12** $x=-8$ |

**[1~6]** 미지수가 2개인 일차방정식의 그래프는 일차함수의 그래프와 서로 같다.

$$ax+by+c=0\ (b\neq0) \Rightarrow by=-ax-c$$

$$\Rightarrow y=-\frac{a}{b}x-\frac{c}{b}$$

**1** $2x+y-4=0$에서 $y$를 $x$에 대한 식으로 나타내면
$$y=-2x+4$$
따라서 $y=-2x+4$의 그래프는 $x$절편이 2, $y$절편이 4인 직선이므로 ⑤이다.

**2** $x-3y+6=0$에서 $y$를 $x$에 대한 식으로 나타내면

$3y=x+6$ $\quad\therefore y=\dfrac{1}{3}x+2$

따라서 $y=\dfrac{1}{3}x+2$의 그래프는 $x$절편이 $-6$, $y$절편이 $2$인

직선이므로 ④이다.

**3** $6x+2y=-3$에서 $y$를 $x$에 대한 식으로 나타내면

$2y=-6x-3$ $\quad\therefore y=-3x-\dfrac{3}{2}$

② $6x+2y=-3$에 $x=\dfrac{1}{2}$, $y=-3$을 대입하면

$6\times\dfrac{1}{2}+2\times(-3)=-3$이므로 점 $\left(\dfrac{1}{2},\ -3\right)$을 지난다.

③, ⑤ $y=-3x-\dfrac{3}{2}$의 그래프의 $x$절편

은 $-\dfrac{1}{2}$, $y$절편은 $-\dfrac{3}{2}$이므로 그래

프는 오른쪽 그림과 같다.

즉, 제1사분면을 지나지 않는다.

④ (기울기)$=-3<0$이므로 $x$의 값이 증가할 때, $y$의 값은 감소한다.

따라서 옳지 않은 것은 ④이다.

**4** $3x-4y-12=0$에서 $y$를 $x$에 대한 식으로 나타내면

$4y=3x-12$ $\quad\therefore y=\dfrac{3}{4}x-3$

① $x$절편은 $4$이다.

② $y$절편이 $-3$이므로 $y$축과의 교점의 좌표는 $(0,\ -3)$이다.

④ $y=\dfrac{3}{4}x-3$의 그래프의 $x$절편은 $4$,

$y$절편은 $-3$이므로 그래프는 오른쪽 그림과 같다. 즉, 제1, 3, 4사분면을 지난다.

⑤ $y=\dfrac{3}{4}x-8$의 그래프와 기울기는 같고, $y$절편은 다르므로 평행하다.

따라서 옳은 것은 ③, ⑤이다.

**5** $ax+y+b=0$에서 $y$를 $x$에 대한 식으로 나타내면

$y=-ax-b$

이 그래프의 기울기가 $-2$, $y$절편이 $6$이므로

$-a=-2$, $-b=6$ $\quad\therefore a=2,\ b=-6$

$\therefore a+b=2+(-6)=-4$

**6** $ax+by+2=0$에서 $y$를 $x$에 대한 식으로 나타내면

$by=-ax-2$ $\quad\therefore y=-\dfrac{a}{b}x-\dfrac{2}{b}$

이 그래프가 $y=x-7$의 그래프와 평행하므로 기울기는 $1$이고, $y$절편이 $2$이므로

$-\dfrac{a}{b}=1$, $-\dfrac{2}{b}=2$ $\quad\therefore a=1,\ b=-1$

$\therefore ab=1\times(-1)=-1$

기울기와 $y$절편을 이용하여 $y=mx+n$ 꼴로 나타낸 후 $ax+by+c=0$ 꼴로 고친다.

**7** $2x+y=3$에서 $y$를 $x$에 대한 식으로 나타내면

$y=-2x+3$

이 직선과 평행하므로 기울기는 $-2$이다.

즉, $y=-2x+b$로 놓고,

이 식에 $x=4$, $y=0$을 대입하면

$0=-8+b$ $\quad\therefore b=8$

$\therefore y=-2x+8$, 즉 $2x+y-8=0$

**8** 두 점 $(2,\ 4)$, $(1,\ 7)$을 지나므로

(기울기)$=\dfrac{7-4}{1-2}=-3$

즉, $y=-3x+b$로 놓고,

이 식에 $x=1$, $y=7$을 대입하면

$7=-3+b$ $\quad\therefore b=10$

$\therefore y=-3x+10$, 즉 $3x+y-10=0$

• $y$축에 평행한 ($x$축에 수직인) 직선 ➡ $x$좌표가 모두 같다.
$\qquad\qquad\qquad\Rightarrow x=m$ 꼴
• $x$축에 평행한 ($y$축에 수직인) 직선 ➡ $y$좌표가 모두 같다.
$\qquad\qquad\qquad\Rightarrow y=n$ 꼴
$\qquad\qquad$ (단, $m$, $n$은 상수, $m\ne0$, $n\ne0$)

**9** $x$축에 평행하므로 직선 위의 점들의 $y$좌표는 모두 $-4$로 같다.

따라서 구하는 직선의 방정식은 $y=-4$이다.

**10** ⑴ $y$축에 수직이므로 직선 위의 점들의 $y$좌표는 모두 $-1$로 같다.

따라서 구하는 직선의 방정식은 $y=-1$이다.

⑵ 한 직선 위의 두 점의 $x$좌표가 같으므로 그 직선 위의 점들의 $x$좌표는 모두 $4$로 같다.

따라서 구하는 직선의 방정식은 $x=4$이다.

**11** $x$축에 평행한 직선 위의 점들은 $y$좌표가 모두 같으므로

$5=2k-1$, $2k=6$ $\quad\therefore k=3$

**12** $y$축에 평행한 직선 위의 점들은 $x$좌표가 모두 같으므로

$3a+1=a-5$, $2a=-6$ $\quad\therefore a=-3$ $\quad\cdots$(i)

따라서 $a-5=-3-5=-8$이므로

구하는 직선의 방정식은

$x=-8$ $\quad\cdots$(ii)

| 채점 기준 | 비율 |
|---|---|
| (i) $a$의 값 구하기 | 60 % |
| (ii) 직선의 방정식 구하기 | 40 % |

# ~2 일차함수의 그래프와 연립일차방정식

P. 114

**유형 3**

1. (1) $x=-1$, $y=1$  (2) $x=-2$, $y=-3$
   (3) $x=0$, $y=-2$
2. 그래프는 풀이 참조, $x=3$, $y=-3$
3. (1) $(-2, 5)$  (2) $(-3, -1)$
4. (1) $a=-2$, $b=2$  (2) $a=-5$, $b=-7$
   (3) $a=1$, $b=1$

1. (1) ㉠, ㉡의 그래프의 교점의 좌표가 $(-1, 1)$이므로
   주어진 연립방정식의 해는 $x=-1$, $y=1$이다.
   (2) ㉡, ㉣의 그래프의 교점의 좌표가 $(-2, -3)$이므로
   주어진 연립방정식의 해는 $x=-2$, $y=-3$이다.
   (3) ㉢, ㉣의 그래프의 교점의 좌표가 $(0, -2)$이므로
   주어진 연립방정식의 해는 $x=0$, $y=-2$이다.

2. $5x+3y=6$에서 $y=-\dfrac{5}{3}x+2$

   $2x+3y=-3$에서 $y=-\dfrac{2}{3}x-1$

   이 두 그래프를 기울기와 $y$절
   편을 이용하여 좌표평면 위에
   그리면 오른쪽 그림과 같다.
   따라서 두 그래프의 교점의
   좌표는 $(3, -3)$이므로
   주어진 연립방정식의 해는
   $x=3$, $y=-3$이다.

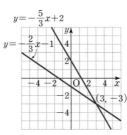

3. (1) 연립방정식 $\begin{cases} y=-2x+1 \\ y=-\dfrac{1}{2}x+4 \end{cases}$ 를 풀면

   $x=-2$, $y=5$이므로
   두 그래프의 교점의 좌표는 $(-2, 5)$이다.

   (2) 연립방정식 $\begin{cases} x-y+2=0 \\ -3x+y-8=0 \end{cases}$ 을 풀면

   $x=-3$, $y=-1$이므로
   두 그래프의 교점의 좌표는 $(-3, -1)$이다.

**[4]** 연립방정식의 해는 두 그래프의 교점의 좌표와 같으므로 두 그래프의 교점의 좌표를 두 일차방정식에 각각 대입하면 등식이 모두 성립한다.

4. (1) 두 그래프의 교점의 좌표가 $(1, 3)$이므로
   주어진 연립방정식의 해는 $x=1$, $y=3$이다.
   $x-y=a$에 $x=1$, $y=3$을 대입하면
   $1-3=a$  $\therefore a=-2$
   $x+by=7$에 $x=1$, $y=3$을 대입하면
   $1+3b=7$, $3b=6$  $\therefore b=2$

(2) 두 그래프의 교점의 좌표가 $(-2, 1)$이므로
   주어진 연립방정식의 해는 $x=-2$, $y=1$이다.
   $2x-y=a$에 $x=-2$, $y=1$을 대입하면
   $-4-1=a$  $\therefore a=-5$
   $3x-y=b$에 $x=-2$, $y=1$을 대입하면
   $-6-1=b$  $\therefore b=-7$

(3) 두 그래프의 교점의 좌표가 $(-1, -2)$이므로
   주어진 연립방정식의 해는 $x=-1$, $y=-2$이다.
   $x+ay=-3$에 $x=-1$, $y=-2$를 대입하면
   $-1-2a=-3$, $-2a=-2$  $\therefore a=1$
   $2bx-3y=4$에 $x=-1$, $y=-2$를 대입하면
   $-2b+6=4$, $-2b=-2$  $\therefore b=1$

**유형 4**

P. 115

1. (1) ㄱ  (2) ㄷ  (3) ㄴ, ㄹ
2. (1) 2  (2) 3
3. (1) $a=-1$, $b\ne-12$  (2) $a=-1$, $b\ne-10$
4. (1) $a=2$, $b=6$  (2) $a=1$, $b=4$
   (3) $a=3$, $b=9$  (4) $a=-6$, $b=-3$

**[1~4]** 연립방정식의 해의 개수를 구할 때는 두 일차방정식을 각각 $y$를 $x$에 대한 식으로 나타낸 후, 기울기와 $y$절편을 비교한다.

1. ㄱ. $2x+3y=4$에서 $y=-\dfrac{2}{3}x+\dfrac{4}{3}$

   $3x-2y=5$에서 $y=\dfrac{3}{2}x-\dfrac{5}{2}$

   이 두 그래프는 기울기가 다르므로 한 점에서 만난다.
   즉, 연립방정식의 해가 하나뿐이다.

   ㄴ. $x+2y=5$에서 $y=-\dfrac{1}{2}x+\dfrac{5}{2}$

   $2x+4y=-10$에서 $y=-\dfrac{1}{2}x-\dfrac{5}{2}$

   이 두 그래프는 기울기가 같고 $y$절편이 다르므로 서로 평행하다.
   즉, 연립방정식의 해가 없다.

   ㄷ. $-2x+3y=4$에서 $y=\dfrac{2}{3}x+\dfrac{4}{3}$

   $2x-3y=-4$에서 $y=\dfrac{2}{3}x+\dfrac{4}{3}$

   이 두 그래프는 기울기와 $y$절편이 각각 같으므로 일치한다.
   즉, 연립방정식의 해가 무수히 많다.

   ㄹ. $x-3y=-1$에서 $y=\dfrac{1}{3}x+\dfrac{1}{3}$

   $-3x+9y=-3$에서 $y=\dfrac{1}{3}x-\dfrac{1}{3}$

   이 두 그래프는 기울기가 같고 $y$절편이 다르므로 서로 평행하다.
   즉, 연립방정식의 해가 없다.

**2** 연립방정식의 해가 없으려면 두 일차방정식의 그래프는 서로 평행해야 하므로 기울기는 같고, $y$절편은 달라야 한다.

(1) $x-2y=3$에서 $y=\dfrac{1}{2}x-\dfrac{3}{2}$

$ax-4y=-3$에서 $y=\dfrac{a}{4}x+\dfrac{3}{4}$

즉, $\dfrac{1}{2}=\dfrac{a}{4}$이므로 $a=2$

(2) $ax+2y=4$에서 $y=-\dfrac{a}{2}x+2$

$-6x-4y=-5$에서 $y=-\dfrac{3}{2}x+\dfrac{5}{4}$

즉, $-\dfrac{a}{2}=-\dfrac{3}{2}$이므로 $a=3$

**3** 연립방정식의 해가 없으려면 두 일차방정식의 그래프는 서로 평행해야 하므로 기울기는 같고, $y$절편은 달라야 한다.

(1) $ax+3y=4$에서 $y=-\dfrac{a}{3}x+\dfrac{4}{3}$

$3x-9y=b$에서 $y=\dfrac{1}{3}x-\dfrac{b}{9}$

즉, $-\dfrac{a}{3}=\dfrac{1}{3}$, $\dfrac{4}{3}\ne-\dfrac{b}{9}$이므로 $a=-1$, $b\ne-12$

(2) $2x+ay=5$에서 $y=-\dfrac{2}{a}x+\dfrac{5}{a}$

$-4x+2y=b$에서 $y=2x+\dfrac{b}{2}$

즉, $-\dfrac{2}{a}=2$, $\dfrac{5}{a}\ne\dfrac{b}{2}$이므로 $a=-1$, $b\ne-10$

**4** 연립방정식의 해가 무수히 많으려면 두 일차방정식의 그래프는 일치해야 하므로 기울기와 $y$절편이 각각 같아야 한다.

(1) $ax-3y=1$에서 $y=\dfrac{a}{3}x-\dfrac{1}{3}$

$-4x+by=-2$에서 $y=\dfrac{4}{b}x-\dfrac{2}{b}$

즉, $\dfrac{a}{3}=\dfrac{4}{b}$, $-\dfrac{1}{3}=-\dfrac{2}{b}$이므로 $a=2$, $b=6$

(2) $2x+ay=-2$에서 $y=-\dfrac{2}{a}x-\dfrac{2}{a}$

$bx+2y=4$에서 $y=-\dfrac{b}{2}x-2$

즉, $-\dfrac{2}{a}=-\dfrac{b}{2}$, $-\dfrac{2}{a}=-2$이므로 $a=1$, $b=4$

(3) $x+ay=3$에서 $y=-\dfrac{1}{a}x+\dfrac{3}{a}$

$3x+9y=b$에서 $y=-\dfrac{1}{3}x+\dfrac{b}{9}$

즉, $-\dfrac{1}{a}=-\dfrac{1}{3}$, $\dfrac{3}{a}=\dfrac{b}{9}$이므로 $a=3$, $b=9$

(4) $4x-6y=a$에서 $y=\dfrac{2}{3}x-\dfrac{a}{6}$

$2x+by=-3$에서 $y=-\dfrac{2}{b}x-\dfrac{3}{b}$

즉, $\dfrac{2}{3}=-\dfrac{2}{b}$, $-\dfrac{a}{6}=-\dfrac{3}{b}$이므로 $a=-6$, $b=-3$

---

쌍둥이 **기출문제** P. 116~117

| **1** 1 | **2** ④ | **3** $a=3$, $b=2$ | **4** $-12$ |
| **5** ④ | **6** $y=-\dfrac{1}{2}x+2$ | **7** ④ | **8** 2 |
| **9** 12 | **10** 10 | **11** 3 | **12** $-4$ |
| **13** $a=-2$, $b=-4$ | **14** $-10$ | | |

[1~6] 연립방정식의 해는 두 직선의 교점의 좌표와 같다.

**1** 연립방정식 $\begin{cases} 3x+y+1=0 \\ 2x-y+4=0 \end{cases}$ 을 풀면

$x=-1$, $y=2$이므로
두 일차방정식의 그래프의 교점의 좌표는 $(-1, 2)$이다.
따라서 $a=-1$, $b=2$이므로
$a+b=-1+2=1$

**2** 연립방정식 $\begin{cases} x-y=-2 \\ -3x+y=8 \end{cases}$ 을 풀면

$x=-3$, $y=-1$이므로
두 일차방정식의 그래프의 교점의 좌표는 $(-3, -1)$이다.
따라서 $y=ax+5$에 $x=-3$, $y=-1$을 대입하면
$-1=-3a+5$, $3a=6$ $\therefore a=2$

**3** 두 일차방정식의 그래프의 교점의 좌표가 $(2, 1)$이므로

연립방정식 $\begin{cases} x+y=a \\ bx-y=3 \end{cases}$ 의 해는

$x=2$, $y=1$이다.
$x+y=a$에 $x=2$, $y=1$을 대입하면
$2+1=a$ $\therefore a=3$
$bx-y=3$에 $x=2$, $y=1$을 대입하면
$2b-1=3$, $2b=4$ $\therefore b=2$

**4** 두 일차방정식의 그래프의 교점의 좌표가 $(-1, 3)$이므로

연립방정식 $\begin{cases} ax-y=3 \\ x+by=5 \end{cases}$ 의 해는

$x=-1$, $y=3$이다. $\cdots$ (i)
$ax-y=3$에 $x=-1$, $y=3$을 대입하면
$-a-3=3$ $\therefore a=-6$
$x+by=5$에 $x=-1$, $y=3$을 대입하면
$-1+3b=5$, $3b=6$ $\therefore b=2$ $\cdots$ (ii)
$\therefore ab=-6\times2=-12$ $\cdots$ (iii)

| 채점 기준 | 비율 |
| --- | --- |
| (i) 연립방정식의 해 구하기 | 40 % |
| (ii) $a$, $b$의 값 구하기 | 40 % |
| (iii) $ab$의 값 구하기 | 20 % |

**5** 연립방정식 $\begin{cases} 2x+3y-3=0 \\ x-y+1=0 \end{cases}$ 을 풀면

$x=0,\ y=1$이므로

두 직선의 교점의 좌표는 $(0,\ 1)$이다.

즉, 점 $(0,\ 1)$을 지나므로 $(y$절편$)=1$

이때 직선 $2x-y=0$, 즉 $y=2x$와 평행하므로

$(기울기)=2$

따라서 구하는 직선의 방정식은 $y=2x+1$

**6** 연립방정식 $\begin{cases} 5x+3y+1=0 \\ 2x+3y-5=0 \end{cases}$ 을 풀면 $x=-2,\ y=3$이므로

두 직선의 교점의 좌표는 $(-2,\ 3)$이다.

이때 $y$절편이 2이므로 점 $(0,\ 2)$를 지난다.

즉, 두 점 $(-2,\ 3),\ (0,\ 2)$를 지나므로

$(기울기)=\dfrac{2-3}{0-(-2)}=-\dfrac{1}{2}$

따라서 구하는 직선의 방정식은 $y=-\dfrac{1}{2}x+2$

---

**[7~8]** 세 직선이 한 점에서 만나는 경우

두 직선의 교점을 나머지 한 직선이 지나므로

❶ 계수와 상수항이 모두 주어진 두 직선의 교점의 좌표를 구한다.
❷ ❶에서 구한 교점의 좌표를 나머지 직선의 방정식에 대입하여 상수의 값을 구한다.

**7** 연립방정식 $\begin{cases} 2x+3y-9=0 \\ 2x-3y-3=0 \end{cases}$ 을 풀면 $x=3,\ y=1$이므로

세 일차방정식의 그래프의 교점의 좌표는 $(3,\ 1)$이다.

즉, $x+ay-6=0$에 $x=3,\ y=1$을 대입하면

$3+a-6=0$ ∴ $a=3$

**8** 연립방정식 $\begin{cases} y=-x+7 \\ x-2y-1=0 \end{cases}$ 을 풀면 $x=5,\ y=2$이므로

세 직선의 교점의 좌표는 $(5,\ 2)$이다.

즉, $ax-3y=4$에 $x=5,\ y=2$를 대입하면

$5a-6=4,\ 5a=10$ ∴ $a=2$

---

**[9~10]** 교점을 꼭짓점으로 하는 도형의 넓이 구하기

❶ 연립방정식을 이용하여 두 직선의 교점의 좌표를 구한다.
❷ $x$축($y$축)과 만나는 점의 좌표와 교점의 좌표를 이용하여 도형의 넓이를 구한다.

**9** 연립방정식 $\begin{cases} x-y=-3 \\ 2x+y=6 \end{cases}$ 을 풀면

$x=1,\ y=4$이므로

두 직선의 교점의 좌표는

$(1,\ 4)$이다.

따라서 구하는 도형의 넓이는

$\dfrac{1}{2}\times\{3-(-3)\}\times4=12$

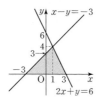

---

**10** 두 직선 $x-y-2=0,\ x+4y-12=0$의 $y$절편을 구하면 각각 $-2,\ 3$이고,  $\cdots$ (ⅰ)

연립방정식 $\begin{cases} x-y-2=0 \\ x+4y-12=0 \end{cases}$ 을 풀면

$x=4,\ y=2$이므로 두 직선의 교점의 좌표는 $(4,\ 2)$이다.  $\cdots$ (ⅱ)

따라서 구하는 도형의 넓이는

$\dfrac{1}{2}\times\{3-(-2)\}\times4=10$  $\cdots$ (ⅲ)

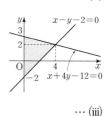

| 채점 기준 | 비율 |
|---|---|
| (ⅰ) 두 직선의 $y$절편 구하기 | 30 % |
| (ⅱ) 두 직선의 교점의 좌표 구하기 | 40 % |
| (ⅲ) 도형의 넓이 구하기 | 30 % |

---

**[11~14]** 연립방정식의 해의 개수와 두 그래프의 위치 관계

· 해가 없다. ⇨ 두 직선이 서로 평행하다.
  ⇨ 기울기는 같고 $y$절편은 다르다.
· 해가 무수히 많다. ⇨ 두 직선이 일치한다.
  ⇨ 기울기와 $y$절편이 각각 같다.

**11** $x+3y=3$에서 $y=-\dfrac{1}{3}x+1$

$ax+9y=7$에서 $y=-\dfrac{a}{9}x+\dfrac{7}{9}$

연립방정식의 해가 없으려면 두 일차방정식의 그래프가 서로 평행해야 하므로 기울기는 같고, $y$절편은 달라야 한다.

따라서 $-\dfrac{1}{3}=-\dfrac{a}{9}$이므로 $a=3$

**12** $2x-y+4=0$에서 $y=2x+4$

$ax+2y-5=0$에서 $y=-\dfrac{a}{2}x+\dfrac{5}{2}$

두 그래프가 교점이 없으려면 서로 평행해야 하므로 기울기는 같고, $y$절편은 달라야 한다.

따라서 $2=-\dfrac{a}{2}$이므로 $a=-4$

**13** $ax+y-2=0$에서 $y=-ax+2$

$4x-2y-b=0$에서 $y=2x-\dfrac{b}{2}$

연립방정식의 해가 무수히 많으려면 두 일차방정식의 그래프가 일치해야 하므로 기울기와 $y$절편이 각각 같아야 한다.

따라서 $-a=2,\ 2=-\dfrac{b}{2}$이므로 $a=-2,\ b=-4$

**14** $2x-3y=6$에서 $y=\dfrac{2}{3}x-2$

$ax-by=-12$에서 $y=\dfrac{a}{b}x+\dfrac{12}{b}$

두 그래프가 교점이 무수히 많으려면 일치해야 하므로 기울기와 $y$절편이 각각 같아야 한다.

따라서 $\dfrac{2}{3}=\dfrac{a}{b},\ -2=\dfrac{12}{b}$이므로 $a=-4,\ b=-6$

∴ $a+b=-4+(-6)=-10$

| | | | |
|---|---|---|---|
| **1** ①, ④ | **2** 1 | **3** ㄱ, ㄷ | **4** ② |
| **5** 0 | **6** $y=5$ | **7** 9 | **8** $a\neq\dfrac{5}{2}$, $b=4$ |

**1** $x-2y-2=0$에서 $y$를 $x$에 대한 식으로 나타내면

$2y=x-2$  $\therefore y=\dfrac{1}{2}x-1$

① $x-2y-2=0$에 $x=4$, $y=1$을 대입하면

$4-2\times1-2=0$이므로 점 $(4, 1)$을 지난다.

②, ④ $y=\dfrac{1}{2}x-1$의 그래프의 $x$절편은

2, $y$절편은 $-1$이므로 그래프는 오른쪽 그림과 같다.

즉, 제2사분면을 지나지 않는다.

③ 기울기가 $\dfrac{1}{2}$이므로 $x$의 값이 2만큼 증가할 때, $y$의 값은

1만큼 증가한다.

⑤ $y=\dfrac{1}{2}x-1$, $y=x+3$의 그래프의 기울기는 각각 $\dfrac{1}{2}$, 1

로 서로 다르므로 평행하지 않다.

따라서 옳은 것은 ①, ④이다.

**2** 주어진 직선이 두 점 $(2, 0)$, $(0, 4)$를 지나므로

$ax-by=4$에 두 점의 좌표를 각각 대입하면

$2a=4$, $-4b=4$  $\therefore a=2$, $b=-1$

$\therefore a+b=2+(-1)=1$

[다른 풀이]

$ax-by=4$에서 $by=ax-4$  $\therefore y=\dfrac{a}{b}x-\dfrac{4}{b}$

주어진 그림에서

$(기울기)=\dfrac{(y의\ 값의\ 증가량)}{(x의\ 값의\ 증가량)}=\dfrac{-4}{2}=-2$,

$(y절편)=4$이므로

$\dfrac{a}{b}=-2$, $-\dfrac{4}{b}=4$  $\therefore a=2$, $b=-1$

$\therefore a+b=2+(-1)=-1$

**3** 점 $(1, 2)$를 지나고, $y$축에 평행하므로 직선 위의 점들의

$x$좌표는 모두 1이다.

따라서 주어진 직선의 방정식은 $x=1$이다.

ㄴ. 점 $(0, 2)$는 $x$좌표가 1이 아니므로 지나지 않는다.

ㄷ. 직선 $x=1$은 $y$축에 평행하고, 직선 $y=6$은 $x$축에 평행

하므로 두 직선은 서로 수직으로 만난다.

ㄹ. 직선 $x=1$을 그리면 오른쪽 그림과 같으므로 제1사분면과 제4사분면을 지난다.

따라서 옳은 것은 ㄱ, ㄷ이다.

**4** $x$축에 수직인 직선 위의 점들은 $x$좌표가 모두 같으므로

$a-3=2a-1$  $\therefore a=-2$

**5** 두 일차방정식의 그래프의 교점의 좌표가 $(-1, 2)$이므로

연립방정식 $\begin{cases}ax+y-1=0 \\ x-by+3=0\end{cases}$의 해는 $x=-1$, $y=2$이다.

$ax+y-1=0$에 $x=-1$, $y=2$를 대입하면

$-a+2-1=0$  $\therefore a=1$

$x-by+3=0$에 $x=-1$, $y=2$를 대입하면

$-1-2b+3=0$  $\therefore b=1$

$\therefore a-b=1-1=0$

**6** 연립방정식 $\begin{cases}x-y=-2 \\ 2x-y=1\end{cases}$을 풀면 $x=3$, $y=5$이므로

두 그래프의 교점의 좌표는 $(3, 5)$이다. ··· (i)

즉, 점 $(3, 5)$를 지나고 $x$축에 평행하므로 직선 위의 점들의 $y$좌표는 모두 5로 같다.

따라서 구하는 직선의 방정식은 $y=5$이다. ··· (ii)

| 채점 기준 | 비율 |
|---|---|
| (i) 두 그래프의 교점의 좌표 구하기 | 50 % |
| (ii) 직선의 방정식 구하기 | 50 % |

**7** $x+y=2$에서 $y=-x+2$

$x-y=-4$에서 $y=x+4$

두 직선 $y=-x+2$, $y=x+4$의

$x$절편을 구하면 각각 2, $-4$이다.

연립방정식 $\begin{cases}y=-x+2 \\ y=x+4\end{cases}$를 풀면

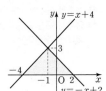

$x=-1$, $y=3$이므로

두 직선의 교점의 좌표는 $(-1, 3)$이다.

따라서 구하는 도형의 넓이는

$\dfrac{1}{2}\times\{2-(-4)\}\times3=9$

**8** $2x-y-a=0$에서 $y=2x-a$

$bx-2y-5=0$에서 $y=\dfrac{b}{2}x-\dfrac{5}{2}$

두 직선이 교점이 없으려면 서로 평행해야 하므로 기울기는 같고 $y$절편은 달라야 한다.

따라서 $2=\dfrac{b}{2}$, $-a\neq-\dfrac{5}{2}$이므로 $a\neq\dfrac{5}{2}$, $b=4$

memo